GESCHICHTE
DER
ELEMENTAR-MATHEMATIK

IN SYSTEMATISCHER DARSTELLUNG

MIT BESONDERER BERÜCKSICHTIGUNG
DER FACHWÖRTER

VON

DR. JOHANNES TROPFKE

DIREKTOR DER KIRSCHNER-OBERREALSCHULE ZU BERLIN

FÜNFTER BAND

I. EBENE TRIGONOMETRIE
II. SPHÄRIK UND SPHÄRISCHE TRIGONOMETRIE

ZWEITE, VERBESSERTE UND
SEHR VERMEHRTE AUFLAGE

BERLIN UND LEIPZIG 1923

WALTER DE GRUYTER & CO.

VORMALS G. J. GÖSCHEN'SCHE VERLAGSHANDLUNG • J. GUTTENTAG, VERLAGSBUCHHANDLUNG • GEORG REIMER • KARL J. TRÜBNER • VEIT & COMP.

Druck von Metzger & Wittig in Leipzig.

Vorwort.

Neben der wertvollen Mithilfe von G. Eneström-Stockholm und H. Wieleitner-Augsburg hatte der Verfasser bei dem vorliegenden fünften Band auch die wichtige Unterstützung von C. Schoy-Essen, der sich nicht nur an der Durchsicht der Bogen beteiligte, sondern auch bedeutsame Zusätze aus seinen unveröffentlichten Übersetzungen arabischer Trigonometer gestattete.

Die letzten Fahnen, die nach Stockholm abgingen, kehrten nicht mehr zurück. Gustaf Eneström, vor kurzem 70 Jahre geworden, hatte das Zeitliche gesegnet. Mit seinem Heimgang erleidet die mathematische Geschichtsforschung einen unersetzlichen Verlust.

Seinem Gedächtnis sei dieser fünfte Band gewidmet.

Berlin, im Juli 1923.

Der Verfasser.

Inhalt.

I. Ebene Trigonometrie.

II. Sphärik und sphärische Trigonometrie.

I. EBENE TRIGONOMETRIE

A. Geschichtlicher Überblick.

Seit ältester Zeit blühten im Lande der Chaldäer Sternkunde und Sterndeuterei. Wie die Bibel uns vom Turmbau zu Babel, von Sterndeutern aus dem Morgenlande erzählt, so berichten griechische Schriftsteller von astronomischen Beobachtungen und Rechnungen der babylonischen Gelehrten.[1] Von dem Inhalt dieser altertümlichen Wissenschaft kennen wir zu wenig, um abschätzen zu können, wie weit die in vieltausendjähriger Himmelsbeobachtung gesammelten Erfahrungstatsachen zu theoretischer Betrachtung verarbeitet worden waren. Ausgrabungen und Entzifferungen alter Keilschrifttafeln[2] fangen erst an, uns Aufschluß zu geben. Auf rechnerischem Wege vermochten die babylonischen Astronomen Vorausbestimmungen wichtiger Himmelserscheinungen vorzunehmen, besonders der Verfinsterungen von Sonne und Mond. Ein astrologischer Kalender, der für den König Sargon I. bestimmt war, also aus der Mitte des dritten Jahrtausends v. Chr. stammt, ist neuerdings zugänglich gemacht worden.[3] Jedenfalls müssen wir bei solchen Leistungen das Vorhandensein trigonometrischer Kenntnisse annehmen, können aber über ihren Umfang nichts Genaueres aussagen.

Auch in Ägypten bildete sich eine astronomische Wissenschaft aus, deren Ursprung auf Babylon hinzuweisen scheint; die ägyptische

---

[1] *Theonis Smyrnaei expositio*, ed. Hiller^{1687}, S. 177, Z. 18—20: *Φέροντες οἱ μὲν ἀριθμητικάς τινας, ὥσπερ Χαλδαῖοι, μεθόδους, οἱ δὲ καὶ γραμμικάς, ὥσπερ Αἰγύπτιοι* (Die einen benutzten rechnerische Methoden, wie die Chaldäer, die anderen zeichnerische, wie die Ägypter). Ferner Porphyrius, *Vita Pythagorae*, § 6, ed. Nauck, Leipzig 1886, S. 19, Z. 24 ff.: ... *γεωμετρίας μὲν γὰρ ἐκ παλαιῶν χρόνων ἐπιμεληθῆναι Αἰγυπτίους, τὰ δὲ περὶ ἀριθμούς τε καὶ λογισμοὺς Φοίνικας, Χαλδαίους δὲ τὰ περὶ τὸν οὐρανὸν θεωρήματα* (Von alters her haben sich die Ägypter mit Geometrie, die Phönizier mit Zahlen und Rechnungen, die Chaldäer mit astronomischen Theoremen beschäftigt). — [2] H. V. Hilprecht, *The Babylonian Expedition*$^{I\,1}$, Philad. 1906; F. X. Kugler, *Babylonische Mondrechnung*, 1900^{180}, *Babylonische Planetenkunde*, 1907$^{I\,195}$, *Babylonische Zeitrechnung*, 1909$^{I\,160}$. C. Bezold, Sitzber. Heidelb. Ak. Wiss., 1911, Phil.-hist. Klasse, 2. Abhdlg., äußert sich sehr zurückhaltend über die astronomischen Kenntnisse der älteren Babylonier. — [3] Vgl. Cantor 1^3, S. 38; E. Hoppe^7 S. 35.

Behandlungsart nahm aber einen selbständigen Charakter an, indem sie sich konstruktiver graphischer Methoden bediente.[1] Die Vorliebe für Astrologie trat in den Hintergrund. Daneben ließ aber eine gewaltige Baupraxis trigonometrische Wahrheiten finden und verwerten. Die Bekleidungssteine, die auf den stufenförmigen Rohbau der Pyramiden zur Bildung ebener Seitenflächen aufgesetzt wurden, mußten in gleichem Neigungswinkel behauen werden. Um diese Gleichmäßigkeit zu sichern, wurde bei der Herstellung der Steine die Größe des Verhältnisses zwischen zwei gewissen Abmessungen an ihnen vorgeschrieben. Bezeichnend für den hohen Stand dieser technischen Trigonometrie ist, daß der ägyptische Baumeister für diese Verhältnisgröße schon einen Fachausdruck, *seqt*, hatte[4] (vgl. Bd. IV, S. 155, V, S. 11). Es war das der Kosinus oder vielleicht auch die Kotangente des Böschungswinkels.[28]

Die Schöpfung einer eigentlichen Trigonometrie ist trotzdem erst dem griechischen Geiste zuzuschreiben, der babylonische und ägyptische Quellen verarbeitete und in eigenen Leistungen zu wirklicher Theorie fortschritt. Der berühmte Astronom Aristarch von Samos (zwischen 288 und 277 v. Chr. in Alexandria) verstand die Eigenschaften rechtwinkliger Dreiecke zu benutzen, um das Verhältnis der Entfernungen von Sonne und Mond zu berechnen; in einer uns noch erhaltenen Abhandlung[5] verwertete er den Winkel zwischen Mond und Sonne, den er zu der Zeit beobachtete, in der die Mondscheibe genau halb beleuchtet zu sein scheint, in der also die drei Himmelskörper Sonne, Mond und Erde die Ecken eines rechtwinkligen Dreiecks bilden. Ein anderer griechischer Astronom, Hipparch von Nicaa (zwischen 161 und 126 v. Chr. in Rhodus und Alexandria), hat, wie überliefert wird,[6] eine Schrift *Über die Kreissehnen* in zwölf Büchern verfaßt, worin er die Grundlagen für eine

---

4 Vgl. *Papyrus Rhind*, Rechenbuch des Ahmes, ed. A. Eisenlohr, S. 135[1481]. — 5 *Περὶ μεγεθῶν καὶ ἀποστημάτων ἡλίου καὶ σελήνης*, übersetzt und erläutert von A. Nokk, Programm des Freiburger Lyceums 1854[1197]; ein Auszug auch bei Pappus, *Συναγωγή*, lib. VI, § 69 ff., ed. Hultsch[18], II, S. 554 ff. — 6 Von Theon von Alexandrien in einem Kommentar zur *Σύνταξις* des Ptolemäus; *Commentaire de Théon*, éd. Halma[1368], I, S. 110, Z. 8 ff.: *Δέδεικται μὲν οὖν καὶ Ἱππάρχῳ ἡ πραγματεία τῶν ἐν κύκλῳ εὐθειῶν ἐν ιβʹ βιβλίοις. Ἔτι τε καὶ Μενελάῳ ἐν ϛʹ. Θαυμάσαι δʼ ἐστὶ τὸν ἄνδρα πῶς εὐμεταχειρίστως διʼ ὀλίγων καὶ εὐχερῶν θεωρημάτων τὴν εὕρεσιν τῆς ποικιλότητος αὐτῶν πεποίηται* (Zugeschrieben wird auch dem Hipparch eine Abhandlung über die Kreissehnen in 12 Büchern, ebenso dem Menelaos in 6. Zu bewundern ist indes unser Verfasser [Ptolemäus], wie handlich er sich mit wenigen einfachen Sätzen die Auffindung der Sehnengrößen machte).

Sehnentrigonometrie gab (vgl. S. 12f.). Wahrscheinlich hat die griechische Sehnenlehre HIPPARCHS ihren Ursprung in Babylon.[7] Aus derselben Quelle wissen wir, daß auch MENELAOS VON ALEXANDRIA (um 98 n. Chr.) in sechs Büchern das gleiche Thema behandelt hat. Leider sind beide Werke der Gegenwart nicht erhalten. Nur eine Abhandlung des MENELAOS über die Sphärik in drei Büchern ist, freilich auch nicht im Original, sondern in arabischen, hebräischen und lateinischen Übersetzungen auf uns gekommen[8] und läßt durch ihren bedeutenden Inhalt den Verlust jener Werke um so bedauerlicher erscheinen. Die Arbeiten seiner Vorgänger vereinigte PTOLEMÄUS (zwischen 125 und 151 n. Chr. in Alexandria) mit seinen eigenen Forschungen in der *Μαθηματική* oder *Μεγάλη σύνταξις*,[9] dem *Almagest*[10] der Araber, einem Werk, das für viele Jahrhunderte, ja über ein Jahrtausend hinaus, die trigonometrische Wissenschaft beherrschte.

Immerhin war aber die Trigonometrie nur ein Stiefkind griechischer Mathematik. Der „reine" Mathematiker vom Schlage EUKLIDS schwelgte in dem festgefügten Systeme fehlerloser Schlüsse und in der unbedingten Genauigkeit seiner Wahrheiten und Resultate. In übertriebenem Stolze hielt er es seiner Wissenschaft nicht für würdig, Anwendungen auf die Praxis zu machen; diese erschien ihm vielmehr minderwertig, da sie notgedrungen auch mit mehr oder weniger guten Annäherungszahlen arbeitete. So fand die Dreiecksberechnung unter diesen Mathematikern keine Freunde. Anderseits waren aber die praktischen Mathematiker wie die Feldmesser, die das entgegengesetzte Lager bildeten, theoretisch nicht genügend vorgebildet, um sich in die Lehre der Trigonometrie hineinarbeiten zu können. Handwerksmäßig führten sie ihre Berechnungen nach altertümlichen Näherungsregeln aus, von denen wir

---

7 F. X. KUGLER, *Mondrechnung*[I 80], S. 24 ff.; E. HOPPE, *Mathematik und Astronomie im klassischen Altertum*[I 189], S. 330, 381 ff. — 8 *Theodosii sphaericorum libri III et Menelai sphaericorum libri III*, ed. HALLEY, Oxford 1758. — 9 *Composition mathématique de Claude Ptolémée, ou Astronomie ancienne*, trad. par HALMA, Paris 1813—1816 und *Ptolemaei Cl. opera quae exstant omnia*, ed. J. L. HEIBERG, Vol. I, Leipzig 1898; II, Leipzig 1903[I 81, 154]. Deutsch von K. MANITIUS[I 204]. — 10 Alexandrinische Gelehrte aus dem dritten Jahrhundert stellten zur Vorbereitung des Studiums der *Σύνταξις* den ‚Kleinen Astronomen' zusammen (PAPPUS, *Collectio*[I 8], lib. VI, vgl. K. MANITIUS[I 154], S. IV). Seitdem hieß es wohl erst *Μεγάλη σύνταξις*. Bei den Arabern gab es noch ‚Mittlere' Bücher, so daß die Steigerung *Μεγίστη σύνταξις*, arab. *Almaǧesṭī*, verständlich wird. In der griechischen Literatur kommt *Μεγίστη σύνταξις* nirgends vor. Vgl. M. KOPPE, Programm 1893[II 983a], S. 34.

einzelne schon in der Geschichte der Geometrie kennen gelernt haben (vgl. Bd. IV, S. 127—128), und taten dies selbst noch in einer viel späteren Zeit, als längst die Trigonometrie zu elementar-technischer Anwendbarkeit ausgebaut war. So blieben als Pfleger der Trigonometrie nur die Astronomen übrig, die gleichmäßig theoretisch wie praktisch geschult sein mußten; und in der Hand dieser Männer, wie des HIPPARCH, MENELAOS, PTOLEMÄUS u. a., wurde unsere junge Wissenschaft zwar langsam, aber stetig gefördert. Allein die ebene Trigonometrie war auch bei ihnen nicht die Hauptwissenschaft; sie mußte hinter der sphärischen Trigonometrie zurücktreten und lieferte nur in den Sehnentafeln und den hiermit zusammenhängenden Sätzen ein Hilfsmittel zu den in der Sphärik nötigen Berechnungen.

Ob in Indien sich Anfänge trigonometrischer Wissenschaft selbst bildeten oder ob die indische Trigonometrie aus derselben Quelle, aus der die Griechen schöpften, von Babylon her beeinflußt war, oder ob drittens vorwiegend griechische Wissenschaft angenommen und fortgeführt wurde, sei hier dahingestellt; am wahrscheinlichsten ist die letztere Annahme.[11]

Bei ĀRYABHAṬA (geb. 476)[183] finden wir zum erstenmal eine echte Sinustrigonometrie. Keiner der uns bekannten griechischen Mathematiker und Astronomen hatte den Schritt getan, statt der Hipparchischen Sehnen die halben Sehnen als Funktionen des halben Winkels einzuführen, wiewohl diese Neuerung dem PTOLEMAUS[12] nicht weit vom Wege gelegen hätte; allerdings ist uns die Literatur nach dem Almagest des PTOLEMÄUS (zwischen 125 und 151 n. Chr. in Alexandria) nicht erhalten. ĀRYABHAṬA überlieferte zugleich eine Sinustafel von $3\,^3/_4{}^0$ zu $3\,^3/_4{}^0$, die BHĀSKARA (geb. 1114 n. Chr.)[185] auf 1^0 zu 1^0 verfeinerte. Nun hat ĀRYABHAṬA nachweislich griechische Astronomie wiedergegeben: er wird bei der Aufstellung der bei ihm mit der Astronomie verbundenen Sinustrigonometrie nicht selbständiger gewesen sein. Bei einem späteren indischen Mathematiker, VARĀHA MIHIRA († 587), finden wir bestimmtere Andeutungen. In seinem *Pancha Siddhāntikā*[13] werden von ihm die damaligen bekannten astronomischen Systeme (*Siddhāntas*) zusammengestellt und unter anderem auch über ein als sehr genau bezeichnetes *Puliśa-*

[11] BJÖRNBO, *Studien*[IV 1361], S. 85—88; KAYE, *Influence Grecque*[195], Nr. 81, 1; derselbe, *Ancient Hindu Astronomy*, J. a. Proc. As. Soc. Bengal (2) 15, 1919, S. 153 bis 189. — [12] Vgl. A. VON BRAUNMÜHL, *Beiträge zur Geschichte der Trigonometrie*, Abh. der Leop. Car. Acad., Halle 1897, Bd. 71, Nr. 1, S. 8 ff. A. A. BJÖRNBO, *Studien*[IV 1361], S. 85—88. — [13] Herausgegeben von G. THIBAUT und M. SUDHĀRKARA DVIVEDĪ, Benares 1889[184].

Siddhānta berichtet, das mit der Sinustrigonometrie rechnet; der Name verrät, daß auf den alexandrinischen Gelehrten PAULUS (um 378 n. Chr.), von dem wir allerdings nur eine astrologische Schrift kennen,[14] Bezug genommen wird. Die Annahme ist also nicht ganz von der Hand zu weisen, daß die Sinustrigonometrie doch in Alexandria entstanden ist.

Den Indern fehlte wie den Griechen noch die allgemeine Behandlung des schiefwinkligen Dreiecks; wurde eine solche nötig, so suchten sie sich durch Zurückführung auf rechtwinklige Dreiecke die geforderte Lösung zu verschaffen.

Die Gelehrsamkeit beider Völker, der Griechen und der Inder, verschmolz miteinander in der arabischen, besser islamischen, Wissenschaft. Der Drang nach Wissen zeigte sich in diesem merkwürdigen, meteorartig in der Kultur auftauchenden Volke zunächst in einer regen Übersetzungstätigkeit; nicht nur griechische Werke, wie die des EUKLID, PTOLEMAUS u. a., wurden ins Arabische übertragen und kommentiert, sondern auch indische Schriften, wie das *Siddhānta* des BRAHMAGUPTA, übersetzt und bearbeitet (vgl. Bd. I, S. 19). Im Anschluß an dieses Studium entwickelte sich eine reiche originale Tätigkeit.

Nicht zum wenigsten waren es auch religiöse Motive, die später die Araber die Astronomie besonders pflegen ließen. Jeder Muslim muß sich beim Gebet mit dem Gesicht nach Mekka wenden, und diese Richtung der *Qibla* konnte nur auf astronomischem Wege für jeden Ort möglichst genau festgestellt werden.

Nicht allzuviel arabische Werke sind in mittelalterlichen oder modernen Übersetzungen zugänglich gemacht worden; aber schon diese geben ein Bild der großen Fortschritte, die die Trigonometrie den arabischen Mathematikern und Astronomen verdankt. Überreiche Schätze arabischer Literatur liegen noch heute ungehoben in den großen europäischen Bibliotheken.

MUḤAMMAD IBN MŪSĀ ALḪWĀRAZMĪ bearbeitete um 820 n. Chr. den *Sindhind* (vgl. Bd. I, S. 19) von neuem; eine spätere Überarbeitung (durch MASLAMA, um 1000 n. Chr.) seiner Sinustafeln ist in letzter Zeit veröffentlicht worden.[15] AḤMAD IBN 'ABDALLĀH ALḤABAŠ ALḤĀSIB (770—870?, Bagdad)[16] soll zuerst den Tangens-

[14] *Εἰσαγωγὴ εἰς τὴν ἀποτελεσματικήν*, hrsg. v. A. SCHATTON, Wittenberg 1586. — [15] A. A. BJÖRNBO, *Al-Chwārizmīs trigonometriske Tavler*, Festskr. for H. G. ZEUTHEN, Kopenhagen, 1909, S. 1—17. Ferner H. SUTER, D. Kgl. Danske Vidensk. Selsk. Skrifter, 7 R., Hist. og Filos. Afd. III, 1, Kopenhagen 1914. — [16] Zeitangabe nach SUTER, Abh. Gesch. Math. 10, 1910, S. 1213. NALLINO setzt ALḤABAŠ

und Kotangensbegriff aufgestellt haben; er gibt in seinem Tabellenwerk (*Kitāb Alḥabaš Alḥāsib,* Berliner Staatsbibliothek) eine Tangenten- und Kotangententafel. Neu ist ferner eine Kosekantentafel bei ihm. ALNAIRĪZĪ († 922/3 n. Chr.) kennt den Tangensbegriff und seine Verwendung in einer Abhandlung über die Richtung der Qibla noch nicht.[17] ALBATTĀNĪ (lat. ALBATEGNIUS; † 929 bei Bagdad) schrieb ein Werk *Über die Bewegung der Sterne*, das in einer lateinischen Übersetzung des PLATO VON TIVOLI (um 1120 n. Chr.), *De motu stellarum*, auf uns gekommen ist.[18] In diesem ist regelmäßig und in dem Bewußtsein der besseren praktischen Verwendbarkeit die indische Sinusfunktion an die Stelle der Hipparchischen Sehne gesetzt worden. Außer den gebräuchlichen Nebenfunktionen *sinus complementi* und *sinus versus* ($1 - \cos\alpha$) erscheint bei ALBATTĀNĪ nunmehr auch die Tangens- und Kotangensfunktion. Sehr gewandte Anwendung geometrischer Projektionsmethoden hob die arabischen Astronomen über den Mangel trigonometrischer Formeln hinweg. Besonders freie Verwendung der Tangensfunktionen finden wir bei ABU'LWAFĀ' (940 Persien — 998; Bagdad); er zeigt die allgemeine Brauchbarkeit der Tangensfunktionen bei sphärischen Dreiecksberechnungen, während seine Vorgänger die Kotangente meist nur zur Bestimmung der Sonnenhöhe benutzt hatten. ABU'LWAFĀ' ist ferner der erste, der eine systematische Zusammenstellung der trigonometrischen Sätze gab; auch fügte er Beweise hinzu, was von arabischen Gelehrten sehr selten geschah.[19]

Großen historischen Wert hat das die damaligen Grundlagen der Trigonometrie zusammenfassende Buch des Persers ALBĪRŪNĪ (973—1048) *Von der Auffindung der Sehnen im Kreise*[20] und seine Neuberechnung von Sinus- und Tangenstafeln im *Qānūn Mas'ūdī.*[21] Seinem Lehrer ABŪ NAṢR († zwischen 1000 und 1020) verdankt man Aufstellung und Beweis des ebenen und sphärischen Sinussatzes. Neuberechnungen liegen auch in den Ḥakimitischen Tafeln des

als Zeitgenossen ALBATTĀNĪs an (vgl. ALBATTĀNĪ, ed. NALLINO[IV 354], I, S. XLVI). SUTER scheint nachzugeben (Bibl. math. 5_3, 1904, S. 82—84); aber C. SCHOY, der das Berliner Manuskript durchgearbeitet hat, ist für die ältere Datierung (brieflich). — 17 C. SCHOY, Sitzber. Bayr. Ak., Math.-phys. Kl. 1922, S. 55 ff. — 18 Aus dem Nachlaß REGIOMONTANS im Jahre 1537 von MELANCHTHON herausgegeben.[I 214] Spätere Auflage: *Mohammetis Albatenii de scientia stellarum liber, cum aliqu. add. Ioannis de Regiomonte ex. bibl. Vaticana transscriptus,* Bononiae 1645. Neue Ausgabe von C. A. NALLINO[IV 354], Mediolani 1899—1907. — 19 Vgl. VON BRAUNMÜHL, *Gesch.* 1[II 935], S. 55. — 20 H. SUTER, Bibl. math. 11_3, 1910—1911, S. 11 ff. — 21 Briefl. Mitteilungen von C. SCHOY-Essen.[380]

IBN JŪNUS († 1009)[22] vor, deren Werte, natürlich in Sexagesimalbrüchen, eine Genauigeit von mindestens sieben Dezimalstellen haben. Aus Beziehungen, die IBN JŪNUS bei Projektionsbehandlung der Qibla-Aufgabe aufstellt, kann man den sphärischen Sinus- und Kosinussatz ablesen (vgl. S. 136, 138), ähnlich in einer Abhandlung IBN ALHAIṮAMS († 1039) über dieselbe Aufgabe den sphärischen Kotangentensatz (vgl. S. 143). Die Tafeln ULŪĠ BEGS (1393—1449, Samarkand) sind bis zu den Quarten genau, von $\sin 88^0$ ab sogar bis zu den Quinten (11 Dezimalstellen).[21]

Von den Westarabern ist der ebenen Trigonometrie keine Förderung zuteil geworden. Es ist dies um so auffallender, als in der sphärischen Trigonometrie, besonders durch ĠĀBIR IBN AFLAḤ[23] (Sevilla, um 1145), große Fortschritte gemacht wurden; wir finden bei ĠĀBIR sogar noch die alte Sehnenmethode des PTOLEMÄUS in Gebrauch.

Einen glänzenden Abschluß fand die arabische Trigonometrie ein Jahrhundert später in dem erst in neuerer Zeit aufgeschlossenen Werke des NAṢĪR EDDĪN ALṬŪSĪ (1201—1274, persischer Astronom aus Ṭūs; Günstling des Mongolenfürsten HŪLĀGŪ) *Über die Figur der Schneidenden.*[24] In dieser Schrift ist zum erstenmal die ebene Trigonometrie um ihrer selbst willen betrieben, nicht nur als eine Hilfswissenschaft im Dienste der Astronomie, und zum erstenmal eine allgemeingültige Methode für ihre Behandlung entwickelt. Bespricht der Verfasser auch anfangs das rechtwinklige Dreieck nach der Methode „der Alten“ (mit Hilfe der griechischen Sehnentheorie), so nimmt er bei der Behandlung des schiefwinkligen Dreiecks den neuen Standpunkt ein, daß er vom Sinussatz ausgeht und mit seiner Hilfe die einzelnen Fälle des allgemeinen Dreiecks löst (vgl. S. 73—74). Den Kosinussatz kennt er auch nicht; in den Fällen, wo wir ihn heute anwenden, greift er zur Zerlegung der gegebenen Dreiecke in rechtwinklige (vgl. S. 76).

Die geschilderten Verdienste NAṢĪR EDDĪNS hatte man sonst dem deutschen Mathematiker REGIOMONTANUS (JOH. MULLER, Königsberg in Oberfranken, 1436 — Rom 1476; Wien, Italien, Nürn-

22 C. SCHOY, *Die Gnomonik der Araber*, Berlin 1923, S. 37. — 23 *Gebri filii Afflah Hispalensis de astronomia libri IX* etc., Norimbergae 1534; von P. APIANUS herausgegeben. — 24 *Schakl al Ḳaṭṭā'. Traité du quadrilatère attribué à Nassir-uddin-el-Toussy*, traduit par ALEXANDRE PASCHA CARATHEODORY, Constantinople 1891; vgl. VON BRAUNMÜHL, *Nasir eddin Tusi und Regiomontanus*, Halle 1897 IV 1319.

berg) zugeschrieben, in dessen grundlegendem Werke *De triangulis omnimodis libri quinque*[25] diese Neuerungen ebenfalls anzutreffen sind. Die hohe Schätzung REGIOMONTANS bleibt indes unangefochten bestehen. Ein Zusammenhang zwischen beiden ist nicht nachzuweisen. REGIOMONTAN schöpfte freilich aus arabischen Werken, die in ziemlich mangelhaften Übersetzungen aus Spanien nach dem Abendland gelangt waren; aber seine Quellen sind in der Hauptsache nur die Westaraber ALZARḲĀLĪ (um 1080, Toledo) und ǴĀBIR (um 1145, Sevilla); von ostarabischen Werken scheint er nur das Buch AL-BATTĀNĪS († 929, bei Bagdad) zu kennen.[18] Diese Schriftsteller behandeln aber die Trigonometrie in ganz anderer Weise als der viel später lebende NAṢĪR EDDĪN. REGIOMONTAN bildete das ihm Überkommene also durchaus selbständig aus; sein Lehrbuch ist in didaktischer wie systematischer Beziehung ein Meisterwerk. Den Gedanken, die Trigonometrie als eigene Wissenschaft zu betrachten, schreibt er selbstlos seinem verehrten Lehrer GEORG VON PEURBACH (1423--1461 Wien), zu. Wird REGIOMONTAN auch der Ruhm, als erster die Trigonometrie modern behandelt zu haben, genommen, so bleibt seine Wirksamkeit doch für das Abendland von höchster Bedeutung. NAṢĪR EDDĪN bildet den Schlußstein arabischer Entwicklung; es läßt sich nicht feststellen, daß sein Werk irgendwie Anregung zu Weiterarbeit gegeben hat. REGIOMONTAN aber steht am Anfang einer Neuentwicklung; er allein gab den Anstoß zu dem System der ebenen Trigonometrie, wie es heute vor uns steht.

Das Werk REGIOMONTANS *De triangulis omnimodis*, das 1464 entworfen worden war, blieb unvollendet; vor der endgültigen Bearbeitung der letzten vier Bücher scheint ihn der Tod abberufen zu haben. Anlage wie Systematik lassen die feilende Hand vermissen. Viele unwichtige Sätze, die sich REGIOMONTAN bei der Durcharbeitung älterer Werke vermerkt hatte, sind ohne letzte Prüfung aufgenommen.[26] Das Manuskript blieb nach dem Tode REGIOMONTANS in den Händen seines Gönners, des Nürnberger Patriziers BERNHARD WALTHER (1430—1504), der den ganzen Nachlaß ängstlich verschlossen hielt und niemandem Einsicht gewährte. Erst 1533 kam es ungeändert zum Druck (vgl. S. 108). Im *Liber de triangulis* fehlt übrigens bei der Dreiecksberechnung die Verwendung der Tangensfunktion (vgl. S. 26); in einer nach 1464 in Angriff genommenen *Tabula directionum*[27] (1490 in Augsburg erschienen)[105] finden

25 Norimbergae 1533[II 244]; in erster Bearbeitung verfaßt um 1464. — 26 Vgl. VON BRAUNMÜHL, *Gesch.* 1[II 935], S. 127—132. — 27 CANTOR 2², S. 275.

wir sie aber verwendet und erkennen auch, daß REGIOMONTAN inzwischen ihren Nutzen zu würdigen gelernt hatte (vgl. S. 27).

In dem weiteren Überblick über die Geschichte der ebenen Trigonometrie ist größere Kürze möglich, da die ausführliche Besprechung der Einzelheiten auf die folgenden Abschnitte verschoben werden kann. Die meisten hervorragenden Mathematiker bis zur Neuzeit trugen ihr Scherflein zu dem heutigen Umfange der Trigonometrie bei. Man verdankt N. KOPPERNIKUS (1473 Thorn — 1543 Frauenburg) die Neuaufstellung der Sekansfunktion. RHAETICUS (1514—1576, Wittenberg) ist der Berechner des gewaltigsten trigonometrischen Tabellenwerkes. F. VIETA (1540—1603; Paris, französischer Staatsbeamter) schuf eine eigentliche Goniometrie; er führte algebraische Rechnungen und Umformungen in der Trigonometrie ein und vollendete den systematischen Aufbau sowohl der ebenen als auch der sphärischen Trigonometrie. Die handliche und durchsichtige Form aber, in der die trigonometrischen Formeln dem modernen Mathematiker vorschweben, ist eine Errungenschaft, an der in erster Reihe L. EULER (1707—1783; Berlin, Petersburg) beteiligt war.

B. Die trigonometrischen Funktionen.

I. Die Begriffe des Sinus und Kosinus eines Winkels.

Es wurde in der Einleitung erwähnt (vgl. S. 4), daß schon in jener ältesten mathematischen Urkunde, dem Rechenbuche des Ägypters AHMES (*Papyrus Rhind*, 2000—1700 v. Chr.)[IV 3] eine Verhältnisgröße benutzt wird, die unserem Kosinus (oder Kotangens)[28] vergleichbar ist. Das Auftreten einer solchen Verhältnisbestimmung würde weniger auffallen, wenn nicht eigentümlicherweise für diese Größe sich dem überraschten Forscher zugleich ein Fachausdruck, *seqt* (etwa: Verhältniszahl), darböte. Ein Terminus technicus stellt sich nur ein, wenn langdauernde Gewohnheit die kurze Bezeichnung eines oft gebrauchten Begriffes verlangt. Es muß sich daher schon in jener fernen Zeit eine Art Theorie angebahnt haben, die in bewußter Weise Winkelgrößen mit Verhältnissen gewisser

---

28 L. BORCHARDT, Ztschr. f. ägypt. Sprache und Altertumskunde 31, 1893, S. 9 ff.

Streckenabmessungen in Verbindung brachte. In einer anderen Aufgabe desselben ägyptischen Rechenbuches will man auch eine tangensähnliche Verhältnisbestimmung entdeckt haben.[29]

Sichere Kenntnis von dem Vorhandensein einer trigonometrischen Wissenschaft besitzen wir erst aus der griechischen Entwicklungsperiode der Mathematik. In der Schrift des ARISTARCH (um 310 v. Chr. Samos — 250 Alexandria) *Über die Größe und Abstände von Mond und Sonne*[5] sehen wir schon Anfänge einer Sehnenrechnung. ARISTARCH setzt den Satz, daß die Bogenverhältnisse größer als die Sehnenverhältnisse sind, bereits als bekannt voraus;[30] einen Beweis finden wir erst bei PTOLEMÄUS[31] (zwischen 125 und 151 n. Chr., Alexandria). Auch für die Zeit nach ARISTARCH sind unsere Kenntnisse zunächst noch nicht viel reichhaltiger. Der dürftige Bericht eines späten Schriftstellers[6] meldet, daß HIPPARCH VON NICAA (zwischen 161 und 126 v. Chr. in Rhodus und Alexandria) eine Schrift in zwölf Abschnitten über die Sehnen im Kreise geschrieben habe, in der er eine Sehnentabelle berechnete;[32] dasselbe Thema habe auch MENELAOS VON ALEXANDRIA (um 98 n. Chr.) in sechs Büchern behandelt. Augenscheinlich sind beide als Vorgänger des PTOLEMÄUS (zwischen 125 und 151 n. Chr. in Alexandria), dessen Trigonometrie uns vollständig erhalten ist, zu betrachten. Da jener Bericht noch hervorhebt, daß PTOLEMAEUS sich nur besonders einfacher Herleitungen bediente, werden wir nicht fehlgehen, wenn wir die bei diesem vorgetragene Lehre in der Hauptsache uns schon bei HIPPARCH vorhanden denken.

Vielleicht war, wie oben bereits vermutet, die Chordafunktion (chorda = Sehne) von Babylon mit anderen astronomischen Kenntnissen nach Alexandria und Griechenland gewandert. Griechische Autoren rühmen selbst die astronomischen Rechnungen der Chaldäer.[1] Neuerdings hat man durch Entzifferung babylonischer Keilschrifttafeln mittels Berechnung gefundene Himmelsdaten aus der Zeit kurz vor HIPPARCH entdeckt, die genauer sind, als HIPPARCH sie selbst besessen hat.[33] Die Selbständigkeit babylonischer Astronomie steht daher wohl fest.

---

29 CANTOR 1³, S. 101. — 30 E. HOPPE, *Mathematik* usw..[I 189], S. 245—247. TH. HEATH, *Aristarchus of Samos*, Oxford 1913, S. 333. — 31 *Σύνταξις*, I, 10, ed. HEIBERG[I 81], S. 43—44, Übersetzung von MANITIUS[I 154], S. 33—34. — 32 R. WOLF, *Geschichte der Astronomie*[I 152], S. 111; VON BRAUNMÜHL, *Gesch.* 1[II 935], S. 14. — 33 F. X. KUGLER, *Mondrechnung*[I 80], S. 24 ff.; E. HOPPE[I 189], S. 330, 381 f.

Wie wir uns heute die trigonometrischen Beziehungen in beliebigen Dreiecken durch Einführung der Sinusfunktion zugänglich machen, so benutzte der griechische Astronom die Größe der Sehne, die zu dem doppelten, als Zentriwinkel in den Kreis eingetragenen Winkel gehört. Mit der Größe des Zentriwinkels ändert sich die Größe der Sehne; und für diese Veränderlichkeit hatte HIPPARCH eine Tabelle aufgestellt. Man sieht leicht ein, daß die Rechnungen in dieser Sehnentrigonometrie nur in der äußeren Form von modernen Rechnungen abweichen. In welchem Intervall die Hipparchische Tabelle fortschritt, ist uns gänzlich unbekannt. Vermutlich waren die Werte der Chorden in demselben Maß gegeben, das PTOLEMÄUS annahm. Bei diesem ist der Durchmesser in 120 Teile (*μοιραί*) zerlegt; jeder Teil wird sexagesimal weiter geteilt (*ἑξηκοστὰ πρῶτα* und *δεύτερα*). In solchen Hundertzwanzigsteln des Durchmessers ist die Sehnengröße berechnet. Auf die wirkliche Größe des Durchmessers kommt es demnach gar nicht an, so daß die von PTOLEMÄUS angeführten Zahlen echte Verhältniswerte sind. Zur Zeit HIPPARCHS wurden die Sexagesimalbrüche sicher schon von den griechischen Astronomen benutzt. Griechisch ist die Sechzigerteilung nicht; sie stammt, wie wir in Bd. I, S. 39 f. gesehen haben, gleichfalls aus Babylon. Dort war allerdings der Radius die am Kreise bevorzugte Streckengröße, hier bei den Griechen der Durchmesser; nicht einmal ein Wort für Radius kannten die Griechen (vgl. Bd. IV, S. 106 f.). Alle Kreissätze, die sie in der Ebene oder in der Sphärik aussprachen — sei es ARCHIMEDES († 212 v. Chr.) oder THEODOSIOS (zwischen 212 und 150 v. Chr.) oder MENELAOS (98 n. Chr.) —, bezogen sich auf den Durchmesser. So mußte der griechische Astronom, wenn er das babylonische Sechzigersystem annahm, zu dem merkwürdigen Ausweg kommen, den Durchmesser in 120 Teile zu zerlegen.

Die erste Bezugnahme auf die Hipparchischen Sehnentafeln finden wir bei HERON (um 100 v. Chr.). In den Schriften, die unter dem Namen HERONS umlaufen, Nachschriften seiner Vorlesungen durch mehr oder weniger berufene Hand, finden sich Wertangaben für die Flächeninhalte der regelmäßigen Polygone zwischen $n = 3$ bis $n = 12$. Der Umstand, daß diese Werte sich in den meisten HERONschen Schriften wiederholen,[34] läßt sie als echt Heronisch erkennen. Die genauesten Berechnungen für den Inhalt unter

34 HERON, *Geometrica* 21, 23, ed. HEIBERG 4, S. 382—337, 394—397; *Mensurae*, cap. 51—53, ed. HEIBERG 5, S. 204.

Zugrundelegung von $s_n = 10$ geben die *Metrika*;[35] rein geometrisch werden die Werte für $n = 3, 5, 6, 8, 10, 12$ abgeleitet. Bei dem Siebeneck beruft sich HERON darauf, daß s_7 annähernd gleich dem Radius des im entsprechenden Sechseck eingezeichneten Kreises ϱ_6 ist; hierfür gibt er weder einen Beweis noch einen Gewährsmann an. In weiterer Annäherung leitet er nun $s_6 : \varrho_6 = 8 : 7$ ab und kann jetzt s_7, dann auch ϱ_7 und i_7 ausrechnen. Bei dem Neuneck und Elfeck tritt aber überraschend die Bezugnahme auf ein trigonometrisches Werk *Περὶ τῶν ἐν κύκλῳ εὐθειῶν*[36] (= Über die Sehnen) auf. Der Verfasser dieser Schrift wird nicht genannt, wird aber HIPPARCH sein. HERON pflegt andere Autoren wie ARCHIMEDES stets mit Namen anzuführen. Daß er dies bei HIPPARCH unterläßt, wird verständlich, wenn man HERON als jüngeren Zeitgenossen HIPPARCHs annimmt; ein einfacher Hinweis auf die vielleicht nur kurze Zeit vor seinen *Metrica* veröffentlichte Schrift HIPPARCHs, deren neuartiger Inhalt Aufsehen erregte, genügte vollständig, um den Leser die Bezugsquelle genau wissen zu lassen.[37]

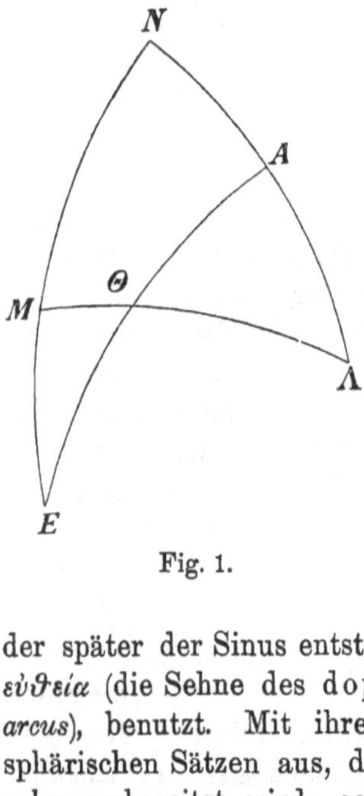

Fig. 1.

Auf festeren Grund und Boden für die Vorgeschichte unserer Sinusfunktion gelangen wir erst durch die erhaltene Schrift des MENELAOS (um 98 n. Chr.) über die Sphärik. Die für uns viel wichtigere Schrift über die Sehnen[6] (vgl. S. 5) ist leider verloren gegangen. Bei MENELAOS finden wir zum erstenmal in der uns zugänglichen Literatur ausdrücklich eben jene Sehnenfunktion, aus der später der Sinus entstand: *ἡ ὑπὸ τὴν διπλῆν τῆς περιφερείας* sc. *εὐθεία* (die Sehne des doppelten Bogens = *chorda sive subtensa dupli arcus*), benutzt. Mit ihrer Hilfe spricht er eine große Anzahl von sphärischen Sätzen aus, durch die die Berechnung sphärischer Dreiecke vorbereitet wird, so den Fundamentalsatz der antiken sphä-

35 *Opera* 3, ed. SCHÖNE[I 205], S. 50 ff. Vgl. W. SCHMIDT, Bibl. math. 1_3, 1900, S. 319. — 36 *Opera* 3[I 205], ed. SCHÖNE S. 58, Z. 19, S. 62, Z. 17. — 37 Vgl. aber G. ENESTRÖM, Bibl. math. 7_3, 1906—1907, S. 404. Über die frühe Ansetzung der Lebenszeit HERONS vgl. R. VON SCALA, Monatsber. für Math. u. Phys. 7, 1896, S. 7; E. HOPPE, Programm Nr. 815, Hamburg 1902, Wilhelm-Gymnasium; E. HOPPE, *Math.*[I 189], S. 336—337.

rischen Trigonometrie, der unter dem Namen des MENELAOS noch heute allgemein bekannt ist (vgl. S. 132, 166):

$$\frac{\text{Sehne }(2\cdot AN)}{\text{Sehne }(2\cdot A\varDelta)} = \frac{\text{Sehne }(2\cdot NE)}{\text{Sehne }(2\cdot EM)}\cdot\frac{\text{Sehne }(2\cdot M\Theta)}{\text{Sehne }(2\cdot \Theta\varDelta)}\,.$$ [38]

Es bleibt dahingestellt, ob dieser Satz nicht schon Eigentum des HIPPARCH gewesen ist.

Völlige Aufklärung über den Stand der griechischen Trigonometrie erhalten wir aber erst durch die *Μαθηματικὴ σύνταξις*[181, 154] (arab. *Almagest*)[10] des CLAUDIUS PTOLEMAUS (zwischen 125 und 151 n. Chr. in Alexandrien). Das erste Buch ist der Sehnenberechnung und der Anwendung der Sehnentafel bei astronomischen Dreiecksberechnungen gewidmet. PTOLEMAUS geht aus von einer Reihe bekannter Sehnen, die den Seiten der konstruierbaren regelmäßigen Polygone ($n = 3, 4, 5, 6, 10$) entsprechen. Er findet aus Sätzen der Euklidischen Elemente die Sehnen von $36^0 = 37^\mu\ 4'\ 55''$ (μ = μοιραί, siehe S. 13), ferner:

Sehne $60^0 = 60^\mu\ 0'\ 0''$, Sehne $90^0 = 84^\mu\ 51'\ 10''$,
Sehne $72^0 = 70^\mu\ 32'\ 3''$, Sehne $120^0 = 103^\mu\ 55'\ 23''$,

und berechnet hieraus mittels des Pythagoreischen Lehrsatzes die Sehnen der Supplementwinkel, z. B. Sehne $144^0 = 114^\mu\ 7'\ 37''$.[39] Dann entwickelt er auf Grund des noch heute nach ihm benannten Satzes von dem Sehnenviereck das Additionstheorem der Sehnenfunktion und zeigt, wie man aus zwei bekannten Sehnen diejenige Sehne berechnen kann, deren Bogen gleich der Differenz, bzw. der Summe der gegebenen Sehnen ist.[40] Unabhängig hiervon lehrt er die Sehne eines Bogens aus der Sehne des doppelten Bogens berechnen.[41] Diese Sätze, in Verbindung mit den oben angeführten Zahlen, setzen ihn in den Stand, alle Sehnenwerte von $1\frac{1}{2}^0$ zu $1\frac{1}{2}^0$ zu finden. Nunmehr leitet er die Sehne von $1^0 = 1^\mu\ 2'\ 50''$ mit Hilfe eines fein durchdachten Näherungsverfahrens ab[42] und vermag jetzt unter Anwendung der sofort zu ermittelnden Sehne von $\frac{1}{2}^0$ zu $0^\mu\ 31'\ 25''$ eine Sehnentabelle zu konstruieren, die von $\frac{1}{2}^0$ zu $\frac{1}{2}^0$ fortschreitet. Die zwischen zwei aufeinanderfolgenden Tabellen-

38 MENELAUS, ed. HALLEY[8], lib. III, prop. I, S. 80. Vgl. Anm. IV 1316. — 39 PTOLEMAEUS, *Μαθηματικὴ σύνταξις* I, cap. 9; ed. HALMA[9], S. 28–29; ed. HEIBERG[181], S. 32—35. Übers. von MANITIUS[1154], S. 26—27. — 40 Daselbst, ed. HALMA, S. 30—31, 33; ed. HEIBERG, S. 38—39, 42. Übers. von MANITIUS S. 29, 31—32. — 41 Daselbst, ed. HALMA, S. 31—32; ed. HEIBERG, S. 39—40. Übers. von MANITIUS S. 30. — 42 Daselbst, ed. HALMA, S. 34—36; ed. HEIBERG, S. 43—46. Übers. von MANITIUS S. 33—34.

werten vorhandenen Differenzen sind, durch 30 dividiert, der Tabelle beigefügt und gestatten so noch Sehnenwerte von Minute zu Minute aufzufinden.

Von den seiner Tabelle folgenden Anwendungen beziehen sich die meisten auf die sphärische Trigonometrie; nur an wenigen Stellen nimmt er Veranlassung, Berechnungen für ebene Dreiecke vorzunehmen.

Unter den übrigen Schriften des PTOLEMAUS ist eine kleine Abhandlung *Περὶ ἀναλήμματος*[43] von Bedeutung, da sie uns neben der rein rechnerischen eine konstruktive Lösungsmethode sphärisch-trigonometrischer Aufgaben gibt, ein Verfahren, das vielleicht vor HIPPARCH, oder zum wenigsten bei ägyptischen Mathematikern, die einzige Art zur Behandlung trigonometrischer Aufgaben gewesen sein mag. Dieses graphische Verfahren wurde aber keineswegs durch die trigonometrische Methode ganz verdrängt, sondern läßt sich noch bis ins Mittelalter hinein nachweisen.[44] Die kleine Schrift ist uns auch deshalb wichtig, weil PTOLEMAUS bei der Durchführung der gestellten Aufgabe vielfach die halben Sehnen benutzte, also die Verwendung der Sinusfunktion geradezu streifte.[12] Dennoch führte er diese naheliegende Vereinfachung nicht aus.

Bei dem ältesten indischen Astronomen, dessen Schriften uns bekannt sind, ĀRYABHAṬA (geb. 476 n. Chr.), finden wir die Sinustrigonometrie bereits fertig entwickelt (vgl. S. 6). Das Wort *jyâ* oder *jîva*, das Sehne bedeutet, dient zur Bildung der Fachwörter *ardhajyâ* für Sinus, *koṭijyâ* für Kosinus und *utkramajyâ* für Sinus versus ($= 1 - \cos\alpha$).[45] Für die Sinuswerte ist wiederum eine Tabelle aufgestellt, die mit $\sin 3^0\,45'$ beginnt und in dem Intervall $3^0\,45'$ fortschreitet; sie verrät dadurch, daß ihre Zahlen durch fortgesetztes Halbieren der Winkel 60^0, 30^0, 15^0, $7^0\,30'$, $3^0\,45'$ mit Hilfe von Sätzen wie etwa $\sin\frac{\alpha}{2} = \sqrt{\frac{1-\cos\alpha}{2}}$ gefunden sind. Eigenartig ist aber das Maß, in dem ĀRYABHAṬA diese Sinuswerte gibt.[46] Der Inder suchte zunächst den Kreisbogen, dessen Länge gleich der des Radius ist. Unter Benutzung von $\pi = 3{,}1416$ findet er für

43 HEIBERG, Ztschr. Math. Phys., Suppl. 40, Leipzig 1895, S. 1 ff., vgl. v. BRAUNMÜHL, *Gesch.* 1[II935], S. 11 ff. — 44 Über die stereographische Projektion vgl. M. ZACHARIAS, *Encykl. d. math. Wiss.* III AB 9, S. 1042 ff. — 45 RODET, *Leçons de Calcul d'Aryabhaṭṭa*[I83], Journ. Asiatique 1879, S. 399. Vgl. CANTOR 1[3], S. 657 ff.; HANKEL[I134], S. 217 Anm.; VON BRAUNMÜHL, *Gesch.* 1[II935], S. 33 ff. — 46 RODET[I83], S. 412. Dieselben Werte gibt auch der *Sūrya-Siddhānta*, eine astronomische Schrift eines unbekannten Verfassers aus dem vierten Jahrhundert n. Chr.[796] (vgl. VON BRAUNMÜHL, *Gesch.* 1, S. 32—34).

diesen Bogen eine Winkelgröße von 3438 Minuten. Dieser Wert erscheint nun für $\sin 90^0$. Von den im ganzen 24 Werten seien noch angeführt: $\sin 60^0 = 2978'$, $\sin 30^0 = 1719'$, $\sin 15^0 = 890'$, $\sin 7^0\,30' = 449'$, $\sin 3^0\,45' = 225'$. Der letzte Wert ist dadurch wichtig, daß die Winkelgröße $3^0\,45'$ auch gleich $225'$ ist und für diesen, wie für kleinere Winkel, der Bogen mit dem Sinus zusammenfällt, wenigstens für die gewählte Genauigkeit von Minuten. Dieser Sonderstellung verdankt der $\sin 3^0\,45'$ einen besonderen Namen, *kramajyâ* (= der gerade Sinus). Ein solches Maß ist uns bei den Griechen nicht bekannt und wohl auf babylonischen Einfluß zurückzuführen. Griechisch ist wieder, wie VARĀHA MIHIRA († 587) die Sinuswerte derselben Winkel angibt; er nimmt den Kreisdurchmesser wie PTOLEMÄUS mit 120^0 an und setzt:[47] $\sin 60^0 = 103^0\,56'$, $\sin 30^0 = 60^0$, $\sin 15^0 = 31^0\,4'$, $\sin 7^0\,30' = 15^0\,40'$, $\sin 3^0\,45' = 7^0\,51'$. Man erhält die Werte VARĀHA MIHIRAS aus denen ĀRYABHAṬAS, indem man diese mit $\frac{3438}{120}$ multipliziert. VARĀHA MIHIRA bringt auch Sätze und Beziehungen,[48] die modern lauten:

$$\sin 30^0 = \tfrac{1}{2}; \qquad \sin 60^0 = \sqrt{1 - \tfrac{1}{4}};$$

$$(\sin\alpha)^2 = \left(\frac{\sin 2\alpha}{2}\right)^2 + \left(\frac{1 - \sin(90 - 2\alpha)}{2}\right)^2.$$

Genauere Tafeln enthält BHĀSKARAS (geb. 1114 n. Chr.) Werk.[185] Hier ist der Radius selbst als Maß gewählt und das Intervall auf 1^0 verringert. So steht bei ihm $\sin 1^0 = \frac{10}{573}$, $\cos 1^0 = \frac{6568}{6569}$. Die Entstehung seiner Tafel ist vielleicht so zu denken, falls er sie nicht aus griechischen oder arabischen Quellen entlehnt hat, daß er aus der alten Tafel ĀRYABHAṬAS sah, daß Sinuswerte unter $225'$ mit dem Bogen bis auf Minuten übereinstimmten; vielleicht wußte er auch, daß diese Annäherung mit fallendem Winkel zunahm. Er setzte daher ohne Begründung $\sin 1^0 = 1^0 = 60'$, wo, wie bei ĀRYABHAṬA, $r = 3438'$ ist. In der Tat ergibt $\sin 1^0 : r = 60 : 3438$ den obigen Wert $\sin 1^0 = \frac{10}{573}$. Zum Aufbau der Tafel benutzte er nunmehr das Additionstheorem:

$$\sin(\alpha \pm \beta) = \frac{\sin\alpha \cdot \cos\beta}{r} \pm \frac{\cos\alpha \cdot \sin\beta}{r}.$$

Nachfolger in griechischer wie indischer Mathematik wurden die Muslime. Eine ausgedehnte Übersetzungstätigkeit, zu der die

47 THIBAUT[184], S. (24) bis (25). — 48 Daselbst S. (22). KAYE, *Indian Mathematics*[195], S. 10.

für Kunst und Wissenschaft eifrig eintretenden Kalifen die Anregung gaben, machte sie mit den Hauptwerken beider Völker bekannt. Ein Bericht ist noch erhalten,[49] in dem uns erzählt wird, wie ein Gelehrter aus Indien dem Kalifen ALMANṢŪR im Jahre 773 Auszüge aus dem großen astronomischen Hauptwerk Indiens, dem *Siddhānta* des BRAHMAGUPTA (geb. 598 n. Chr.), überbrachte und ihn veranlaßte, eine arabische Übersetzung, *Sindhind* genannt, anzuordnen. Um 820 fand eine Neubearbeitung in kürzerer Form statt; der Verfasser dieses kleinen *Sindhind* ist der in der Geschichte des Rechnens und der Algebra oft genannte MUḤAMMAD IBN MŪSĀ ALḪWĀRAZMĪ (Bagdad). Besonders durch diese Schrift wurde indische Trigonometrie in arabischen Gelehrtenkreisen weit verbreitet. Eine große Reihe späterer Schriften, in denen die Sinusfunktion und indische Sinustabellen benutzt sind, gehen auf den *Sindhind*, andere vielleicht auch auf neue indische Einflüsse zurück. Aus dem achten Jahrhundert kennt man schon zwei arabische Übersetzungen der *Σύνταξις* des PTOLEMAUS. Die beste Übersetzung verdanken die Araber dem Astronomen ṮĀBIT IBN QURRAH (836—901, Bagdad), der philologische und mathematische Vorbildung gleicherweise mitbrachte.[50] Je nachdem nun arabischen Mathematikern griechische oder indische Quellen zur Verfügung standen, schwankte der Gebrauch zwischen der Sehnen- und Sinusfunktion; die bessere Verwendbarkeit des Sinus betont besonders ALBATTĀNĪ (ALBATEGNIUS; gest. 929, bei Bagdad).[51] Sein Werk, *De motu stellarum*,[17] eines der angesehensten bei den arabischen Astronomen, wurde durch eine lateinische Übersetzung des PLATO VON TIVOLI (Anfang des zwölften Jahrhunderts) dem Mittelalter zugänglich und spielte bei der Verbreitung der Sinusfunktion eine bedeutende Rolle. Über ein Jahrhundert nach ALBATTĀNĪ verwendet aber noch der Westaraber ǴĀBIR IBN AFLAḤ (Sevilla; um 1145) in der ebenen Trigonometrie ausschließlich die Sehnen. Auch im Mittelalter wird zuweilen noch die alte Sehnentrigonometrie wieder aufgenommen. Man kennt eine anonyme Abhandlung aus dem vierzehnten Jahrhundert, die sich sehr eng an ǴĀBIR IBN AFLAḤ anschließt.[52] Selbst KOPPERNIKUS

49 CANTOR 1³, S. 696; VON BRAUNMÜHL, *Gesch.* 1 II 935, S. 44. — 50 CANTOR 1³ S. 702—704. — 51 ALBATEGNIUS, *De scientia stellarum* I 214, cap. III, Bl. 6 v⁰, Z. 5—4 v. u.: ... *hic est, qua utimur in numerorum manerijs, ne in his, in quibus opus fuerit arcus duplicare necesse sit* (Der Grund, warum wir bei den Rechnungen so verfahren, ist der, daß man nicht jedesmal die Bogen zu verdoppeln braucht). Ed. NALLINO IV 354, 1, 1903, S. 10, Z. 40—41. — 52 v. BRAUNMÜHL, *Gesch.* 1 II 935, S. 106.

(1473 Thorn — 1543 Frauenburg) scheint anfangs allein auf Grund der Ptolemäischen Trigonometrie seine astronomisch-mathematischen Studien betrieben zu haben und erst allmählich, vielleicht als ihm das Werk REGIOMONTANS *De triangulis omnimodis* in die Hände kam, zur Benutzung der Sinusfunktion übergegangen zu sein.

Die Geschichte der Sinusdefinition ist hiermit noch keineswegs abgeschlossen. Die moderne Auffassung des Sinus, die in ihm eine bloße Zahl sieht, entstand erst in der zweiten Hälfte des achtzehnten Jahrhunderts. Bis dahin wurde der Sinus, wie die übrigen trigonometrischen Funktionen, rein geometrisch als Linie angesehen, deren Länge bei demselben Winkel je nach Wahl des zugrunde liegenden Radius verschieden sein konnte. Hatte man zuerst den Radius, der seit GERHARD VON CREMONA (1114—1187, Toledo) den Namen *sinus totus* führte,[53] in 60 oder 12 Einheiten (PTOLEMÄUS, Araber) geteilt angenommen, so setzte PEURBACH (1423—1461) $r = 600000$ und tat damit den ersten Schritt zur Einführung der Dezimalteilung (vgl. Bd. I, S. 138 ff.). Sein Schüler REGIOMONTAN (1436—1476) ging bald darauf zu reinen Dezimalbrüchen über und setzte $r = 10^5$; seine Nachfolger wählten dann in weiter verfeinerten Tafeln noch höhere Potenzen von 10. Die moderne Definition des Sinus eines Winkels als Verhältnis der Gegenkathete eines entsprechenden rechtwinkligen Dreiecks zu der Hypotenuse wird vielfach dem RHAETICUS (1514—1576, Wittenberg) zugeschrieben. Es ist aber ganz zweifellos, daß auch er den Sinus usw. nur als Linie auffaßte. Das geht schon daraus hervor, daß er mit Vermeidung des „barbarischen" Wortes *Sinus* den Namen *perpendiculum* einführt, worunter er unser heutiges „Gegenkathete" versteht, während er den Kosinus als *basis* (Nebenkathete) bezeichnet. Freilich lag darin ein großer Fortschritt, daß er die Definitionen der trigonometrischen Funktionen vom Kreise loslöste und seine Betrachtungen an einem rechtwinkligen Dreiecke anstellte. RHAETICUS setzte seine Ansichten in einem Anhang des *Canon doctrinae triangulorum* (Leipzig 1551)[54] auseinander. Zunächst betrachtete er die Hypotenuse als Hauptseite des rechtwinkligen Dreiecks (*triquetrum cum recto*); nahm er sie gleich einem festen Werte, bei ihm 10^7, so ist die Gegen-

53 Übersetzung der *Canones super tabulas Toletanas* des westarabischen Astronomen ALZARQĀLĪ, ed. M. CURTZE, Bibl. math. 1_3, 1900, S. 341, Z. 22, 24—25, S. 342 an Figur 11 u. ö.; S. 343, Z. 16 auch *sinus perfectus*, so auch 1322 bei JOHANNES DE LINERIIS[IV 227], ebendaselbst S. 405, Z. 6. — 54 *Canon doctrinae triangulorum a* G. J. RHAETICO, Leipzig 1551; vgl. K. HUNRATH, *Des Rhaetikus Canon doctrinae triangulorum*, Z. Math. Phys., Supplementband 1899, S. 213 f.

kathete, das *perpendiculum*, die halbe Sehne des doppelten Winkels, also der *sinus rectus* der Araber (Sinus), die *basis* aber der *sinus secundus* oder die halbe Sehne des doppelten Komplementwinkels (Kosinus). Setzte er dann die Nebenkathete des betrachteten Winkels gleich 10^7, so wurde die Hypotenuse $\sec \alpha$, die Gegenkathete $\operatorname{tg} \alpha$. Bevorzugte er drittens in derselben Weise die Gegenkathete, so stellte die Hypotenuse $\operatorname{cosec} \alpha$, die Nebenkathete $\operatorname{ctg} \alpha$ dar. Immer aber faßte er die trigonometrischen Größen als Linien auf und hätte sofort andere Werte für sie gegeben, wenn er als Einheit eine andere Größe als 10^7 angenommen hätte. Bei echten Verhältniszahlen hätte aber der Wert von dem Maßstab des Dreiecks unabhängig sein müssen.

Mit solchen reinen Zahlen hat man es zu tun, wenn man die Längen der trigonometrischen Linien in einem Kreise mit dem Radius $r = 1$ aufsucht. Durch diese Voraussetzung ergibt sich zugleich der Vorteil, daß aus den trigonometrischen Lehrsätzen der sonst ständig mitzuschleppende sin tot $= r$ herausfällt und eine wesentliche Vereinfachung erzielt wird. Trotz dieser großen Vorzüge haben nur wenige ältere Mathematiker gelegentlich diese Annahme gewagt. ALḤABAŠ (770—870?) setzte in seinen Kotangenten- und Kosekantentafeln den Gnomon gleich 1 (vgl. S. 24). Im *Qānūn Mas'ūdī* des ALBĪRŪNĪ († 1048; Ġazna, Afghanistan) findet sich in einer Vertikalschattentafel $\operatorname{tg} 45^0 = 1^p\, 0^{I}\, 0^{II}\, 0^{III}\, 0^{IV}$. Beim Sinussatz wurde von ALBĪRŪNĪ mit Vorbedacht $r = 1$ gesetzt.[55] Anderseits kann man bei vielen arabischen Autoren nicht erkennen, ob sie mit $r = 60$ die Bezeichnung 60^p oder $60'$ gemeint hatten: die Bezeichnungen fehlen sehr häufig; $r = 60'$ bedeutet natürlich $r = 1$. So ist die Behauptung,[56] daß ABŪ'LWAFĀ' auch anderweitig $r = 1$ gesetzt habe, keineswegs sichergestellt.[57] Grundsätzlich scheint diese Bestimmung erst der Schweizer JOBST BÜRGI (1552—1632; Kassel, Prag) vorgenommen zu haben; in seinen uns leider verloren gegangenen Sinustabellen soll $\sin 90^0 = 1$ und die übrigen Sinus als Dezimalbrüche mit der Einerstelle Null angegeben worden sein.[58] Nur zur Erleichterung gewisser Berechnungen hatten später DESCARTES (1596 bis 1650)[59] und TH. F. DE LAGNY (1660—1734) gelegentlich für den Radius r den Wert 1 gesetzt.[60] Wirkliche Zahlen scheint erst

[55] Briefliche Mitteilung von C. SCHOY. — [56] VON BRAUNMÜHL, *Gesch.* $1^{II\,935}$, S. 57, Anm. 2. — [57] Briefliche Mitteilung von H. SUTER an C. SCHOY. — [58] A. VON BRAUNMÜHL, *Gesch.* $1^{II\,935}$, S. 210. — [59] *Œuvres* de DESCARTES, éd. ADAM et TANNERY $10^{II\,69}$, S. 284, Z. 6. — [60] Hist. Mém. math. phys. sc. Paris 1719 (1721), S. 144; 1724 (1726), S. 292 ff.; 1725 (1727), S. 284 ff.; 1727 (1729), S. 121 ff.

L. Euler (1707—1783; Berlin, Petersburg) in den trigonometrischen Größen erkannt zu haben. Die Reihenentwicklungen, die durch rein numerische Berechnungen die Funktionen Sinus usw. lieferten, konnten ihn leicht zu dieser Erkenntnis führen. In der Tat faßt er die trigonometrischen Größen hierbei als echte Funktionen auf und verwertet sie, zugleich mit ihren inversen, den zyklometrischen Funktionen, überall in der Analysis (vgl. S. 43) wie reine Zahlengrößen. Eine besondere Auseinandersetzung der Verhältnisdefinition sucht man aber bei ihm vergeblich. Ohne weitere Begründung wird in seiner ältesten trigonometrischen Abhandlung von 1729,[203] ebenso wie in seiner *Introductio* (1748),[61] $r = 1$ eingeführt. Die Zeitgenossen, bei denen seine Arbeiten als durchaus maßgebend galten, sahen in dieser Voraussetzung nichts Besonderes, wenigstens nichts von der alten Auffassung Abweichendes. Daher findet man nach wie vor in den Lehrbüchern dieser Zeit die alte geometrische Definition. In den *Anfangsgründen*[I 15] von Chr. v. Wolff, Auflage von 1750, ist der Sinus immer noch als Linie erklärt,[62] ebenso in Kastners ähnlichem Werke von 1764 (2. Aufl.).[63] Der letztere hebt nur hervor, daß man oft, um Mühe und Zeit im Schreiben zu ersparen, $r = 1$ setze.[64] Dieses nachträgliche Einsetzen von $r = 1$ findet sich nach Eulers Vorbild auch bei Mauduit (1765),[65] Lambert (1765),[66] v. Segner (1773),[67] Cagnoli (1786),[68] sogar in den so bedeutenden *Elementen* Legendres von 1794, auch in der Übersetzung von Crelle (1833),[69] ferner bei Grunert (1832)[70] und van Swinden-Jacobi (1834).[71] Karsten unterscheidet 1768 auch in der Schreibart zwischen $Sin\,\alpha$, $Cos\,\alpha$ usw. bei beliebigem r und $sin\,\alpha$, $cos\,\alpha$ usw. bei $r = 1$.[72] Noch Pfleiderer[II 1121] benutzte 1802 durchgängig den Sinus totus. Selbst K. F. Schulz (1828),[73] der die goniometrischen Rechnungen als rein analytisch bezeichnete, fühlte sich verpflichtet, besonders hervorzuheben, daß in seinen Formeln der Sinus totus

61 *Introductio*[I 167], I, § 127. — 62 Teil I, Trigonometrie, § 1, S. 261[IV 352]. — 63 Aufl. v. 1764[I 259a], S. 348. — 64 Daselbst, S. 377. — 65 A. R. Mauduit, *Principes d'astronomie sphérique; ou Traité complet de trigonométrie sphérique*, Paris 1765, vgl. Chap. I, § 8, S. 3, Z. 3—6: *Quelquefois on le suppose égal à l'unité, mais il est mieux de l'exprimer, afin de conserver autant qu'on peut l'homogénéité des termes dans les calculs.* — 66 *Beyträge*[IV 486], 1765, I, 3, § 35, S. 390. — 67 *Anfangsgründe*[II 1091], Halle 1773, S. 385. — 68 *Traité de trigonométrie*, 1786[II 59], § 25, S. 9. — 69 *Éléments*, 2e éd. 1799[IV 364], S. 375: *Le rayon = 1 ce qui n'altère pas la généralité des résultats*; Crelle, 1833[IV 364], S. 338, 361. — 70 *Lehrb. d. Math. f. ob. Klassen*, Teil III[II 1100], erst in § 27 $r = 1$. — 71 Buch 8[II 942], 366, 377. — 72 *Lehrbuch* II, § 415[I 209]. — 73 K. F. Schulz, *Die Spharik oder die Geometrie der Kugelfläche*, Leipzig 1828, Teil II, S. 2.

gleich 1 sei, und zeigte zugleich, wie man, falls nötig, das allgemeine r in die Formeln wieder hineinbringen könne (vgl. Bd. II, S. 194—196). Bis in die neueste Zeit klingt die alte Liniendefinition nach, wenn man unter Zugrundelegung des Einheitskreises die Maßzahl der Projektion eines beweglichen Radius auf einen festen Durchmesser — oder gar, was auch noch vorkommt, die Projektion selbst — als Kosinus usw. erklärt. Mit genügender Betonung, daß immer nur die Maßzahlen zu nehmen seien, ist freilich diese Darstellung von nicht zu unterschätzendem pädagogischen Werte.[74]

Zum erstenmal ausdrücklich als reine Zahlen bezeichnet finden sich die trigonometrischen Größen in dem oben erwähnten Werke von Kästner von 1764:[75] *Wird der Halbmesser, wie groß er auch ist, immer in dieselbe Anzahl von Teilen geteilt, so sind die Ausdrücke* $\sin x$, $\cos x$ *etc. Zahlen, die für jeden Winkel gehören.* Ganz besonders scharf betont E. G. Fischer in seinem *Lehrbuch der Elementarmathematik* von 1824 den Zahlenwert.[76] Die Verhältnisdefinition gibt zuerst Simon Klügel (1770); er sagt wörtlich:[77] *In den Anleitungen zur Trigonometrie pflegen die Linien selbst für die Sinus oder Tangenten, für die Cosinus oder Cotangenten genommen zu werden. Dies zieht eine Verwirrung und Unbequemlichkeit in dem Gebrauch der Rechnung nach sich, denn die trigonometrischen Funktionen gegebener Winkel behalten auf diese Art keine bestimmten Werte, die sie doch haben müssen, und man muß dieselben am Ende doch für rein unveränderlich angenommene Linien berechnen. Auch sind sie ursprünglich nicht Linien, sondern Zahlen, oder die Exponenten gewisser Zahlen, welche die Seiten eines rechtwinkligen Dreiecks für einen gegebenen Winkel haben.* (Exponent hier = Wert eines Verhältnisses.) Ihm folgen Tralles (1778)[78] und Thibaut (1801).[79]

Daß Klugel diese Definition für Laien oder Anfänger für untauglich, vielleicht für zu hoch hielt, geht daraus hervor, daß er sie in seine *Anfangsgründe* (5. Aufl., 1809)[80] nicht aufnahm, sondern im Gebrauch des allgemeinen r ohne Verhältniserklärung beharrte.

L. N. M. Carnot (1801) hat zuerst den Durchmesser eines Kreises als Einheit angenommen, so daß die Maßzahl

---

74 Gegen E. Haentzschel, Programm Kölln. Gymn., Berlin 1900, *Über die verschiedenen Grundlegungen in der Trigonometrie.* — 75 *Anfangsgrunde*[I 259a], S. 356. — 76 III[I 296], 1824, S. 179—180. — 77 *Analytische Geometrie*[IV 572], § 3, S. 4. — 78 *Lehrb. d. rein. Math.*[II 1050], S. 290. — 79 *Grundriß d. rein. Math.*, 1. Aufl.[II 84], S. 303 ff. — 80 *Anfangsgründe*[II 1049], 5. Aufl., 1809, S. 135 ff.

der Sehne direkt gleich dem Sinus des zugehörigen Peripheriewinkels ist.[81]

Den Begriff der Projektion zieht K. D. von Münchow (1826) heran. Den Kosinus definiert er als Projektionsfaktor. *Unter Projektionsfaktor versteht man denjenigen, den man erhält, wenn das projizierte Stück in einem der Winkelschenkel, die Projektionsachse aber in dem anderen oder in einer mit dem anderen parallelen Geraden genommen wird.* Trigonometrie ist nach ihm die Lehre von den Rechnungsformen der Projektionsfaktoren dreier sich nicht in einem Punkte schneidender, zu je zwei genommener Geraden.[82]

Die Untersuchung des Sinus usw. bei Winkeln über 90^0 wird auch heute noch, fast stets ohne genaue Ableitung, durch Betrachtung des Richtungssinnes der Gegenkathete und Nebenkathete vorgenommen, vielfach auf Grund von Betrachtungen aus der analytischen Geometrie, indem man die Ordinaten eines beweglichen Kreispunktes auf zwei senkrechte Durchmesser bezieht.[83] In jüngster Zeit sucht man das funktionentheoretische Prinzip der Fortsetzung einer Funktion für die trigonometrischen Funktionen anzuwenden. Es gelingt dies mit Hilfe des Additionstheorems; auch mit der Formel $\sin 2\alpha = 2 \sin \alpha \cos \alpha$ kann man nach und nach für alle vier Quadranten die Definition erweitern.[84]

Unter Festlegung des Drehungssinnes eines Winkels stellte A. F. Moebius (1790—1868, Leipzig) eine allgemeinere Definition des Kosinus auf, indem er die Beziehung einer Strecke zu ihrer Projektion auf eine gegebene Gerade betrachtete.[85]

2. Die Begriffe von Tangens und Kotangens eines Winkels.

Die Vermutung, daß schon im altägyptischen Rechenbuch des Ahmes (zwanzigstes bis siebzehntes Jahrhundert v. Chr.) ein tangensähnlicher Begriff auftrat, ist bereits oben erwähnt (vgl. S. 4). Die griechischen Astronomen, von denen sichere Überlieferungen vorliegen, kannten dieses trigonometrische Verhältnis nicht; sie mußten bei Fällen, in denen der Tangens sehr leicht eine Lösung

---

81 *De la corrélation des figures de géométrie*, Paris, an IX = 1800/01 (2e éd., 1806), S. 83, § 126. — 82 *Grundlehren d. eb. und sph. Trigonometrie*[II 485], S. 3 ff. — 83 R. Wolf, 1841; vgl. *Handbuch*[I 163], I, Zürich 1890, S. 173, § 63, Anm. e. Schon J. B. Biot, 1802[264]. Vgl. S. 51. — 84 Vgl. Haentzschel[74]. — 85 Moebius, *Über eine neue Behandlungsweise der analytischen Sphärik*, Leipzig 1846, § 1; *Werke*, II[IV 278], S. 4—5. *Die Theorie der Kreisverwandtschaft in rein geometrischer Darstellung*[IV 302], § 8; *Ges. Werke*[IV 278], II, S. 255.

geliefert hätte, erhebliche Umwege einschlagen. Unter den Arabern hat schon ALḤABAŠ (770—870?)[16] den Tangens- und Kotangensbegriff[86] benutzt (vgl. S. 7—8). Ob indische Vorbilder vorliegen, ist sehr zweifelhaft. Die Araber gelangten wahrscheinlich selbständig zur Aufstellung der Kotangensfunktion bei dem Problem, aus der Höhe der Sonne die Länge des Schattens (*ẓill; umbra*) eines gegebenen, senkrecht stehenden Stabes zu finden und umgekehrt. Ist α die Höhe der Sonne, l die Länge des Stabes, u die seines Schattens, so findet sich $u = l \cdot \frac{\cos\alpha}{\sin\alpha}$. ALḤABAŠ berechnete sich die Werte dieser Horizontalschatten von u für $\alpha = 1^0, 2^0, 3^0 \ldots$ bis auf Sekunden und brachte sie in Tabellenform, die ihn also bei gegebener Sonnenhöhe die Schattenlänge und umgekehrt aus der beobachteten Schattenlänge die Sonnenhöhe ablesen ließ. Dabei nahm er $l = 60'$, also gleich 1 an. Eine andere trigonometrische Anwendung seiner Tafel ist selten nachzuweisen.[87] Wir sehen die erste Kotangententafel gebildet.[88] ALḤABAŠ kennt aber auch den Fall, daß der horizontal gestellte Stab seinen Schatten auf eine senkrechte Wand wirft, und berechnet sich diese Tangenswerte (*ẓill maʿkūs*, umgewendete Schatten) in einer ähnlichen Tabelle. Der Gnomon ist hier gleich 1, da er für $\operatorname{tg} 45^0$ den Wert $60^{I}\,0^{II}\,0^{III}$ gibt. Ebenso verfährt ALBATTĀNĪ († 929) in seiner Astronomie, nur daß er $l = 12$ setzt und auf die Tangententafel verzichtet.[89] In der lateinischen

86 H. SUTER, Abh. Gesch. Math. 10, 1900, S. 209. — 87 NALLINO behauptet (I, S. 163[IV 354]), daß ALḤABAŠ die Tangensfunktionen schon freier benutzt und die Formel $\sin\alpha = \frac{\sin\delta\cdot\cos\varepsilon}{\cos\delta\cdot\sin\varepsilon}$, wo α die Rektascension der Sonne, δ die Deklination, ε die Schiefe der Ekliptik bedeutet, ersetzt durch $\sin\alpha = \operatorname{tg}\delta\cdot\operatorname{ctg}\varepsilon$.[92] C. SCHOY (brieflich) findet dafür in dem Berliner Manuskript genauer $\sin\alpha = \operatorname{tg}\delta\cdot\frac{\cos\varepsilon}{\sin\varepsilon}$, aber in einer anderen Aufgabe tatsächlich das Produkt zweier ebenen Schatten (Kotangenten). Für $\operatorname{tg}\delta$ verweise ALḤABAŠ auf eine Tafel der „Verhältnisse“ (die oben als Tafel der Vertikalschatten gedeutet ist). Danach hätte er erstmalig den echten Tangensbegriff aufgestellt. Übrigens hat ALḤABAŠ auch Tafeln von Produkten zweier trigonometrischer Größen, wie sie in astronomischen Formeln auftreten. — 88 In der durch MASLAMA (vgl. S. 7) bearbeiteten Astronomie des MUḤAMMAD IBN MŪSĀ ALḪWĀRAZMĪ (Anfang des neunten Jahrhunderts) ist der Schattenbegriff weder eingeführt noch benutzt. Merkwürdig ist, daß in der erhaltenen Bearbeitung unter den zugehörigen Tafeln sich eine solche für die Schatten (Kotangenstafel) befindet.[90] Da diese Bearbeitung aber nur in einer Übersetzung aus dem zwölften Jahrh. (ATELHARD VON BATH) bekannt ist, kann nicht festgestellt werden, ob die Tafel schon zum Original gehörte; ihre Benutzung hätte mindestens doch im Text gezeigt werden müssen. Vgl. BJÖRNBO[15], S. 64. — 89 *Opus astronomicum*, ed. NALLINO[IV 354], S. 60.

Übersetzung des PLATO VON TIVOLI (1120) heißt die neue Größenart einfach *umbra* oder *umbra extensa* (bei späteren *umbra secunda*), die zweite *umbra versa* oder *umbra stans*[90] (bei späteren *umbra prima*). *Umbra recta* und *versa* findet sich auch schon in den Tafeln des ATELHARD VON BATH[88] (um 1120).[91]

Umfassenderen Gebrauch machte ABŪ'LWAFĀ'[93] (940—998, Bagdad) von den neuen Funktionen. Er verwendete sie zur Lösung auch anderer trigonometrischer Aufgaben[94] und stellte sie der bisher allein anerkannten Sinuslinie dadurch an die Seite, daß er die *umbra versa* als die halbe geometrische Tangente des doppelten Winkels definierte (vgl. S. 35). Ferner berechnete er für sie eine neue Tafel, deren Werte von 15′ zu 15′ fortschreiten. IBN JŪNUS aus Kairo († 1009) verfeinerte die Kotangententafel, indem er $r = 60$ und ein Intervall von 10′ wählte[95] — die berechneten Werte sind bis 70° genau —, scheint aber die trigonometrische Wichtigkeit seiner Tafel nicht erkannt zu haben, da er sie in seinen Rechnungen selten benutzt.[96] Anders NAṢĪR EDDĪN (1201—1274, persischer Astronom am Hofe des Mongolenfürsten HŪLĀGŪ), der den Tangensbegriff in seiner Erweiterung wie ABLŪ'LWAFĀ' beherrschte. Bei dem Westaraber ǴĀBIR IBN AFLAḤ († zwischen 1140 und 1150) ist keine Spur der *umbrae* zu finden. Die Tangenstafeln des ULŪǴ BEG (1393—1449, Samarkand) sind erheblich verschärft. Sein $\operatorname{tg} 1^0 = 1^p\, 2^I\, 50^{II}\, 17^{III}\, 38^{IV}$ weicht erst in der neunten Dezimalstelle um eine Einheit von dem genauen Wert ab.

Nur mit Mühe retteten sich die Tangensfunktionen ins Mittelalter herüber. Im zwölften Jahrhundert wurde das Abendland mit ihnen durch ATELHARD VON BATH[88] (vgl. S. 7), dann durch die Übersetzung der *Canones* des westarabischen Astronomen ALZARQĀLĪ, die GERHARD VON CREMONA (1114—1187, Toledo) herstellte, bekannt.[97]

---

90 ALBATEGNIUS[I 214], Bl. 14 r⁰, Z. 4—3 v. u.: *Vmbra uero stans, quae uersa dicitur quod est umbra perfectionis altitudinis et extensae umbrae contrarium.* Ed. NALLINO[IV 354], I, S. 22. — 91 H. SUTER, A. A. BJÖRNBO und R. BESTHORN, Mém. de l'Ac. Roy. des Sciences et des Lettres de Danemark, 7. Série, Sect. d. Lettres t. III, Nr. 1, S. 77. — 92 H. SUTER, Bibl. math. 5_3, 1904, S. 83—84. — 93 VON BRAUNMÜHL, *Gesch.* 1[II 935], S. 57. — 94 Berechnung der Qiblarichtung nach ABŪ'LWAFĀ'. C. SCHOY, *Arabische Sonnenuhrkunde*, Berlin 1923, S. 87. — 95 CANTOR, 1^3, S. 739; VON BRAUNMÜHL, *Gesch.* 1[II 935], S. 62. Vgl. auch C. SCHOY, Ann. Hydrogr. u. maritim. Meteorologie, Bd. 10, 1922, S. 20. — 96 Vielleicht benutzte er die Tangensfunktion absichtlich nicht oft, um verständlicher zu schreiben; jedenfalls war zu seiner Zeit die Benutzung der Sinusfunktion durchaus vorherrschend. Briefliche Mitteilung von C. SCHOY. — 97 Ed. M. CURTZE, Bibl. math. 1_3, 1900, S. 338—347.

Zu dieser Abhandlung wurde um 1231 eine Erläuterung, wahrscheinlich durch einen Guilelmus Anglicus, geschrieben mit einem besonderen Abschnitt *De umbris*.[98] Auch im *Tractatus quadrantis*[IV 425] des Rorertus Anglicus (um 1240—1270) kommen die Bezeichnungen *umbra recta* und *umbra versa* vor.[99] Bei Leonardo von Pisa (Anfang des dreizehnten Jahrhunderts) ist ihre Kenntnis nicht nachzuweisen. Johannes Campanus von Novara (Ende des dreizehnten Jahrhunderts, Kaplan Urbans IV.) soll eine Tangententafel besessen haben.[100] Die *Canones tabularum primi mobilis* des Johannes de Lineriis (1323) boten ebenfalls eine *Tabula umbrae* und zwar mit $d = 12$ von 1^0 zu 1^0, die unabhängig von der des Alzarqālī ist.[101] Der gegen Ende des vierzehnten Jahrhunderts in Paris lebende Dominicus de Clavasio zeigt in seiner *Practica geometriae* (1364), daß er mit der Verwendung beider *umbrae* vertraut war.[102] Bekannt ist ferner der Titel einer Abhandlung des Johannes Maudith (um 1340 in Oxford) *De chorda recta et umbra*.[103] Bei allen diesen Schriften hat man aber den Eindruck, daß nur dann die Kenntnis der Tangensfunktion erscheint, wenn zufällig ein mathematisch gebildeter Gelehrter eine sich mit ihr befassende arabische Abhandlung, gewiß in mehr oder minder guter Übersetzung, in die Hände bekam.

Ein neuer und nachhaltiger Aufschwung stellte sich erst in der zweiten Hälfte des fünfzehnten Jahrhunderts ein; er knüpft sich an den Namen Regiomontans (1436—1476). Durch das Studium arabischer Schriften war dieser in den Besitz morgenländischer Trigonometrie gelangt, die er in systematischer Weise neu bearbeitete. Da seine Bezugsmänner, wie Alfarġānī, Ǵābir ibn Aflaḥ u. a. die Verwendung der *umbrae* nicht lehrten, entging ihm zunächst die Kenntnis der Tangensfunktion. So ist weder in seinem Hauptwerk *De triangulis omnimodis libri V*, dessen Abfassung auf 1462/63 zu setzen ist, noch in einem kurz darauf verfaßten Tabellenwerk *Tabula primi mobilis* von dem Tangens Gebrauch gemacht. Doch liegt nicht etwa nur ein grundsätzliches Vermeiden vor. Die Behandlung der Aufgabe 27 im ersten Buch *De triangulis*, aus den beiden Katheten eines rechtwinkligen Dreiecks den Winkel zu finden, zeigt seine wirkliche Unkenntnis. Er sagt: „Liegt die eine der beiden gegebenen Seiten dem rechten Winkel gegenüber,

98 Daselbst S. 352—353. — 99 P. Tannery, *Le traité du quadrant de maître Robert Anglès*, Paris 1897[IV 248], z. B. S. 59. Vgl G. Eneström, Bibl. math. 14_3, 1914, S. 170—171. — 100 von Braunmühl, *Gesch.* 1[II 935], S. 101. — 101 Ed. M. Curtze, Bibl. math. 1_3, S. 402. — 102 von Braunmühl, *Gesch.* 1[II 935], S. 108. 103 Cantor, 2^2, S. 111.

so ist es gut; wenn nicht, so bestimme man erst nach dem vorhergehenden Satz [in dem die Hypotenuse aus den beiden Katheten berechnet wird] die Hypotenuse; denn ohne diese gibt es keine Möglichkeit, eine Lösung zu finden."[104] Aber inzwischen scheint REGIOMONTAN ein Exemplar der *Astronomie* des ALBATTĀNĪ erhalten zu haben. Das unvollendete fünfte Buch *De triangulis,* das erst später den ersten vier angefügt wurde, läßt die gewonnenen neuen Kenntnisse bereits durchschimmern. Noch klarer erscheint ALBATTĀNĪs Einfluß in einem Tabellenwerk, an dessen Abfassung REGIOMONTAN um 1464 gegangen war, der *Tabula directionum*;[105] in ihr findet sich eine Abteilung, *Tabula foecunda*, und diese enthält die Tangenten, hier *numeri* genannt, für $\alpha = 1^0, 2^0 \ldots 90^0$ (vgl. S. 179). Ihre Berechnung ist REGIOMONTANs eigenste Arbeit; dafür zeugt das gewählte Maß. Aus tg 45^0 erkennt man, daß $r = 100000$ gesetzt wurde; niemand aber vor REGIOMONTAN hat eine rein dezimale Teilung in diesem Umfange in Angriff genommen. Mit dem Titel *Tabula foecunda* soll die fruchtbare Verwendbarkeit dieser neuen Funktion hervorgehoben werden. In den vorausgeschickten sphärisch-astronomischen Aufgaben sagt REGIOMONTAN: *Tabellam saepe dictam non injuria foecundam appellare libuit, quod multifariam ac mirandam utilitatem instar foecundae arboris parare soleat.* (Die oft erwähnte Tabelle kann man mit vollem Rechte *tabula foecunda* [eine fruchtbare] nennen, da sie einen vielseitigen und bewunderungswürdigen Nutzen gleich einem fruchtbaren Baum zu gewähren pflegt.) So mancher abendländische Gelehrte vor ihm hatte die arabischen *umbrae* kennen gelernt; niemand von ihnen war fähig gewesen, die Schattenaufgabe zu allgemeiner trigonometrischer Verwendbarkeit zu erweitern. Würdig tritt REGIOMONTAN durch selbständige Erfassung dieses neuen Gesichtspunktes ABŪ'L-WAFĀ' und NAṢĪR EDDĪN an die Seite. Für die Geschichte der Trigonometrie ist seine Geistesarbeit sogar die bedeutendere, da sie nicht der Nachwelt verloren ging, sondern eine Neuentwicklung einleitete.

Besonders wichtig ist ein großes Tabellenwerk des GEORG JOACHIM RHAETICUS (1514—1576, Wittenberg), das er seit 1542 in Arbeit hatte und 1551 veröffentlichte.[106] In diesem sind neben dem

104 S. 24[II 241]: *Si alterum datorum laterum recto opponatur angulo, satis est: si vero non, per praecedentem (propositionem) ipsum addiscemus; nam absque eo propositum attingendi non erit potestas.* — 105 *Opus tabularum directionum profectionumque,* Augsburg 1490. — 106 *Canon doctrinae triangulorum*[54], 1551; vgl. VON BRAUNMÜHL, *Gesch.* 1[II 935], S. 145, Anm. 1.

Sinus die Tangenten und auch die inzwischen aufgetauchten Sekanten mit ihren Komplementärfunktionen durchaus gleichwertig behandelt. Kurz darauf, 1554, erschien noch eine Neubearbeitung der *Tabula foecunda* REGIMONTANS in dem gleichen Maßstab $r = 10^7$, den RHAETICUS gewählt hatte. Ihr Verfasser ist ERASMUS REINHOLD (1511—1553), ein Kollege des RHAETICUS an der Wittenberger Universität.[107] Weder REGIOMONTAN noch RHAETICUS erwähnten die *umbrae* der Araber. Ja, REINHOLD erkannte so wenig ihre Übereinstimmung mit den Tangenten, daß er seinem *Canon foecundus* noch einen *Canon umbrarum meridianarum per singulos gradus latitudinis* und einen *Canon umbrarum ad singulos gradus altitudinis solis* ($r = 60$ und $r = 10^7$) anschließt. Erst der Italiener MAUROLICO ist sich in seinem Werke über die Sphärik (Messina 1558), das er der ersten Druckausgabe der Sphärik des MENELAOS anschloß, der Identität beider Funktionen völlig bewußt.[108] Aber selbst gegen Ende des siebzehnten Jahrhunderts gibt es noch ein Werk, wie die *Tariffa Kirchneriana,* in dem die *umbrae rectae et versae* getrennt von den *tangentes* behandelt werden.[109]

Durch den *Canon* des RHAETICUS wurden die Tangenten und ihre Verwendung Allgemeingut der Mathematiker. Man bemühte sich allerorts, ihre Verwendbarkeit durch neue Lehrsätze in der Dreiecksberechnung (vgl. den Tangentensatz, S. 79 ff.) immer ausgiebiger zu gestalten.

3. Die Begriffe von Sekans und Kosekans eines Winkels.

Die Geschichte der Sekansfunktion beginnt etwa gleichzeitig mit der der Tangensgröße, bricht aber nach Erfindung des logarithmischen Rechnens in der ersten Hälfte des siebzehnten Jahrhunderts jäh ab.

Es ist ganz natürlich, daß nach Berechnung der Sinustabellen auf eine größere Anzahl von Stellen es sehr unangenehm empfunden wurde, wenn das Auftreten dieser vielzifferigen Zahlen im Nenner Divisionen nötig machte. Die kurzstelligen griechischen und indischen Tabellenwerte ließen diesen Übelstand noch nicht so in Erscheinung treten; wohl aber machte sich bei den Arabern das Bedürfnis geltend, für die Quotienten $\sec\alpha = \frac{1}{\cos\alpha}$ und $\operatorname{cosec}\alpha = \frac{1}{\sin\alpha}$ besondere Begriffe zu schaffen.

107 Vgl. CH. FR. PFLEIDERER, *Ebene Trigonometrie* 1802 $^{\text{II}\,1121}$, S. 134, Anm. e — 108 FR. MAUROLYCUS, *Sphaericorum libri* III $^{\text{IV}\,825}$, prop. 30—32, Bl. 58 v⁰ bis 59 r⁰. — 109 Romae 1679, S. 145—146, 155 ff., 173 ff.

Der Ostaraber ALḤABAŠ (770—870?)[16] stellte sich zuerst in seinem Tabellenwerk die Kosekanten, die er Schattendurchmesser (*quṭr al-ẓill*) nennt, zu einer Tafel von 1°—90° zusammen. Nimmt man den schattenwerfenden Stab (Gnomon) senkrecht an, dann ist der Horizontalschatten (*umbra*) die Kotangente des Sonnenhöhenwinkels α und die Luftlinie (Hypotenuse) die Kosekante.[110] Bemerkenswert ist, daß ALḤABAŠ den Gnomon gleich 1 setzt, so daß als Wert z. B. für cosec 30° $2^p\,0^I\,0^{II}$ von ihm verzeichnet wird. Die kleine Tafel schreitet von 1° zu 1° fort; von 31°—60° ist eine Lücke. Bei seiner Sinustafel setzt übrigens ALḤABAŠ $\sin 90^0 = 60^p$; r ist also hier nicht gleich der Einheit.[111] Auch bei ABŪ'LWAFĀ' (940—998, Bagdad)[112] und IBN JŪNUS († 1009)[113] tritt der Schattendurchmesser auf, allerdings nicht als selbständige Funktion.[113a]

Die Geschichte schweigt bis zum fünfzehnten Jahrhundert, der Zeit wieder erwachender Trigonometrie. REGIOMONTAN (1436 bis 1476), dem Vorkämpfer der neuen Wissenschaft, gelang die Aufstellung der Sekansfunktion freilich noch nicht; aber bei einigen astronomischen Rechnungen, die zu Beobachtungen aus den Jahren 1460—1462 gehören,[114] berechnete er sich ein für allemal einen sehr häufig vorkommenden Faktor, der im Nenner einen *cosinus* enthielt, vorweg und konnte nun mit diesem sekansähnlichen Werte (von ihm *Multiplicator perpetuus ad locum observationis* genannt) die unbequeme Division durch die Multiplikation ersetzen. KOPPERNIKUS (1473 Thorn — 1543 Frauenburg) verallgemeinerte diesen Rechenvorteil und stellte eine wirkliche Sekantentafel zusammen. Sie findet sich als handschriftliche Ergänzung in seinem Exemplar der *Tabula foecunda* REGIOMONTANS neben dessen Tangentenwerten. Da die Tangenslinie mit dem Radius des zugrunde liegenden Kreises, auf dem sie senkrecht steht, ein rechtwinkliges Dreieck bildet, dessen Hypotenuse $\sec \alpha$ ist, so nennt KOPPERNIKUS seine neuen Zahlen einfach *hypotenusae*, die REGIOMONTANS demnach *catheti*.[115] Eine größere Tabelle enthielt erst der *Canon* des RHAETICUS von 1551 (vgl. S. 28),[116] den dieser nach seiner Rückkehr von einem

110 ALBATTĀNĪ, *Opus astronomicum*, ed. NALLINO I[IV 354], S. 178, 182. — 111 Nach brieflicher Mitteilung von C. SCHOY. — 112 VON BRAUNMÜHL, *Geschichte* 1[II 935], S. 57; J.-B. J. DELAMBRE, *Histoire de l'astronomie du moyen-âge*, Paris 1819, S. 158. — 113 L. AM. SÉDILLOT, *Traité des instruments astronomiques des Arabes*, Paris 1834, Introduction, S. 3. — 113a C. SCHOY brieflich. — 114 PFLEIDERER, *Ebene Trigonometrie*[II 1121], S. 140, Anm. b. — 115 M. CURTZE, Ztschr. Math. Phys. 19, 1874, S. 454; 20, 1875, S. 221 f. — 116 VON BRAUNMÜHL, *Gesch.* 1[II 935], S. 145—146.

mehrjährigen Besuch (1539—1542) bei KOPPERNIKUS in Angriff genommen hatte. Auch der *Sphärik* des MAUROLICO von 1558 (vgl. S. 28) ist eine Sekantentabelle, *Tabula benefica,* angeschlossen.[117]

Die Sekante verschwand selbstverständlich wieder aus der Trigonometrie, als nach Einführung der Logarithmen das Auftreten trigonometrischer Funktionen im Nenner kein Hindernis mehr bereitete. Die Logarithmen der Sekanten und Kosekanten sind in den Tafeln VLACQs von 1628[II 996] mit aufgeführt (vgl. Bd. II, S. 184); sie erscheinen noch 1631 bei FAULHABER,[II 1017] ja 1705 bei SHERWIN.[II 1032] Die neue VLACQsche Tafel von 1633 (GELLIBRAND, *Trigonometria Britannica*; vgl. Bd. II, S. 185) hat sie bereits über Bord geworfen. Verhältnismäßig selten ist in trigonometrischen Lehrbüchern ihre Entbehrlichkeit hervorgehoben; ausführlicher geht KLÜGEL 1770 hierauf ein.[118]

4. Die Fachwörter.

Das Wort Trigonometrie scheint zuerst in dem Titel einer Schrift, die BARTHOLOMAEUS PITISCUS (1561—1613) 1595 in Heidelberg veröffentlichte, vorzukommen:[119] *Trigonometria sive de solutione triangulorum tractatus brevis et perspicuus.*

ADRIANUS METIUS sagt 1626[120] *Trigonometriae planorum methodus,* J. H. VOIGT 1791[121] ebene Trigonometrie.

Das Wort Goniometrie hat TH. F. DE LAGNY 1724 zuerst benutzt.[122] Doch versteht er darunter eine Methode, die Winkel eines Dreiecks aus den bekannten Seiten ohne Zuhilfenahme trigonometrischer Tafeln zu finden. In einer Schrift von G. A. DÄZEL (1800)[123] werden unter Goniometrie Trigonometrie und Polygonometrie zusammengefaßt. Bereits in S. KLÜGELs *Math. Wörterbuch*[124] hat Goniometrie die moderne Bedeutung; in A. L. CRELLEs Lehrbuch der Trigonometrie (1826)[125] ist die Abtrennung von der Trigono-

117 MAUROLYCUS, *Sphaerica*[II 825], Anhang, Bl. 60 r⁰—61 r⁰; *Demonstratio tabulae beneficae*; die Tafel selbst Bl. 66 r⁰. — 118 *Analytische Trigonometrie*[IV 572], S. 5. — 119 Anhang zu ALEX. SCULTETI *Sphaericorum libri tres*, Heidelb. 1955, S. 157[IV 837]. — 120 *Arithmeticae lib. II, Geometricae lib. VI*[IV 266], S. 89. — 121 *Grundlehren der reinen Mathematik*[1331], S. 375. — 122 Hist. Mém. math. phys. Ac. sc. Paris, 1724 (1726), S. 241. — 123 *Anfangsgründe der Goniometrie oder analytischen Trigonometrie und Polygonometrie,* München 1800, vgl. Vorwort. — 124 Leipzig 1803—1836[II 143], II, S. 504/5. — 125 *Lehrbuch der Elemente*[II 485], I, Berlin 1826, S. 366 Anm.: *Die Goniometrie gehört ganz der Rechenkunst an und bedarf keiner Figur. Die Trigonometrie und Polygonometrie gehört ganz zur Geometrie.*

metrie besonders streng hervorgehoben. Von goniometrischen Funktionen spricht K. D. VON MÜNCHOW (1826).[126] Das Wort trigonometrische Funktion hatte wohl zuerst KLÜGEL 1770 benutzt.[127] Kreisfunktionen wird am Anfang des neunzehnten Jahrhunderts ein gebräuchlicher Ausdruck.[128]

Frühere Autoren verzichten in der Regel auf eine Erklärung des Wortes Sinus; sie geben es einfach als arabisches Wort aus, wie Zenit, Nadir u. a.[129] Zuweilen suchen sie mit Gewalt die lateinische Bedeutung von *sinus* (Busen, Einschnitt) zu verwerten.[130] J. E. MONTUCLA führt in seiner *Histoire des mathématiques* (1758)[III 159] eine Vermutung L. GODINs an, nach der *sin* das zusammengezogene, *s. ins.* = *semissis inscriptae* (sc. *chordae* = die halbe Sehne) sei.[131]

Schon E. HALLEY (1656—1742, Greenwich) stellte fest, daß in arabischen Handschriften für die halbe Sehne des doppelten Winkels das Wort *ǵaib* (wörtlich = Halsausschnitt eines Kleides, Busen, Bausch, Tasche) üblich war.[132] So findet es sich bereits in den Sinustafeln des ALḪWĀRAZMĪ, die dieser im ersten Viertel des neunten Jahrhunderts nach indischen Quellen bearbeitet hatte (vgl. S. 7, 24[88]).[133] ALḤABAŠ (770—870?, Bagdad) gebraucht immer *ǵaib*. ALBATTĀNĪ († 929, bei Bagdad) hatte anderseits *ǵaib* grundsätzlich vermieden und einfach *watar* (= Sehne) benutzt; bei der Übersetzung seiner Astronomie wählte PLATO VON TIVOLI (um 1120) daher stets *chorda dimiata* oder kurz *chorda*.[134] ATELHARD VON BATH (um 1120 n. Chr.), der eine Bearbeitung der Tafeln des ALḪWĀRAZMĪ übersetzte, gibt dessen Fachwörter *alǵaib almustawī* (unser $\sin\alpha$) und *alǵaib almankūs* (unser $1 - \cos\alpha$) nicht ganz richtig mit *elgeib planum* und *elgeib diminutum* wieder. Erst ROBERT VON CHESTER (um 1145)

126 *Grundlehren der ebenen und sphärischen Trigonometrie*[II 485], S. 7. — 127 *Analytische Trigonometrie*[IV 572], 1770, S. 4. — 128 Vgl. J. SCHWEINS, *Geometrie, nach einem neuen Plan bearbeitet*, II, Göttingen 1808, Buch 3, S. 1; S. 6, Z. 5: ... *werden überhaupt Kreisfunktionen genannt.* Noch nicht in KLÜGELs Wörterbuch 1808[II 143]. — 129 So FINK, *Geometria rotundi*, 1583[IV 829], lib. V, § 2, S. 64: *Sinus vocabulum in hac significatione est arabicum et ideo barbarum*; PH. LANSBERGE, *Triangulorum geometriae libri quattuor*, 1591[I 228], lib. I, 5, Anm., S. 2; SNELLIUS, *Doctrina triangulorum*, 1627[IV 357], lib. I, prop. 3, S. 4. — 130 G. VITALI, *Lexicon mathematicum*, 1668[III 1], S. 455, 2. Ausg., Rom 1690, S. 833; SCHOTT, *Cursus mathematicus*, 1674[I 818]. — 131 Vgl. auch DELAMBRE, *Histoire de l'astronomie du moyen-âge*[112], S. 12. — 132 *Menelai Sphaericorum III*, ed. HALLEY, 1758[IV 1316], S. 82, Scholion. — 133 H. SUTER, A. A. BJÖRNBO, R. BESTHORN, Mém. de l'ac. roy. d. sc. et d. Lettres de Danemark, 7me Série, sect. d. Lettres t. III, Nr 1, S. 69. Bibl. math. 1_3, 1900, S. 389, Z. 11 v. u.; S. 340, Z. 1 u. ö. — 134 Z. B. S. 343[53], Z. 13—14: *Sinus cuiuslibet portionis circuli est dimidium corde duplicis portionis illius.*

hat dann *sinus* für *elgeib* gesetzt, aber die unrichtigen Attribute *planus* und *diminutus* beibehalten.[133] Spätere wählten besser *sinus rectus* und *sinus versus*, wie Gerhard von Cremona (1114—1187, Toledo) in der Übersetzung der *Canones sive regulae super tabulas Toletanas* des Alzarqālī[134] und der Astronomie des Ǵābir ibn Aflaḥ.[23]

Wir begegnen nunmehr dem Wort *sinus* in Schriften, die sich arabischen Arbeiten eng anschließen, wie in der *Practica geometriae* (um 1220) des Leonardo von Pisa.[135] Weitere Belege für das Vorkommen von *sinus* in Übersetzungen aus dem Arabischen wurden in neuerer Zeit auch aus syrischen Handschriften gesammelt.[136] Wie aber *ǵaib* selbst zu einem arabischen Terminus technicus wurde, darüber ist folgende sehr ansprechende Erklärung gegeben worden.[137]

Wir erwähnten S. 16, daß die Inder die halbe Sehne des doppelten Winkels *ardhajyâ* (Halbsehne) nannten. Die vielfache Verwendung dieses Fachausdruckes ließ das kurze *jyā* (gesprochen *dschyā*) oder abgelautet *jīva* (Sehne; mit griech. *βιός* = Bogen, lit. *gijà* = Faden verwandt) üblich werden. In der Form *jīva* lernten es die vorislamischen persischen Astronomen und die Araber kennen, die letzteren nahmen es als technisches Fremdwort *ǵība* (gesprochen *dschiba*) in ihren Sprachschatz auf. Die Eigentümlichkeit ihrer Schrift, die Worte ohne die kurzen Vokale zu schreiben, gab sofort dazu Veranlassung, daß die unverständliche Zusammenstellung *ǵīb* mit dem geläufigen, echt arabischen Wort *ǵaib* (gesprochen *dschaib*) verwechselt wurde, und dieses nunmehr als Fachwort Anerkennung fand. Mit indischer Gelehrsamkeit unmittelbar vertraute Gelehrte mögen die Herkunft von *ǵaib* noch gewußt haben, ohne daß es ihnen jedoch gelang, den eingebürgerten Fachausdruck durch das richtige Fremdwort wieder zu ersetzen. Zu ihnen scheint Al-battānī († 929) zu gehören, der darum als Terminus *watar* (= Sehne) benutzt.[138] An einer Stelle freilich steht im Druck

135 Leonardo Pisano, II[1489], S. 94, Z. 18—20, wo die Bezeichnungen *sinus rectus arcus*, *sinus versus arcus* vorübergehend mit dem Zusatz *ut in arte Astrologie reperitur* erwähnt werden — 136 J. Ruska, *Zur Geschichte des Sinus*, Ztschr. Math. Phys. 40, Leipzig 1895, Hist.-lit. Abteilung, S. 128. — 137 E. Strachey, *Bija Ganita, or the Algebra of the Hindus*, London 1813, Note S. 111 (nach Suter, Bibl. math. 8_3, 1907—1908, S. 185) und S. Munk, Journ. Asiat., Série VI, Tome I, Paris 1863, S. 478 Anm. — 138 *De scientia stellarum*[13], cap. III, Bl. 7 v⁰, Z. 10—14: . . . *ne in sequentibus haec nobis iterare necesse sit, edicimus omnē tractatū nostrū siue mentionē cordarū de medietatis cordis opportere intelligi, nisi aliquo proprio nomine signauerimus, quod & cordā integram appellabimus, unde frequentius non multum indigemus.* (Um uns im folgenden nicht zu wiederholen, machen wir darauf aufmerksam,

des ALBATTĀNĪschen Werkes von 1537 (und auch im Neudruck von 1645) das Wort *sinus.*[139] Besitzer des Manuskriptes, nach dem der Druck von 1537 erfolgte, war REGIOMONTAN gewesen. Von ihm stammt eine Anzahl von Zusätzen, die mit abgedruckt sind. Da in diesen Ergänzungen ständig das Wort *sinus* gebraucht wird, ist es leicht erklärlich, daß es irrtümlich auch einmal in den eigentlichen Text gelangte.[140]

Für die Nebenfunktion $1 - \cos\alpha$ wurde statt *sinus versus* auch häufig *sagitta* (Pfeil = Segmenthöhe) gesagt, so bei LEVI BEN GERSON[141] (1288—1344, Auvergne) und später oft; es liegt hier eine indische Wortbildung entsprechend der natürlichen Bedeutung von Sehne und Bogen zugrunde.[142]

Im Gegensatz zum *sinus versus* ($= 1 - \cos\alpha$) nannte man die trigonometrische Hauptfunktion auch *sinus rectus* (vgl. S. 32).

Für den Sinus des Komplementwinkels, unseren Kosinus, hatten die Inder einen Fachausdruck *koṭijyâ* (= sinus des Restes, d. h. des Bogens bis 90°); arabisch wörtlich *watar al-tamām* (ALBATTĀNĪ) d. i. Sehne der Vollendung und *ǵaib al-tamām* (NAṢĪR EDDĪN).[143] Bei den Arabern und den abendländischen Mathematikern bis zum sechzehnten Jahrhundert sucht man vergeblich nach einem selbständigen Terminus. PLATO VON TIVOLI (um 1120) behalf sich in Anlehnung an das arabische Original des ALBATTĀNĪ mit *chorda residui* oder umschrieb das Wort Komplement mit *quod ad perficiendum 90 deficit.*[I 214] GERHARD VON CREMONA (1114—1187, Toledo) übersetzte es in den *Canones* des ALZARQĀLĪ mit *sinus residui*;[144] auch der anonyme Verfasser einer trigonometrischen Abhandlung aus dem dreizehnten Jahrhundert[145] sagt noch ebenso, desgleichen 1321 LEVI BEN

daß in der ganzen Abhandlung die Erwähnung der Chorden immer im Sinne der Halbsehnen aufzufassen ist, wenn wir nicht mit ausdrücklichen Worten darauf hinweisen, daß wir die ganze Sehne meinen, was wir nur selten nötig haben); ed. NALLINO[IV 354] I, S. 10, Z. 40—41. — 139 *De scientia stellarum*[18], Bl. 7 r° Z. 17—19: *Si autem per has cordas uersas arcus scire desideras, si chorda quã habueris minus 60 fuerit, eam de 60 minue, & residui arcum scito, quem de 90 minues, & quod remanserit, erit arcus sinus uersi.* — 140 M. KOPPE, *Die Behandlung der Logarithmen und des Sinus im Unterricht*, 1893[II 983a]. — 141 Ed. CURTZE[276], Bibl. math. 1_3, 1900, S. 373, Z. 2. — 142 Das Wort Pfeil wird schon in der *Algebra*[II 240] und in den Tafeln[15] des ALḪWĀRAZMĪ (um 820) benutzt. Vgl. J. RUSKA[I 831], S. 106 und VON BRAUNMÜHL, *Geschichte* 1[II 935], S. 84, Anm. 1. — 143 SUTER, L'enseign. math. 1905, Nr. 2, Rezension. — 144 Ed. CURTZE, Bibl. math. 1_3, 1900, S. 342 an der Figur 11. — 145 Daselbst S. 370, Z. 2, 20.

GERSON (1288—1344, Auvergne)[146] und 1322 JOHANNES DE LINERIIS.[147] Seit PEURBACH (1423—1461, Wien) und REGIOMONTAN (1436—1476) ist *complementum* allgemein üblich geworden (vgl. Bd. IV, S. 52), und man sprach demnach von einem *sinus complementi.*[148] APIAN (1495—1552, Ingolstadt) schlug statt dessen *sinus rectus secundus* vor,[149] fand aber hiermit nur bei einigen italienischen Mathematikern Anklang, wie F. MAUROLICO (1494—1575, Messina),[150] A. MAGINI (1555—1617, Padua)[151] und B. CAVALIERI (1591?—1647, Bologna),[152] so daß man beinahe eine ältere, italienische Quelle auch für APIAN vermuten könnte. VIETA (1540—1603, Paris) begnügte sich mit *sinus residuae*;[153] RHAETICUS (1514—1576) hatte für *sinus* die Benennung *perpendiculum* gewählt und benutzte entsprechend für *cosinus* das Wort *basis* (vgl. S. 19).[154] Das erste Auftreten des aus der Abkürzung *co. sinus* gebildeten Wortes *cosinus* ist nicht genau bekannt. KEPLER (1571—1630)[155] teilt gelegentlich mit, daß diese Neubildung dem Engländer E. GUNTER (1581—1626; London, Astronom) zu verdanken sei. In der Tat schreibt GUNTER z. B. in seinem *Canon triangulorum*[II 1085] (1620) *co-sinus,* allerdings mit einem Bindestrich.[156] Ständig findet man die neuen Ausdrücke *cofine* und auch *cotangent* in JOHN NEWTONS *Trigonometria Britannica* (1658);[157] sie wurden bald, wie CASWELL 1685 in seiner Trigonometrie[158] versichert, bei den englischen Mathematikern allgemein beliebt. Frankreich verhält sich ablehnend. Wir treffen die Ko-Namen weder bei

146 Daselbst[276] S. 374, Z. 26; S. 375, Z. 4: *sinus residui arcus 90 graduum.* — 147 Daselbst S. 393, Z. 2. — 148 *De scientia stellarum*[18], Anmerkung REGIOMONTANS im XII. Kap., Bl. 16 r°, Z. 19: *sinus rectus cõplementi.* — 149 *Introductio geographica Petri Apiani in doctissimas Verneri annotationes,* Ingolstadt 1533, def. 9: *Sinus rectus secundus chorda est media arcus residui usque ad quartam circuli. Si duplicetur, fere autem semper sinus complementi magis quam sinus rectus secundus appellatur.* — 150 *Sphaericorum* lib. I[IV 825], 1558, def. Bl. 45 v°. — 151 *De planis triangulis*[164], 1592, S. 4. — 152 *Trigonometria,* 1643[132], S. 2, XVIII. — 153 *Francisci Vietaei universalium inspectionum ad canonem mathematicum liber singularis,* 1579[IV 1060]. Vgl. Anm. 247. — 154 CANTOR, 2[2], S. 601. — 155 *Tabulae Rudolphinae*[II 980], 1627. Praecepta, cap. VIII. KEPLERI *Opera omnia,* ed. FRISCH, VI[I 171], *Excerpta ex tabulis Rudolphinis,* S. 567, Z. 18. — 156 Nach FL. CAJORI, *A History of Math.*, 2[d] ed. New York 1919, S. 151, soll auch *co-tangent* bei GUNTER vorkommen. — 157 *Trigonometria Britannica*[II 1003], (Teil II und III schon 1656). — 158 JOHN CASWELL, *A brief acount of the doctrine of the trigonometry both plane and spherical,* Anhang zu WALLIS' *Algebra* 1685[I 478], S. 2: . . . *The English use to call them Co-sine, Co-tangent, Co-secant.* Titel in WALLIS' *Opera* II[I 478], S. 861—880: *Trigonometria plana et sphaerica sive Methodus supputandi Angulos & Latera Triangulorum in Superficie Plana aut Sphaerica existentium.*

ARNAULD (1667),[I 714] noch bei DECHALES (1690),[III 376] OZANAM (1691),[I 183] VARIGNON (1734),[II 258], RIVARD (1739)[III 259]. In Deutschland wurden sie durch VON WOLFF (*Mathematisches Lexicon*, 1716, Leipzig)[159] verbreitet.

Dem Begriff der Tangensfunktion, den die Araber seit Anfang des neunten Jahrhunderts kannten (vgl. S. 24), fügte ABŪ'LWAFĀ' (940—998, Bagdad) die geometrische Definition hinzu: „Der Schatten eines Bogens ist eine Linie, die von dem Anfangspunkte des Bogens parallel dem Sinus geführt wird, in dem Intervall zwischen diesem Anfange des Bogens und einer von dem Mittelpunkte des Kreises nach dem Ende des Bogens gezogenen Linie .... So ist der Schatten die Hälfte der Tangente des doppelten Bogens zwischen den zwei Geraden, die vom Mittelpunkte des Kreises nach den Endpunkten des doppelten Bogens geführt werden."[160] Hierdurch war der spätere Name Tangente vorbereitet, und es bleibt nur wunderbar, daß sein Erscheinen so sehr lange auf sich warten ließ. Erst im sechzehnten Jahrhundert taucht dieser Fachausdruck auf. THOMAS FINK (1561 Flensburg — 1656 Kopenhagen) ist der Erfinder der so naheliegenden Bezeichnung; er sagt in seiner *Geometria rotundi* von 1583: *Recta sinibus connexa est tangens peripheriae, aut eam secans. Proposuimus ut in circulo inscriptas, sic in semicirculo sinus perpendendos, sed & rectas sinibus connexas. Eas plenioris intellectus causa in tangentes & secantes dislocamus: verbis si hac in re, non nova, novis, tamen, ut speramus, accommodatis.*[161] (Mit dem Sinus ist die Tangente und die Sekante verwandt. Wir betrachten, wie die Sehne im Kreise, so die Sinus im Halbkreise und so auch die mit den Sinus verwandten Linien. Des besseren Verständnisses wegen fassen wir die letzteren als Tangenten und Sekanten zusammen, neue Bezeichnungen, die, wenn sie auch der Sache nach nicht neu, so doch hoffentlich angemessen sind.) FINKS neue Benennungen schlugen durch; bereits PHILIPP VON LANSBERGE gebraucht sie 1591 ständig in seinem Werke *Triangulorum geometriae*[I 228] *lib. IV*, ja vorher schon CLAVIUS in seiner 1586 erschienenen Trigonometrie.[162]

---

159 Daselbst[I 63], S. 442: *Cofecans*, S. 418: *Cofinus*, S. 445: *Cotangens*. — 160 DELAMBRE[112], *Hist. de l'astronomie du moyen-âge*, S. 57, Z. 5—10; HANKEL[I 134], S. 284. — 161 *Geometria rotundi*[IV 829], lib. V, § 21, S. 73 ff. — 162 *Theodosii Tripolitae Sphaericorum libri III a Christophoro Clavio Bambergensi, Societatis Jesu, perspicuis demonstrationibus ac scholiis illustrati. Item ejusdem Christophori Clavii sinus, lineae tangentes et secantes: triangula rectilinea atque sphaerica.* Romae 1586. Vgl. PFLEIDERER[II 1121], S. 162, Anm.

Ganz besonders errangen sie dadurch umfassende Verbreitung, daß NEPER sie in sein für die Lehre von den Logarithmen grundlegendes Werk (*Descriptio* 1614[II 73]) übernahm. Die von VIETA 1593[163] vorgeschlagene Bezeichnung *Prosinus* fand wenig Anerkennung.

Die Komplementärfunktion des Tangens wurde von dem Italiener MAGINI[164] (1555—1617, Padua) nach Vorbild des *sinus secundus* bei APIAN (vgl. S. 34) *tangens secunda* genannt. Dasselbe tat CAVALIERI.[152] Das ähnlich wie *cosinus* entstandene Wort *cotangens* (E. GUNTER, 1620,[156] JOHN NEWTON, 1657[157]), verdrängte aber bald alle anderen Termini.

Die Geschichte des Wortes Sekans läuft der von Tangens beinahe parallel. Beide Begriffe sind bei ALḤABAŠ ALḤĀSIB vorhanden (vgl. S. 29), beide sind in ABU'LWAFĀ's Almagest in bekannter Weise geometrisch dargestellt, nur daß die Sekanten nicht als solche, sondern als „Durchmesser der Schatten" (*quṭr al-ẓill*) definiert werden. Erst das spätere Mittelalter widmete der neuen Funktion erhöhte Aufmerksamkeit. Die Benennung *hypotenusa*, die KOPPERNIKUS (1473 bis 1543) benutzte und sein Schüler RHAETICUS (1514—1576, Wittenberg) aufnahm, konnte kein eigentlicher Fachausdruck werden, da sie, auf verschiedene Dreiecke bezogen, bald der Sekante, bald der Kosekante zukam. Wesentlich für die häufigere Verwendung in trigonometrischen Rechnungen war die endgültige Namengebung durch THOMAS FINK (1583), die wir im vorhergehenden Abschnitt erwähnten.

VIETAs Ausdruck *Transsinuosa* (1593)[163] wurde nur im engsten Kreise seiner Schüler gebräuchlich.

Die Komplementärfunktion nannten MAGINI und CAVALIERI *secans secunda* (vgl. S. 34); aber das nach Analogie von *cosinus* (vgl. S. 35) gebildete *cosecans* fand allein Verbreitung.

In die deutsch geschriebenen Bücher drangen die trigonometrischen Fachwörter in ihrer fremden Form fast unverändert seit dem siebzehnten Jahrhundert ein; nur für *tangens* und *secans* wird zuweilen, wie auch heute noch, mit deutscher Endung Tangente und Sekante gebraucht. In Anlehnung an der Sinus wird auch manchmal der Tangens gesagt.

163 *Variorum de rebus mathematicis responsorum liber VIII*, 1593[II 849]. VIETA, *Opera*, ed. SCHOOTEN[II 88], S. 417. — 164 *Antonii Magini Patavini de planis triangulis liber unicus*, Venetiis 1592; Expositio Canonis, Bl. 14 v°, Z. 1.

5. Die Symbole.

Das Altertum und die Zeit der Araber kannten eine symbolische Schreibart der Algebra nicht; sämtliche trigonometrischen Sätze wurden in vollem Wortlaut wiedergegeben. Noch REGIOMONTAN verwendete keine Abkürzungen. Einen ersten Anfang machte der Italiener MAUROLICO (1494—1575, Messina) in seiner *Sphärik* von 1558, wenn er zuweilen die Worte *sinus rectus primus* und *sinus rectus secundus* durch *sinus 1m arcus* und *sinus 2m arcus* ersetzte.[165] Weiter ging ADRIANUS ROMANUS (1561—1615), der 1606[166] die VIETAschen Ausdrücke *Sinus*, *Prosinus* (= *tangens*), *Transsinuosa* (= *secans*) mit den gotischen Anfangsbuchstaben 𝔖., 𝔓., 𝔗., die entsprechenden komplementären Funktionen durch Zusatz eines ç andeutete; im *Canon triangulorum* von 1609 wählte er dann besser die Antiquazeichen S., P., T.[167] Man muß sich aber hüten, in diesen Zeichen Symbole zu sehen, da der stets beigefügte Punkt sie als einfache Abkürzungen charakterisiert. Symbolisch ist aber schon die Schreibart, die ALBERT GIRARD († 1632, Niederlande) in seinen *Tables des sinus, tangentes et sécantes selon le rais 100000 parties*[IV 777] von 1626 bei der Behandlung des rechtwinkligen, sphärischen Dreiecks durchführt. Die Hypotenuse heißt bei ihm stets *H*, die Katheten *B* (Basis) und *P* (Perpendiculum), die ihnen gegenüberliegenden Winkel *A* und *V*. Dieselben Buchstaben bedeuten in seinen trigonometrischen Ableitungen die zugehörige Sinusfunktion. Die Komplemente werden durch kleine Buchstaben angedeutet, so daß *h* im Texte den Kosinus der Hypotenuse darstellt. Die darübergesetzten Silben *tan.* und *sec.* lassen die Buchstaben sich auf die Tangens- und Sekansfunktion beziehen. Die Symbole für sin *H*, cos *H*, tg *H*, ctg *H*, sec *H*, cosec *H* sehen bei GIRARD also folgendermaßen aus:

$$H, \quad h, \quad \overset{tan.}{H}, \quad \underset{\bullet}{\overset{tan.}{h}}, \quad \overset{sec}{H}, \quad \overset{sec.}{h}\,.^{168}$$

Zugleich verband GIRARD mit diesen Symbolen eine Art Formelsprache, wie sie seit VIETAs *Isagoge* von 1591 sich ganz allmählich Bahn brach. Doch ließ die Unübersichtlichkeit seiner Zeichen häufige Texteinschiebungen nicht vermeiden.

---

165 *Maurolyci Sphaericorum lib.* I[IV 826], z. B. prop. XVII im Beweis Bl. 48 r⁰. — 166 *Speculum astronomicum sive organum forma mappae expressum*, Frankfurt 1606. Vgl. H. BOSMANS, Bibl. math. 5_3, 1904, S. 347 f., 351. — 167 *Canon triangulorum*, Mainz 1609; VON BRAUNMÜHL, *Die Entwicklung der Zeichen- und Formelsprache in der Trigonometrie*, Bibl. math. 1_3, 1900, S. 65. — 168 Holländische Ausgabe von 1629, s'Gravenhage, Anhang *Generael Theoreme.* Vgl. auch Bl. K 1.

Die Seiten des schiefwinkligen Dreiecks bezeichnet GIRARD mit *A, B, D.* Seine Formel:

$$\frac{(2A) - d}{(2A)}$$ [169]

bedeutet also:

$$\frac{\sin 2A - \cos D}{\sin 2A},$$

und

$$\frac{(A + b) - (d)}{(A + b) - (b - A)}$$

lautet modern:

$$\frac{\sin (A + 90^0 - B) + \cos D}{\sin (A + 90^0 - B) - \sin (90^0 - B - A)}.$$

Sehr anschaulich wirkt in GIRARDs Schrift die folgende Zusammenstellung von Proportionen, die für das allgemeine sphärische Dreieck *ABD* gelten, wenn die Höhe *AC* auf die Seite *BD* gefällt wird:[170]

ſec. *BAC*	ſec *DAC*	tan. *AB*	tan *AD*
ſec. *CB*	ſec *CD*	ſec. *AB*	ſec. *AD*
ſin. *CD*	ſin. *CB*	tan *B*	tan *D*
ſin *BAC*	ſin *DAC*	ſec. *B.*	ſec. *D.*

Die erste Zeile bedeutet $\sec BAC : \sec DAC = \operatorname{tg} AB : \operatorname{tg} AD$ usw. Proportionalzeichen fehlen noch; sie werden erst einige Jahre später durch OUGHTRED (vgl. Bd. III, S. 11—12) eingeführt.

Einen Nachahmer fand GIRARD nur in dem Holländer J. J. STAMPIOEN (1632),[171] dem es gelang, sogar alle Wörter zu vermeiden; sonst blieben seine Neuerungen auffallenderweise ohne Beachtung. HÉRIGONE kennt in seinem *Cursus mathematicus* von 1634[172] wohl die Bezeichnungen ſin., tangen., secan., log. .ſ., log. .sec., log. .t., die, wenn die Punkte fehlten, unseren modernen Symbolen sehr nahe kämen.[173] CAVALIERI (1591?—1647, Bologna) verallgemeinerte

[169] Daselbst Bl. K 7. — [170] Daselbst Bl. K 9 v⁰. — [171] Neuausgabe der SCHOOTENschen Sinustafeln[408] mit einem eigenen Anhang, der eine kurze sphärische Trigonometrie enthält. Rotterdam 1632; nach VON BRAUNMÜHL, Bibl. math. 1_3, 1900, S. 67[167]. — [172] *Cursus mathematicus*[1792a], III, *Explicatio notarum.* — [173] Vgl. daselbst II, *Expl. not.* den ebenen Sinussatz:

$$ab\ \pi\ \text{ſin..} < acb\ 2|2\ bc\ \pi\ \text{ſin..} < cab$$

und S. 105:

$$\text{ſin..} < a\ \pi\ bc\ 2|2\ \text{ſin..} < b\ \pi\ ac,$$

wo π durch unseren Doppelpunkt, 2 | 2 durch das Gleichheitszeichen zu ersetzen ist.

1643 die Abkürzungen des MAUROLICO (vgl. S. 37) und schrieb für die sechs Funktionen:

Si, Si. 2, Ta, Ta. 2, Sc, Sc. 2.[174]

Ein ganz neuer Vorschlag für die Komplementärfunktionen, der die moderne Übung begründete, war inzwischen von R. NORWOOD (1590? bis 1675) in seiner *Trigonometria* von 1631 gemacht worden:[175] *s*, *t*, *ſc*, *tc*, *ſec* für sin, tg, cos, ctg, sec, wodurch es ihm gelang, die Formeln viel stärker zu algebraisieren. Den Sinussatz des ebenen Dreiecks schreibt NORWOOD:

sE. *sA*: *AD*. *ED* oder *BD*: *ED*: *sE*: *sA*.[176]

Die Punkte sind hierbei nur Abkürzungszeichen, sie sind noch nicht Proportionssymbole, wechseln daher auch in ihrer Verwendung. Hierbei fällt der gewandte Gebrauch der einzelnen Winkelbuchstaben neben den Funktionszeichen als weitere Neuerung auf. Zumeist fehlt die Interpunktion neben den Funktionszeichen; anfangs findet man *s*, *A*, dann aber stets *t A*,[177] *s D*, *ſec D*,[178] vereinzelt wieder *sc*: *A*.[179] Sehr häufig meint NORWOOD mit seinen Abkürzungen gleich den Logarithmus der betreffenden Funktion.

Es erscheint sichergestellt, daß alle diese Abkürzungen nicht NORWOODS Eigentum sind, sondern auf WILLIAM OUGHTRED (1574 bis 1660, englischer Landpfarrer) zurückgehen, der ihn wie viele seiner engeren und weiteren Schüler beeinflußte. OUGHTRED selbst veröffentlichte erst 1657 eine zusammenfassende Trigonometrie.[180] Bei einem allgemeinen Winkel, der mit *arc* angedeutet wird, verwendete er die Zeichenreihe:

s arc, s co arc, t arc, t co arc, sc arc, sc co arc.

Die Formel $\cos\alpha : \sin\alpha = 1 : \mathrm{tg}\,\alpha$ sieht z. B. bei OUGHTRED folgendermaßen aus:

s co arc . s arc :: Rad. t arc.[181]

Bestimmte Winkel werden an die Stelle des *arc* gesetzt, so daß der ebene Sinussatz lautet:

*s*B . DC :: *s*C . BD :: *s*D . BC.[182]

Bei OUGHTRED kommen auch schon zusammengesetztere Winkelbezeichnungen vor, wie $s\,\frac{1}{2}\angle$ B und $s\,co\,\frac{1}{2}\angle$ B.[183]

174 *Trigonometria* I 32, S. 6. — 175 *Trigonometria* I 233, I, S. 20, Z. 7—8. — 176 Daselbst S. 35. — 177 S. 21. — 178 S. 22; hier auf einmal wieder *ſec* : *A*. — 179 S. 34, Z. 5 und S. 35 letzte Zeile. — 180 *Trigonometria* II 91. — 181 Daselbst S. 4. — 182 S. 15. — 183 S. 19.

Aber schon in früheren eigenen Veröffentlichungen OUGHTREDS erscheinen seine symbolartigen Abkürzungen vereinzelt. So begegnet uns in der *Clavis* von 1631[1476a] *sv* für *sinus versus*, mehrere andere in dem 1632 erschienenen Buch *The Circles of Proportion.*[184] Ja schon in dem OUGHTRED zuzuschreibenden[185] *Appendix* zu NEPERS *Descriptio*, die EDWARD WRIGHT (London 1618) veröffentlichte, wird *s, t* für log sin und log tg gebraucht. 1627 benutzte auch JOHN SPEIDELL unter dem Einfluß OUGHTREDS *Si.* für sinus, *T.* und *Tan* für tg, *Se* für sec, *Si. Co.* für cos, *Se. Co.* für cosec, *T. Co.* für ctg.[186] SETH WARD (1617—1689, englischer Bischof), auch ein Schüler OUGHTREDS, kürzte 1654[187] bei den vier Hauptfunktionen noch weiter ab und wählte *s, S', t, T'.* Den Sinussatz in dem ebenen Dreieck *BCD* schrieb er:

$$BC \,.\, BD :: s, D \,.\, s, C$$

und den Tangenssatz fast modern:

$$\frac{BD + BC}{2} \,.\, \frac{BD - BC}{2} :: t, \frac{C + D}{2} \,.\, t, \frac{C - D}{2}.$$

So sind es die englischen Mathematiker in der ersten Hälfte des siebzehnten Jahrhunderts, die einen gewaltigen Fortschritt in der Algebraisiernng der Trigonometrie anbahnen; an ihrer Spitze steht unzweifelhaft WILLIAM OUGHTRED.

Von anderen Abkürzungen seien noch angeführt (über Kosinus vgl. S. 34):

THOMAS STREETE (1661), *Astronomia Carolina:*[188]

Sin., Co-fin., Tan., Co-tan.,

VINCENZ WING (1669) *Astronomia Britannica:*[189]

s., cs., t., ct., sec., csec.,

184 *The Circles of Proportion and The Horizontall Instrument. Both invented, and the vsage of both Written in Latine by Mr.* W. O. *Translated into English and set forth for the publique benefit by* WILLIAM FORSTER, London 1632. Vgl. FL. CAJORI, *William Oughtred*, Chicago and London 1916[III47], S. 36—37. — 185 Vgl. CAJORI[184], S. 54–56. — 186 *Breefe treatise of sphaericall triangles*, London 1627. Vgl. FL. CAJORI[184], S. 38. — 187 *Idea trigonometriae demonstratae*, Oxford 1654. — 188 Übersetzung von DOPPELMAYR 1705[III46], S. 158. Die erste Ausgabe war dem Verfasser nicht zugänglich. S. 10 heißt es fast modern:

$$MN : MR :: \text{tang.}\, OVP : \text{tang.}\, PVQ.$$

189 *Astronomia Britannica*, Londini 1669, enthaltend 1. *Logistica astronomica* (1668), 2. *Trigonometria* (1668), 3. *Doctrina sphaerica* (1668), 4. *Theoria planetarum* (1669), 5. *Tabulae novae astronomicae* (1669), S. 22 ff., S. 30 ff. —

Jonas Moore (1674), *Mathematical Compendium:*[190]

$S.,\qquad Cos.,\qquad T.,\qquad Cot.,$

John Wallis (1616—1703, Oxford), in allen seinen Schriften:[191]

$S,\qquad \Sigma,\qquad T,\qquad \tau,\qquad \int,\qquad \sigma,$

William Jones (1706), *Synopsis*:

s, *s*, t, *t*, ſ, *ſ*,[192]

zuweilen auch cs, ct für cos, ctg,[193]

Jacob Kresa (1720), *Analysis*:[194]

$S,\qquad S.2.,\qquad T,\qquad T.2.,\qquad Sec,\qquad Sec.2.$

Wallis (1685) vermochte bereits die Grundeigenschaften der Funktionen in ganz kurzen Formeln anzugeben, wie:

$$S = \sqrt{}:R^2 - \Sigma^2: = \frac{\Sigma T}{R} = \frac{T}{R}\sqrt{}:R^2 - S^2: = \frac{T.R}{\int} \text{ usw.},^{191}$$

wo R der Radius oder *sin tot* ist (vgl. S. 19). An die Symbole allgemeine Winkelgrößen zu setzen, wird häufigere Übung; so schreibt John Caswell,[158] ein Schüler Wallis' (1685) (vgl. auch S. 153, 156):

$$S:\zeta - m, \qquad \text{statt} \qquad \sin(\zeta - m).^{195}$$

Anzuerkennen ist bei Wallis (1685), Jones (1706), Kresa (1720) und vor allem bei dem Petersburger Gelehrten F. C. Maier[196] (1727) das Bestreben, auch die Rechnungen möglichst algebraisch zu gestalten; während Wallis noch Proportionen verwendete, Jones und Kresa sie in Gleichungen umwandelten, benutzte Maier schon ausschließlich reine Gleichungen, deren sich übrigens bei logarithmischer Umwandlung trigonometrischer Formeln zuweilen auch schon Neper[II 73] bedient hatte. Aber verfehlt ist dabei, daß Kresa und Maier, da sie die Hinzufügung eines Arguments verabsäumen, fortgesetzt zu anderen Buchstaben greifen, um Funktionen verschiedenen Arguments kenntlich zu machen. Die Form:

$$\frac{Sc + Cs}{r},$$

190 von Braunmühl, Bibl. math. 1_3, 1910, S. 69[167]. — 191 Z. B. Anhang zur *Algebra*[1478] von 1685, S. 171. — 192 *Synopsis*[II 57], S. 240, Nr. 65. — 193 Daselbst S. 281, Z. 16, 17. — 194 *Analysis speciosa Trigonometriae*, Pragae 1720, S. 121. — 195 Wallis, *Algebra*, Anhang, S. 14, *Opera* II[1478], S. 875, Z. 2. Für das ebene Dreieck AEO schreibt Caswell[158] den Sinussatz: $OE.S, A::AE.S, O$ (modern: $OE:\sin A = AE:\sin O$). — 196 *Trigonometria*, Comm. Ac. Petr. 2, 1727 (1729; vorgelegt Febr. 1727), S. 12—30.

in der MAIER die rechte Seite des Additionstheorems

$$\sin(\alpha + \beta) = \frac{1}{r}(\sin\alpha\cos\beta + \cos\alpha\sin\beta)$$

schreibt — S und C sind der Sinus, bzw. Kosinus des größeren Bogens, s und c die des kleineren —, hat zwar den Vorzug der Kürze, gibt aber bei zusammengesetzteren Ausdrücken Veranlassung zu einer verwirrenden Unübersichtlichkeit.

Immerhin ist ein Fortschritt in der Schreibart gegen KRESA zu verzeichnen, der dieselbe Formel mit:

$$\frac{y\sqrt{rr - xx} + x\sqrt{rr - yy}}{r}\ ^{197}$$

wiedergibt, wo x und y zwei gegebene Sinus bedeuten. Der modernen Formelsprache nähert sich am meisten JONES (1706)[II 57]. Neben Formeln wie:

$$t\,\mathrm{t} = r^2 \qquad (\operatorname{ctg}\alpha \cdot \operatorname{tg}\alpha = r^2),^{198}$$

$$\mathrm{s}\int = r^2 \qquad (\sin\alpha \cdot \operatorname{cosec}\alpha = r^2),$$

$$\mathrm{s}\,r = s\,\mathrm{t} \qquad (\sin\alpha \cdot r = \cos\alpha \cdot \operatorname{tg}\alpha)$$

finden sich in seiner *Synopsis* (vgl. auch S. 155):[II 57]

$$r \times \mathrm{s},\, 2\,a = 2\,\mathrm{s},a \times s,a \qquad (r \cdot \sin 2\,\alpha = 2\sin\alpha \cdot \cos\alpha),^{199}$$

$$\mathfrak{f},a + \mathrm{t},a = t,\tfrac{1}{2}\,\overline{90^0 - a} \qquad \left(\sec\alpha + \operatorname{tg}\alpha = \operatorname{ctg}\frac{90^0 - \alpha}{2}\right);$$

vor allem ist auf das Additionstheorem aufmerksam zu machen:

$$\mathrm{s},\overline{A \pm a} = \overline{s,a \times \mathrm{s},A \pm s,A \times \mathrm{s},a} \div r,^{200}$$

$$\text{d. i.:}\quad \sin(\alpha \pm \beta) = (\cos\beta\sin\alpha \pm \cos\alpha\sin\beta) : r,$$

dessen Schreibform allen Anforderungen entspricht. Weniger ist ihm die Summenformel zweier Sinus geglückt:

$$\mathrm{s},a + \mathrm{s},e = 2\,s,d \times \mathrm{s},m \div r^{201}$$

$$\left(\sin\alpha + \sin\beta = 2\cos\frac{\alpha - \beta}{2} \cdot \sin\frac{\alpha + \beta}{2} : r\right),$$

in der er zu neuen Buchstaben m und d für $\frac{\alpha + \beta}{2}$ und $\frac{\alpha - \beta}{2}$ greift.

Den endgültigen Ausbau der trigonometrischen Formelsprache vollzog EULER (1707—1783) in seinen Arbeiten. An Stelle der trigonometrischen Linien traten rein algebraische Rechengrößen, die den Charakter von Funktionen einer Variabeln hatten. Welchen

197 *Analysis speciosa*[194], S. 134. — 198 *Synopsis*[II 57], S. 240, Nr. 5, 6, 10. — 199 Daselbst S. 241, Nr. 15, 16. — 200 Nr. 19. — 201 Nr. 22.

Wert solche an sich rein äußerlichen Neuerungen haben, hat die Mathematik oft erfahren; EULER selbst war sich seines Verdienstes bewußt.[202] Die Symbole selbst nahmen bei ihm, wenn sie auch in seinen ersten Arbeiten noch schwanken, bald die heutige feste Form an. In einer Erstlingsarbeit aus dem Jahre 1729[203] schrieb EULER den sphärischen Kosinussatz, im Gegensatz zu der damals von vielen Seiten angenommenen MAIERschen Symbolik, in der Gestalt hin:

$$\text{cof: anguli } A = \frac{\text{cof}: BC - \text{cof}: AB \cdot \text{cof}: AC}{\text{f} AB \cdot \text{f} AC},$$

die von der modernen nur noch wenig abweicht. Auch Summen von Winkeln treten bei ihm im Argument auf, wie die Umformung des Kosinussatzes:

$$\text{cof}: BC = \frac{\text{cof}: (AB + AC) - \text{cof}: (AB - AC)}{2}$$
$$+ \frac{\text{cof}: A \cdot \text{cof}: (AB - AC) - \text{cof}: (AB + AC)}{2}$$

an derselben Stelle zeigt. Neben cos, tang erscheint zuweilen *cs*, *tag*, *tg*, *tang*. In seiner *Mechanica* von 1736 führte er auch für die inversen Funktionen abkürzende Bezeichnungen ein, so für arc sin ein einfaches A, für arc tg ein $A\,t$.[204] Das einfache A für arc sin erschien ihm offenbar nicht ausreichend; denn in einem Aufsatze von 1737, gedruckt 1744,[205] führt er dafür $A\,sin$ ein. Bei diesen Symbolen hatte er aber einen Vorgänger, was er selbst wohl nicht

202 Vgl. seine Abhandlung *Subsidium calculi sinuum*, Novi Comment. Ac. Petrop. 5, 1754—55 (1760), S. 164, Z. 20 f.: . . . *Ich glaube, die Sinus und Tangenten der Winkel zuerst in den Kalkül eingefuhrt zu haben, so daß man sie, wie andere Größen, behandeln und mit ihnen alle Operationen ohne jedes Hindernis ausführen kann. Wenn dies auch nicht von großer Wichtigkeit scheinen möchte, da es hauptsächlich auf der von mir in die Rechnung eingeführten Bezeichnungsweise dieser Größen beruht, . . . so hat doch eben diese Art der Bezeichnung nachmals der ganzen Analysis so große Hilfsmittel verschafft, daß dadurch ein fast neues Feld erschlossen wurde, das die Geometer mit großem Erfolge bearbeitet haben. Und da wir sahen, daß die Analysis ihre Erfolge hauptsächlich durch eine passende Bezeichnungsweise errungen hat, so ist es um so weniger zu verwundern, daß eine geschickte Einführung des Sinus in den Algorithmus so viel Nutzen schaffte.* — 203 Comm. Ac. Petr. 4, 1729 (1735), S. 98. — 204 *Mechanica sive motus scientia analytice exposita*, Petrop. 1736, Bd. 2, S. 303: $A\,t \cdot \frac{q}{B}$ *est arcus circuli cujus tangens est* $\frac{q}{B}$. — 205 Comm. Ac. Petr. 9, 1737 (1744), S. 209, Z. 6 v. u.: $A\,sin\,\frac{b}{c}$ *denotat arcum, cujus sinus est* $\frac{b}{c}$ *in circulo radii 1.*

wußte, in DANIEL BERNOULLI, der 1727 statt arc sin $\sqrt{c^{2nB}-1}$: $A.S.\sqrt{(c^{2nB}-1)}$[206] geschrieben hatte. EULERS *Introductio* von 1748[I 167] enthält fast schon den ganzen Bestand trigonometrischer Formeln, die ein modernes Schulbuch lehrt. Von großer Bedeutung ist auch eine beinahe nebensächlich erscheinende Festsetzung über die Bezeichnung von Seiten und Winkeln eines Dreiecks. Nach dem Vorbilde der Alten wurden bis zu EULERS Zeit die Eckpunkte eines Dreiecks mit A, B und C bezeichnet; die Seiten führte man mit zwei Buchstaben, die Winkel mit drei, seltener mit einem (z. B. HÉRIGONE, 1634[207]) auf. Bald wurden übrigens für die Ecken die großen Buchstaben A, B, C, bald die kleinen a, b, c gewählt. Seit der Abhandlung *Principes de la Trigonométrie sphérique* von 1753[208] hält EULER daran fest, die Winkel mit A, B, C, die Seiten aber mit a, b, c anzudeuten.[209] Es ist klar, daß durch diese Bestimmung nicht nur eine erhebliche Vereinfachung in die Formeln kam, sondern diese auch eine durchaus feste, jedem gleichmäßig verständliche Gestalt erhielten. Trotzdem verbreiteten sich die neuen Normalbuchstaben nicht so schnell, wie man glauben sollte; es läßt sich eine große Anzahl sogar um vieles später verfaßter Werke nennen, die an der alten Bezeichnung festhielten. So heißt es in SEGNERS *Anfangsgründen* von 1773[II 1091] immer noch Seite AB, BC, CA, ebenso in CAGNOLIS *Traité de Trigonométrie* von 1786[II 56], während R. G. BOSCOVICH (1785)[209a] die Winkel p, q, r und die Seiten x, y, z nannte. G. FR. HILDEBRAND (1785), *Handbuch der reinen Größenlehre*[III 90], ist so rückständig, daß er die kleinen Buchstaben a, b, c für die Eckpunkte benutzt. Selbst PFLEIDERER (1802)[II 1121] verschmähte die Seitenbuchstaben a, b, c, ja gab sogar vielfach die Winkel mit drei Buchstaben an.

Die heute übliche Winkelbezeichnung α, β, γ ist bei EULER noch nicht anzutreffen. Griechische Buchstaben für Winkel finden sich bereits bei LAMBERT (1728—1777); Berlin, Oberbaurat); in seinen *Beyträgen* macht er einigemal von Hilfswinkeln φ, ψ, ϱ Ge-

206 *Dissertatio de actione fluidorum in corpora solida et motu solidorum in fluidis.* Comm. Ac. Petr. 2, 1727 (1729), S. 332 (vorgelegt I. u. X. 1727). Vgl. G. ENESTRÖM, Bibl. math. 14_3, 1914, S. 78. — 207 *Cursus mathematicus* I, S. 17 u. oft[1792a]. — 208 Hist. Mém. Ac. Berlin, 9, 1753 (1755), S. 231 (vorgelegt 18. I. 1755). — 209 Ganz vereinzelt hatte vorher, zwischen 1655 und 1668, RICHARD RAWLINSON zu Oxford diese Buchstabenfolge festgelegt. Vgl. FL. CAJORI, *On the History of a Notation in Trigonometry,* Nature, Vol. 94, 1915, S. 642, 643. — 209a *Opera pertinentia ad opticam et astronomiam,* Bassani 1785.

brauch.[210] KLÜGEL benutzte φ und ω für die *arcus* von Winkeln.[211] Aber die systematische Benennung der den Seiten a, b, c gegenüberliegenden Winkel mit α, β, γ findet man zuerst in KÄSTNERS *Anfangsgründen* (1758), indes doch immer nur gelegentlich, wie bei der Ableitung der Tangensformel für das ebene Dreieck[212] und bei einzelnen goniometrischen Formeln.[213]

Auch in seinen *Geometrischen Abhandlungen* von 1790[214] hat KÄSTNER wiederholt von der Zuordnung a, α, b, β, c, γ Gebrauch gemacht. MAUDUIT (1765) benutzt α, β, γ, läßt aber die feste Wechselbeziehung zu den Seiten a, b, c außer acht.[215] Umfangreicheren, aber nicht ständigen Gebrauch macht LEONHARDI (1811).[216] Grundsätzlich verwendet α, β, γ erst CRELLE, zunächst in einer kürzeren Abhandlung von 1816,[217] dann in seiner Elementargeometrie von 1826;[218] ihm folgt FEUERBACH 1822 in seiner bedeutsamen Schrift über die merkwürdigen Punkte im Dreieck,[219] dann VON FORSTNER in der *Sphärik* von 1827.[IV 550] CARNOT bezeichnet 1803[220] erstmalig einen Winkel durch seine beiden Schenkel z. B. $\overline{AB}\,\hat{}\,\overline{AD}$, CRELLE (1826) einfacher mit (a, b).[221] Bei VON FORSTNER (1827)[IV 550] bemerken wir auch ständige Verwendung des Winkelzeichens $\angle$.

R für Radius hat schon ADRIANUS ROMANUS 1609,[167] ein gotisches $\mathfrak{R}$ bereits 1606;[166] ständig benutzt ein kleines r JAKOB KRESA.[222] Symbole mit Indizes, wie h_a, h_b, h_c; ϱ_a, ϱ_b, ϱ_c,[223] sind Einführungen der neuesten Zeit; am Anfang des neunzehnten Jahrhunderts waren, wie zuweilen heute noch, Strichelungen üblich, z. B. bei FEUERBACH,[IV 1224] der die Radien der In-, bzw. Ankreise mit r, r', r'', r''' bezeichnete. Für die durch den Höhenfußpunkt auf der Grundlinie gebildeten Abschnitte wird heute stets p und q benutzt, wie schon bei E. G. FISCHER 1824.[224]

Das Zeichen $\triangle$ (vgl. Bd. IV, S. 16—19) für den I n h a l t d e s D r e i e c k s treffen wir bei CASWELL (1685),[225] dann in KÄSTNERS

---

210 *Beyträge*, I[IV 486], Berlin 1765, z. B. S. 416, 419 usw. — 211 KLÜGEL, *Analytische Trigonometrie*, 1770[IV 572], S. 15. — 212 I[I 259a], S. 369—370. — 213 Daselbst S. 384. — 214 *Sammlung* I[I 214], z. B. Nr. 12, S. 99. — 215 *Principes*[65], Chap. II, Sect. IV, § 173, S. 74—75. — 216 *Vorlesungen*[IV 110], II, Abt. 3, § 17 f., § 23 f. — 217 *Über die Eigenschaften des ebenen geradlinigen Dreiecks*[IV 1219], 1816, z. B. § 3. — 218 I[II 485], von S. 380 ab. — 219 *Eigenschaften* usw.[IV 1259], S. 5, § 8. — 220 *Géométrie de position*[IV 279], S. 257. — 221 *Lehrbuch* I[II 485], § 170, S. 137. — 222 *Analysis*[194] nach v. BRAUNMÜHL, Bibl. math. 1_3, 1900, S. 71[167]. — 223 J. H. TR. MÜLLER, *Lehrbuch der Mathematik*[IV 205], Bd. II, 3, Halle 1852, S. 209: $\varrho_0, \varrho_a, \varrho_b, \varrho_c$; s_0, s_a, s_b, s_c. — 224 *Lehrbuch*[I 296], S. 246. — 225 WALLIS, *Algebra* 1585, Letzter Anhang S. 75, Z. 37.

Anfangsgründen (1764)[226] an; doch ist es bei diesem nicht für den Inhalt allein gebräuchlich, sondern ersetzt auch zuweilen das einfache Wort Dreieck.[227] CRELLE (1826) nimmt $\triangle$ nur in Gebrauch, wenn es sich um den Inhalt handelt, wie es auch EULER in einer Abhandlung von 1778 verwertet hatte.[228] Ebenso verfährt GUDERMANN 1835.[229] Anderseits sieht VON FORSTNER[IV 550] in $\triangle$ wieder nur eine Wortabkürzung.

Als besonderes Zeichen für die halbe Summe der Seiten $\frac{a+b+c}{2}$ ist von CASWELL (1685) ein ζ-ähnliches Zeichen (vgl. S. 41) gesetzt worden.[230] Bei EULER (1748) nimmt S diese Stelle ein (allerdings nicht immer[231]), so daß die HERONsche Formel:

$$ABC = \sqrt{S\cdot(S-AB)\cdot(S-AC)\cdot(S-BC)}$$

lautet.[232] MAUDUIT (1765) benutzt s beim sphärischen Dreieck sowohl für die halbe Seitensumme als auch für die halbe Winkelsumme.[233] LEXELL (1786) bezieht S auf diese,[234] s auf jene halbe Summe,[235] ebenso in demselben Jahr CAGNOLI.[236] Die Bezeichnungen schwanken sehr. Auch auf den halben Umfang konnte man sich lange nicht einigen. K. VON MUNCHOW (1826)[II 485] nennt die ganze Seitensumme S, die ganze Winkelsumme Σ, TELLKAMPF (1829)[I 295] die ganze Seitensumme P. MEIER HIRSCH (1805),[IV 925] OHM (1819),[I 331] CRELLE (1826),[II 485] auch GAUSS[237] verschmähen jedes Symbol. E. G. FISCHER (1824),[II 405] der in vielem vorbildlich geworden ist — so ist er der einzige Schulbuchverfasser, der energisch betont, daß *sin* nichts anderes ist, als ein *transzendentisches Vorzeichen*[238] —, hat unser $s = \frac{a+b+c}{2}$,[239] hat auch unsere r und ϱ als Radien des Um- und Inkreises[240] und macht mit Nachdruck Front gegen die inkonsequente Schreibweise $\sin^2\varphi$ statt $(\sin\varphi)^2$,[241] die am Ende des achtzehnten

226 I, S. 268 ff.[I 259a]. — 227 Daselbst S. 287. — 228 EULER, Nova acta Ac. Petrop. 10, 1792 (1797) in einer am 29. I. 1778 eingereichten Abhandlung *Variae speculationes super area triangulorum sphaericorum*, S. 47. — 229 *Niedere Sphärik*, München 1835, z. B. S. 82. — 230 WALLIS, *Algebra*, Anhang S. 6, *Opera* II[I 478], Anhang, S. 867. — 231 Z. B. nicht in der so bedeutenden Abhandlung von 1753[208]. — 232 Novi Comm. Ac. Petr. 1, 1747/48 (1750), S. 53 (vorgelegt 2. IX. 1748). — 233 MAUDUIT[65], S. 70, Corollaire I und S. 74, Corollaire I. — 234 Acta Ac. Petr. 1, 1782 (1786), S. 69 ff. — 235 Daselbst S. 67 ff. — 236 *Traité*[II 59]. — 237 Vgl. VON BRAUNMÜHL, *Gesch.* 1[II 935], S. 194, Anm. 2. — 238 *Lehrbuch*[I 296], V, S. 97. — 239 Daselbst III, S. 229. — 240 Daselbst S. 259—260. — 241 Daselbst V, S. 90—91.

Jahrhunderts geläufig wurde[242] und heute noch nicht ausgelebt hat.[243]

Das Prinzip der zyklischen Vertauschung, auf die LEIBNIZ indes schon 1666 in seiner *Dissertatio de arte combinatoria* hingewiesen hatte,[244] wurde erst in der Neuzeit klar und bündig ausgesprochen, so von SORLIN (1824).[245]

C. Formeln aus der Goniometrie.[246]

Einer langen Entwicklungszeit hatte es bedurft, bis sich die Trigonometrie als selbständige Wissenschaft von der Astronomie loszulösen vermochte. Wir sahen diesen Vorgang sich sogar mehrere Male wiederholen, einmal am Ausgang der hochstrebenden muslimischen Kultur (ǴĀBIR IBN AFLAḤ; † zwischen 1140 und 1150; NAṢĪR EDDĪN ALṬŪSĪ, 1201—1274), dann bei Beginn des großartigen Aufschwungs trigonometrischer Wissenschaft im fünfzehnten Jahrhundert (REGIOMONTAN, 1436—1476). Innerhalb der Trigonometrie spielte sich dieser Trennungsprozeß noch einmal in ähnlicher Art ab, indem sich als vorbereitende Wissenschaft die Goniometrie absonderte. VIETA (1540 bis 1603, Paris) ist deren eigentlicher Begründer. Zwar sind in vielen früheren Schriften, selbst bei PTOLEMAUS und den arabischen Mathematikern goniometrische Sätze in größerer Anzahl enthalten, aber sie werden nur entwickelt, um, sei es sofort oder sei es später, eine praktische Anwendung auf Sehnenberechnung oder Trigonometrie zu ermöglichen. Es fehlt die Auffassung solcher Herleitungen als Selbstzweck. Auf diese Anerkennung der Goniometrie treffen wir erst in VIETAS

---

242 Z. B. CAGNOLI, *Traité*[II 59], 1786, S. 9, § 28: $\sin.^2 A + \cos.^2 A$; diese Schreibart findet sich zum erstenmal in JONES' *Synopsis*[II 57], 1706, S. 282, Z. 1 u. 3: $cs^2, \frac{1}{2} \angle v$ und $s^2, \frac{1}{2} \angle v$ für $\left(\cos\frac{v}{2}\right)^2$ und $\left(\sin\frac{v}{2}\right)^2$. Für die genaue Schreibweise $(\sin\alpha)^2$ kürzer $\sin\alpha^2$ zu schreiben, verteidigt ausdrücklich MÖNNICH, *Handbuch*[IV 218], 1800, S. 470 u. — 243 Auch GAUSS schrieb ganz unbefangen $\sin\frac{1}{2}a^2$ statt des genaueren $\left(\sin\frac{a}{2}\right)^2$. Vgl. J. r. a. Math. 22 (1841) S. 96. — 244 Ausgabe Frankfurt 1690, S. 3, Definitiones, 5. — 245 Ann. math. p. appl. 15, Nismes 1824/25, S. 279, Z. 1 f.: *Comme si l'on tournait sur la conférence d'un cercle, où seraient écrites de suite les lettres a, b, c ou les lettres A. B. C.* — 246 Bei den goniometrischen und trigonometrischen Formeln war es dem Verfasser infolge des Umfangs der zu bearbeitenden Literatur wohl nicht immer möglich, die ersten Autoren, besonders in der Neuzeit, richtig zu treffen.

Abhandlungen, von denen zwei hierbei in Betracht kommen; auf sie haben wir im folgenden oft zu verweisen. Es ist erstens ein Anhang zu einem Tabellenwerk aus dem Jahre 1579: *Francisci Vietaei universalium inspectionum ad canonem mathematicum liber singularis,*[153] Lutetiae 1579,[247] zweitens sind es einige Kapitel aus einer Sammlung von kleinen Aufsätzen, von der leider nur ein Buch, das achte, veröffentlicht wurde: *Variorum de rebus mathematicis responsorum liber VIII.* 1593.[II 849]

Das Verhalten der trigonometrischen Linien in dem Fall, daß der Winkel über 90° steigt, ist im Altertum nicht Gegenstand der Untersuchung gewesen. Die Trigonometrie der Alten ist ausschließlich eine Lehre vom rechtwinkligen Dreieck; wurden Untersuchungen über schiefwinklige Dreiecke nötig, so stellte man sich, auch in der sphärischen Trigonometrie, durch Fällen eines Lotes sofort rechtwinklige Dreiecke her, deren Berechnung man beherrschte. Im Bewußtsein dessen, daß man mit Winkeln unter 90° auskommen könne, beschränkte Ptolemäus[248] seine sämtlichen goniometrischen und trigonometrischen Betrachtungen auf Winkel unter 90°, genauer ausgedrückt auf Bogen unter 180°, da er sich ja der Sehnen und nicht unserer Sinus bediente und die Winkel also stets verdoppelt erscheinen. Auch seine Sehnentafel überschritt selbstverständlich 180° nicht. Nur ganz schüchtern bemerkte sein Kommentator Theon von Alexandria (um 365 n. Chr.) bei der Aufgabe, aus den Sehnen zweier Bogen die Sehne des Bogens, der gleich der Summe der Einzelbogen ist, zu finden, die Herleitung des Ptolemäus wäre auch auf den Fall auszudehnen, daß die Summe der Bogen den Halbkreis überschritte.[249] Theon zeigt sogar, wie dann die Beweisführung vorzunehmen sei, geht aber an keiner anderen Stelle auf eine derartige Erweiterung wieder ein.

247 Beschreibung des sehr seltenen Werkes[153] durch K. Hunrath. *Abh. Gesch. Math.* 9, 1899, S. 217—240 (= Suppl. Z. Math. Phys., 1899) — 248 Im XI. Kapitel seiner *Σύνταξις* stellt Ptolemäus die Aufgabe, aus dem Verhältnis der Sehnen zweier Bogen und der Summe (bzw. Differenz) der Bogen diese Bogen selbst zu finden, und setzt dabei voraus, daß die Bogen kleiner als ein Halbkreis seien (ed. Halma[9], I, S. 51; ed. Heiberg[181], I, S. 70, Z. 21 ff., Übersetzung von Manitius[I 154], S. 46, Z. 21 ff.): ... *ἑκατέραν τῶν AB, BΓ περιφερειῶν ἐλάσσονα εἶναι ἡμικυκλίου.* Dabei bemerkt er sofort allgemein: *καὶ ἐπὶ ἑξῆς δὲ λαμβανομένων περιφερειῶν τὸ ὅμοιον ὑπακουέσθω.* (Das gleiche soll auch für die anderweitig vorkommenden Bogen angenommen werden.) — 249 *Commentaire de Théon*, ed. Halma[I 368], Bd. I, Paris 1821, S. 195.

Die Verallgemeinerung der damals bekannten Funktionen auf Winkel zwischen 90° und 180° wurde von den Arabern vorgenommen, die allmählich anfingen, auch schiefwinklige Dreiecke als solche zu betrachten.[249a] In seiner Astronomie setzt ALBATTĀNĪ († 929, bei Bagdad) dem Leser auseinander, wie man zu gegebenen Bogen die beiden gebräuchlichen Funktionen $\sin\alpha$ und $\sin\text{vers}\,\alpha$ $(= 1 - \cos\alpha)$ aufzusuchen hat. Wir wissen aus früheren Darstellungen, daß die Araber den $\cos\alpha$ nicht als besondere Funktion anerkannten (S. 38, 50), der $\operatorname{tg}\alpha$ sich aber wenig vor der Zeit ALBATTĀNĪs in der *umbra* erst bildete (S. 24). Nachdem diese Aufgabe für Winkel, die kleiner als 90° sind, erörtert ist, bemerkt er, daß für höhere Winkel in betreff der *sinus* nichts hinzuzufügen sei, da diese mit denjenigen für Winkel zwischen 0° und 90° übereinstimmten und nur umgekehrt verliefen.[250] Für die $\sin\text{vers}\,\alpha$ schreibt er bei Winkeln zwischen 0° und 90° vor, den Sinus des Komplementwinkels aufzusuchen und ihn von 60, d. h. dem Radius, der in 60 Teile zerlegt gedacht wird, zu subtrahieren (modern: $\sin\text{vers}\,a = 1 - \cos\alpha$). Sei aber der Winkel größer als 90°, so müsse der für den Überschuß über 90° aufgesuchte Sinus zu 60 addiert werden.[251] Hierin liegt die geometrisch leicht ableitbare Erkenntnis, daß die Kosinuslinie nicht mehr vom Radius zu subtrahieren, sondern zu ihm zu addieren ist, daß, wie

249a ALḤABAŠ ALḤĀSIB (770—870?, Bagdad) betrachtet in seinen Tafeln (*Kitāb*; S. 7 f) den Sinus bis zu 360°, allerdings ohne Berücksichtigung des Vorzeichens. C. SCHOY (brieflich) übersetzt die betreffende Stelle: „Falls der Bogen kleiner als 90° ist, findet man den Sinus in der Tafel; wenn er aber zwischen 90° und 180° ist, so zieht man ihn von 180° ab und operiert mit dem Rest. Ist er aber zwischen 180° und 270°, so subtrahiert man von ihm 180° und operiert mit dem Rest, und ist er zwischen 270° und 360°, so subtrahiert man ihn von 360° und operiert mit dem Rest.“ — 250 *De scientia stellarum*[18], cap. III, Bl. 7 v°, Z. 23 ff.: *In scientia uero chordarum & arcuum plura praedictis superaddere non est necesse, & ad harum mediatarum chordarum noticiam sufficit chordarum scientia earumque ab uno gradu usque ad 90. protensio. Nam illius chorda quod excedit 90. usque ad 180. est ut chorda de 90. conuersim.* LEVI BEN GERSON (1288—1344, Avignon) sagt ausdrücklich in seiner Schrift *De sinibus, chordis et arcubus* von 1321, ed. CURTZE[276], Bibl. math. 1_3, 1910, S. 373, Z. 8—9: *Sinus arcus unius est sinus arcus residui in arcum 180 graduum.* — 251 Daselbst[250] Z. 9 ff.: *Quod si chordas uersas per arcus scire uolueris, si numerus cuius chordam uersam quaesieris minus 90. fuerit illũ de 90. minue & residui chordam, quem admodũ supradiximus addisce, quam de 60. quod est diametri dimidiũ minues, quod autem remanserit, erit chorda uersa illius arcus. Si uero plus quam 90. fuerit, id quod 90. superat accipe. Ipsiusque chordam cognosce, & quod fuerit 60. gradibus qui sunt diametri dimidium super adjunge. Indeque collectum illius arcus chorda uersa dicetur.*

wir heute sagen, der $\cos\alpha$ negativ wird. Da die Araber die Definition negativer Größen nicht hatten, mußte das Resultat in obiger Weise umschrieben werden. Vielleicht war die Beobachtung, daß die Kosinuslinie bei stumpfen Winkeln nicht darstellbar wurde, auch der Grund, warum die Araber den $\cos\alpha$, für den die Inder doch schon ein Fachwort hatten (vgl. S. 33), nicht in ihre Trigonometrie aufnahmen. Ähnliche umständliche Betrachtungen mußte ALZARḲĀLĪ (um 1080, Toledo) anstellen, um von der Beziehung $\sin\text{vers}(90-\alpha) = 1 - \sin\alpha$ zu $\sin\text{vers}(90+\alpha) = 1 + \sin\alpha$ überzugehen.[252]

In den nächsten Jahrhunderten trat kein Fortschritt ein. Erst sehr langsam errangen sich die negativen Größen Anerkennung; zu allgemeinerer Verbreitung gelangte ihr Gebrauch nicht vor dem siebzehnten Jahrhundert. Wie schwülstig die mittelalterliche Trigonometrie durch das Fehlen negativer Größen wurde, ersieht man daraus, daß jeder Lehrsatz und jede Formel in so und so viel Unterformen zerfiel, je nachdem die Winkel, mit denen man es zu tun hatte, spitze, rechte oder stumpfe waren. VIETA (1576) unterschied 60 Fälle am rechtwinklig-sphärischen Dreieck; in dem *Opus Palatinum* des RHAETICUS (1596, Neustadt a. H.) sind nicht weniger als 140 Folioseiten demselben Thema gewidmet.

PITISCUS erklärte in seinem Lehrbuch der Trigonometrie (1600) die Tangenten und Sekanten für Winkel über 90^0 für unmöglich.[253] Noch im achtzehnten Jahrhundert war man sich über den Zeichenwechsel der einzelnen Funktionen nicht allgemein klar. TH. F. DE LAGNY hatte 1705 aus seinen Reihenaufstellungen die Zeichenwechsel in den einzelnen Quadranten und die Periodizität für $\operatorname{tg}\alpha$ richtig erkannt.[254] Auch R. COTES (1716) war über beides im klaren; er zeichnete (in nachgelassenen Schriften[255]) die Tangens- und Sekansfunktion für zwei Kreisumläufe durchaus zutreffend hin. Der in der Trigonometrie vielfach tätige Petersburger Gelehrte F. CHR. MAIER (vgl. S. 41) behauptete hingegen in einer 1727 der Petersburger Akademie vorgelegten Abhandlung, daß bei spitzen Winkeln die Größen sin, cos, tg, ctg positiv, bei stumpfen hingegen die Sinus und Tangenten(!) positiv, die anderen beiden Funktionen aber negativ

252 *Canones*[53], ed. CURTZE, Bibl. Math. 1_3, 1900, S. 340—341. LEVI BEN GERSON 1321, ed. CURTZE[276], S. 375, *tertia conclusio.* — 253 *Trigonometria*[I 229], Augsburg 1600, lib. II, Nr. 13[IV 837], S. 36, Z. 20: *Tangentes & secantes arcuum quadrante majorum esse nullae possunt.* — 254 Hist. Mém. math. phys. Ac. sc. Paris 1705 (1706), S. 263, Coroll. III. — 255 *Harmonia mensurarum*[II 479], 1722, S. 78—79 und Anhang *Opera miscellanea* S. 110—111.

seien;[256] auch im dritten Quadranten gibt er der Tangensfunktion, im dritten und vierten Quadranten der Kotangensfunktion das falsche Zeichen. Der Zeichenwechsel beim Durchgang durch das Unendliche ist ihm, wie noch vielen nach ihm, nicht klar. Auch RIVARD (1739) hatte noch dieselbe falsche Anschauung vom $\operatorname{tg}(180^0 - \alpha)$.[257] G. S. KLÜGEL fühlte sich 1770 in seiner *Analytischen Trigonometrie*[IV 560] veranlaßt, ausführlich die Ansicht „verschiedener gelehrter Mathematiker", die Tangente eines stumpfen Winkels sei positiv, zu widerlegen.[258] Er folgte hierin der ersten Autorität des achtzehnten Jahrhunderts, LEONHARD EULER, der in seiner *Introductio* von 1748 kurz und bündig das Verhalten der einzelnen Funktionen in den verschiedenen Quadranten richtig und erschöpfend dargestellt hatte.[259] Aber noch R. G. BOSCOVICH (1711—1787) brachte in seinen *Elementa Matheseos* (1754) die falsche Behauptung, daß alle Funktionen der stumpfen Winkel mit denen der spitzen Winkel übereinstimmen.[260]

Die Veränderungen der Funktionen bei Vermehrung des Winkels um ganze und halbe Perioden leitet EULER wiederum in der *Introductio* 1748[261] aus den vorher behandelten Additionsformeln, und zwar erstmalig ab; er übersieht dabei allerdings, daß er diese Formeln nur für spitze Winkel bewiesen hatte. Das Zeichen der Funktionen negativer Winkel behandelt EULER ebenfalls an derselben Stelle, da er angibt, daß in seinen Formeln, z. B. in $\sin\left(\frac{4n+4}{2}\pi - z\right) = \sin z$, n sowohl positiv wie negativ ganzzahlig sein kann. Genauer geht auf sie 1801 L. CARNOT (1753 bis 1823) ein.[262] GRUNERT (1797—1872, Greifswald) definiert Kosinus und Sinus als die rechtwinkligen Koordinaten eines Punktes in der Ebene und leitet den Wechsel der Zeichen in den einzelnen Quadranten aus den Elementen der analytischen Geometrie her.[263] Weniger scharf hatte dies schon J. B. BIOT 1802 getan.[264]

256 Comm. Ac. Petrop. 2, 1727 (1729)[196],2, S. 13. — 257 *Élémens de géométrie*, Paris 1739[II 259], S. 169—170, § 17: *Un angle obtus n'a pas d'autre tangente que celle de l'angle aigu, qui est son supplément.* — 258 *Analytische Trigonometrie*[IV 572], Kap. I, S. 8. — 259 *Introductio*[I 167], lib. I, cap. VIII; Übersetzung von MICHELSEN, Berlin 1788, S. 133. — 260 *Elementorum universae matheseos* T. I, Rom 1754, Trigon.§ 1, Nr. 9, S. 179. — 261 *Introductio*[I 167], § 128. — 262 *De la corrélation des figures de géométrie*, 1801[91], § 122. Vgl. auch *Géométrie de position* 1803[IV 279], § 116, S. 143. — 263 Artikel *Goniometrie* in KLÜGELS *Wörterbuch*[II 143], Supplement, II, 1836, S. 581 ff.; 1. Aufl. 1803. — 264 *Essai de Géométrie analytique appliquée aux courbes et aux surfaces du second degré*, Paris an X, 1802. Deutsche Übersetzung v. J. T. AHRENS, 2. Aufl. 1840, § 38, S. 94. Vgl. E. HAMMER, *Lehrbuch der ebenen und spharischen Trigonometrie* (1. Aufl. Stuttgart, 1885), 2. Aufl. 1897, S. 552, Anm. 13; 6. Aufl. 1923, S. 628, Anm. 19.

Die Formeln, die zwischen den trigonometrischen Funktionen derselben Winkel (im ersten Quadranten) bestehen, sind meistens leicht geometrisch ableitbar. Die Formel:

$$\sin\alpha = \sqrt{1-(\cos\alpha)^2}$$

(im folgenden werde durchgehends $r = 1$ gesetzt, obgleich sich die Mathematiker vor EULER stets mit dem sin tot $= r$ herumschleppen, vgl. S. 19) folgt unmittelbar aus dem Pythagoreischen Lehrsatz und dürfte deshalb die älteste sein. Die Einführung der Tangens- und Sekansfunktionen brachte weitere Formeln. Der Araber AL-BATTĀNĪ († 929, bei Bagdad) stellt in seiner Astronomie (Kap. V) eine Reihe von Sätzen auf,[265] die sich mit den Formeln:

$$\operatorname{ctg}\alpha = \frac{\cos\alpha}{\sin\alpha}, \qquad \operatorname{cosec}\alpha = \sqrt{1+(\operatorname{ctg}\alpha)^2},$$

$$\sin\alpha = \frac{1}{\operatorname{cosec}\alpha}, \qquad \operatorname{tg}\alpha = \frac{\sin\alpha}{\cos\alpha}, \qquad \cos\alpha = \frac{1}{\sec\alpha},$$

$$\sec\alpha = \sqrt{1+(\operatorname{tg}\alpha)^2}, \qquad \sin\alpha = \frac{\operatorname{tg}\alpha}{\sec\alpha}$$

decken. Sie rühren selbstverständlich nicht von ihm her; der Tangensbegriff ist ja ältere arabische Errungenschaft. Die gleichen Sätze wird auch sein Vorgänger ALḤABAŠ ALḤĀSIB (770—870?, Bagdad), (S. 24) in seiner (noch nicht veröffentlichten) Astronomie entwickelt haben.[265a] Wir treffen sie natürlich immer, wie bei allen Arabern in schwülstigen Sätzen ausgedrückt, bei ABU'LWAFĀ' (940 bis 998, Bagdad),[266] einen Teil von ihnen bei ALZARḲĀLĪ (um 1080, Toledo).[267] In ähnlicher Ausführlichkeit findet man diesen Formelbestand erst wieder nach der Neueinführung der Sekansfunktion durch KOPPERNIKUS (1473—1543) in dem *Canon* des RHAETICUS (1551).[268] Wenig später (1579)[247] faßte VIETA (1540—1603) die meisten dieser Eigenschaften in die Doppelproportionen:

$$1 : \sec\alpha = \cos\alpha : 1 = \sin\alpha : \operatorname{tg}\alpha,$$

$$\operatorname{cosec}\alpha : \sec\alpha = \operatorname{ctg}\alpha : 1 = 1 : \operatorname{tg}\alpha,$$

$$1 : \operatorname{cosec}\alpha = \cos\alpha : \operatorname{ctg}\alpha = \sin\alpha : 1,$$ [269]

wenn wir sie modern schreiben, zusammen.

265 Ed. NALLINO[IV 354], S. 181. — 265a C. SCHOY bestätigt das aus seiner Übersetzung. — 266 VON BRAUNMÜHL, *Gesch.* I[II 935], S. 57. — 267 Ed. CURTZE[53], Bibl. math. 1_3, 1900, S. 342—343. — 268 VON BRAUNMÜHL, *Gesch.* I[II 935] S. 147. — 269 Daselbst S. 162. Die reichhaltigste Sammlung aller zwischen den sechs Funktionen möglichen Formeln gibt F. F. SCHWEINS, *Geometrie* II, Göttingen 1808[128], § 2 ff.

Das Additionstheorem der Sinusfunktion ist als allgemeiner Sehnensatz von den griechischen Mathematikern aufgestellt worden. Es erscheint zum erstenmal in der *Μαθηματικὴ σύνταξις* des Ptolemäus[270] (zwischen 125 und 151 n. Chr. in Alexandria) und ist noch heute in der Schulmathematik als Ptolemäischer Lehrsatz bekannt. Ob dieser wirklich Eigentum des Ptolemaus ist, kann nicht nachgewiesen werden. Wahrscheinlich ist, daß ihn Hipparch (zwischen 161 und 126 v. Chr. auf Rhodos) schon kannte, da er bei Aufstellung einer gleichmäßig ansteigenden Sehnentabelle, wie wir sie bei Hipparch vermuten müssen, unersetzlich ist. Nachdem Ptolemaus sein Theorem für ein allgemeines Sehnenviereck ausgesprochen und bewiesen hat, spezialisiert er es so, daß die eine Vierecksseite $A\Delta$ der Durchmesser, $A\Gamma$ und AB gegebene Bogen sind, und sucht nun die Sehne des Bogens $B\Gamma$, der gleich der Differenz $A\Gamma - AB$ ist. Es ergibt sich:

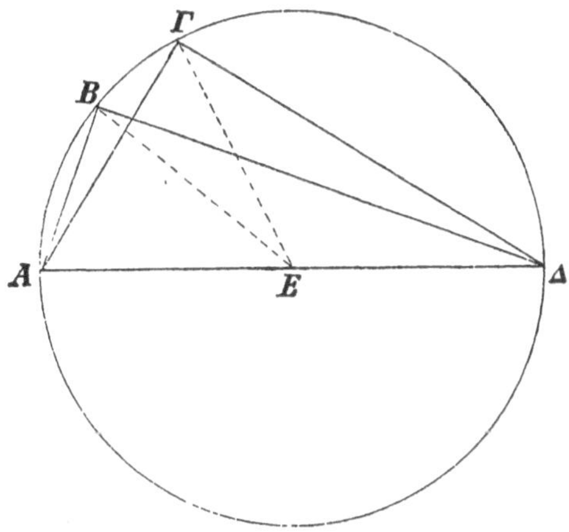

Fig. 3.

$$B\Gamma \cdot A\Delta = A\Gamma \cdot B\Delta - AB \cdot \Gamma\Delta,$$

d. h.:

$$\text{Sehne}\,(A\Gamma - AB)\cdot 2r = \text{Sehne}\,A\Gamma \cdot \text{Sehne}\,(180^\circ - AB) - AB \cdot \text{Sehne}\,(180^\circ - A\Gamma),$$

oder, mit Einführung unserer Sinusfunktion, wenn zugleich

$$AE\Gamma = 2\alpha \qquad \text{und} \qquad AEB = 2\beta$$

gesetzt wird:

$$\sin(\alpha - \beta) = \sin\alpha\cos\beta - \sin\beta\cos\alpha.$$

270 I, cap. IX, ed. Halma[9], S. 29, ed. Heiberg[181], S. 36, Z. 12 ff., Übersetzung von Manitius[1154], S. 28 20: *Ἔστω γὰρ κύκλος ἐγγεγραμμένον ἔχων τετράπλευρον τυχὸν τὸ ΑΒΓΔ, καὶ ἐπεζεύχθωσαν αἱ ΑΓ καὶ ΒΔ. δεικτέον, ὅτι τὸ ὑπὸ τῶν ΑΙ καὶ ΒΔ περιεχόμενον ὀρθογώνιον ἴσον ἐστὶ συναμφοτέροις τῷ τε ὑπὸ τῶν ΑΒ, ΔΓ καὶ τῷ ὑπὸ τῶν ΑΔ, ΒΓ* (Es sei ein Kreis mit einem eingeschriebenen Viereck $ABCD$ gegeben und es seien die Verbindungslinien AC, BD gezogen. Zu zeigen ist, daß das Rechteck, gebildet über AC und BD, gleich sei der Summe der Rechtecke über AB, DC und AD, BC).

Der zugehörige Satz von der Summe wird von Ptolemäus auch gebracht,[271] aber nicht ausgenutzt und auch nur mit Hilfe der Differenzenformel bewiesen. Ihm liegt bei seinen Herleitungen nicht daran, methodisch vollständig zu sein, sondern nur, das gesteckte Rechenziel zu erreichen, und dies war ihm die Berechnung der Sehne von 12^0 ($\sin 6^0$) aus der Differenz der Seiten des eingeschriebenen Fünfecks (Sehne von 72^0, d. h. $\sin 36^0$) und Sechsecks (Sehne von 60^0, d. h. $\sin 30^0$). Als sich ihm an einer späteren Stelle seiner Astronomie die Notwendigkeit ergibt, auch die Sehne für die Summe zweier Bogen zu finden, behilft er sich mit den Beziehungen:[272]

$$\text{Sehne}[180^0 - 2(\alpha+\beta)] = \frac{\text{Sehne}(180^0 - 2\alpha)\cdot\text{Sehne}(180^0 - 2\beta) - \text{Sehne}\,2\alpha\cdot\text{Sehne}\,2\beta}{2R},$$

$$\text{Sehne}\,2(\alpha+\beta) = \sqrt{4R^2 - \{\text{Sehne}[180^0 - 2(\alpha+\beta)]\}^2},$$

oder modern:

$$\sin[90^0 - (\alpha+\beta)] = \sin[(90^0-\alpha)-\beta] = \sin(90^0-\alpha)\sin(90^0-\beta) - \sin\alpha\sin\beta,$$

$$\sin(\alpha+\beta) = \sqrt{1 - \{\sin[90^0 - (\alpha+\beta)]\}^2}.$$

Zu diesem Umweg hat ihn wohl auch veranlaßt, daß er Bogen, die größer als ein Halbkreis sind, umgeht, was bei der Summenformel znmeist nicht möglich ist.

In den älteren indischen Schriften, wie in denen Āryabhaṭas (geb. 476 n. Chr.) und Brahmaguptas (geb. 598), tritt die Additionsformel nicht auf. Die Sinustafeln der Inder bedurften nur der Halbierungsformel und des Pythagoreischen Lehrsatzes (vgl. S. 6). Von Bhāskara (geb. 1114) wird sie aber als ganz besonders wichtige Regel mitgeteilt.[273]

Den arabischen Gelehrten war die Herleitung des Ptolemäus bekannt. Abū'lwafā' (940—998, Bagdad) kannte noch die weitere Form:[274]

$$\sin(\alpha\pm\beta) = \sqrt{(\sin\alpha)^2 - (\sin\alpha)^2(\sin)\beta^2} \pm \sqrt{(\sin\beta)^2 - (\sin\alpha)^2(\sin\beta)^2}.$$

Selbstverständlich kehrt die Ptolemäische Form bei den späteren Mathematikern wieder. Erheblichere Abweichungen sind seltener. Albīrūnī (973—1048, gest. in Ġazna, Afghanistan) geht in seinem

271 Ed. Halma S. 33; ed. Heiberg S. 41—42; ed. Manitius S. 31—32. — 272 Ebenso verfährt Albattānī. Vgl. Albattānī, ed. Nallino IV 354, I, S. 153 bis 154. — 273 von Braunmühl, *Gesch.* 1 II 935, S. 37. — 274 Daselbst S. 56.

Buche *Über die Auffindung der Sehnen im Kreise* selbständig vor und vermeidet den Ptolemäischen Lehrsatz durch Aufstellung zweier anderer Sehnensätze.[275] Er kennt und verwendet ihn aber in seinem *Qānūn Mas'ūdī.*[275a] Bei LEVI BEN GERSON († 1344, Avignon)[276] findet sich:

$$\text{chorda}(\alpha \pm \beta)^2 = (\sin\text{vers}\,\alpha - \sin\text{vers}\,\beta)^2 \pm (\sin\alpha \pm \sin\beta)^2.$$

VIETA (1540—1603) verallgemeinerte zum erstenmal die altgriechische Regel auf die Funktionen Tangens und Sekans. Zwei seiner Sätze, die als Beispiele herausgegriffen seien, lauten in Formeln:

$$\sec\alpha : \sec\beta = \sec(90^0 - (\alpha+\beta)) : [\text{tg}\,\beta + \text{tg}(90^0 - (\alpha+\beta))] \text{ für } \alpha+\beta < 90^0$$ [277]

$$\sec\alpha : \sec\beta = \sec(90^0 - (\alpha-\beta)) : [\text{tg}\,\beta - \text{tg}(90^0 - (\alpha-\beta))] \text{ für } \alpha-\beta < 90^0$$

$$\text{bei } \alpha < 90^0,\ \beta < 90^0 \text{ oder } \alpha > 90^0,\ \beta > 90^0.$$ [278]

Ferner hat VIETA in einem 1591 erwähnten, aber erst 1615 veröffentlichten Aufsatz[279] die Sätze:

$$\text{I.} \begin{cases} \sin\alpha = \sin(2\alpha+\beta)\cos(\alpha+\beta) - \sin(\alpha+\beta)\cos(2\alpha+\beta) \\ \cos\alpha = \cos(2\alpha+\beta)\cos(\alpha+\beta) + \sin(\alpha+\beta)\sin(2\alpha+\beta), \end{cases}$$

$$\text{II.} \begin{cases} \sin(2\alpha+\beta) = \sin(\alpha+\beta)\cos\alpha + \cos(\alpha+\beta)\sin\alpha \\ \cos(2\alpha+\beta) = \cos(\alpha+\beta)\cos\alpha - \sin(\alpha+\beta)\sin\alpha. \end{cases}$$

Die Fassung, in der 1706 JAKOB HERMANN, ein Schüler JAKOB BERNOULLIS, das Additionstheorem für die Tangens- und Sekansfunktion ausspricht:

$$\text{tg}(\alpha+\beta) : (\text{tg}\,\alpha + \text{tg}\,\beta) = 1 : (1 - \text{tg}\,\alpha\,\text{tg}\,\beta),$$
$$\sec(\alpha+\beta) : 1 = \sec\alpha\sec\beta : (1 - \text{tg}\,\alpha\,\text{tg}\,\beta),$$

nähert sich schon mehr der modernen, doch nicht in der Form, die ebenso wie die Ableitung rein geometrisch ist.[280]

Systematisch stellte F. CHR. MAIER (Petersburg) die Additionstheoreme in einer Akademieabhandlung von 1727 zusammen,[256]

275 H. SUTER, Bibl. math. 11_3, 1910—11, S. 56—61. — 275a C. SCHOY, brieflich. — 276 *Leo de Balneolis Israhelita de sinibus, chordis et arcubus, item instrumento revelatore secretorum*, ed. CURTZE, Bibl. math. 1_3, 1900, S. 375. — 277 VIETA, *Opera*, ed. SCHOOTEN[II 88], S. 413, Z. 14—15: *Ut transsinuosa componentium primae ad transsinuosam secundae, ita transsinuosa complementi compositae ad prosinum secundae plus prosinu complementi compositae.* — 278 Daselbst Z. 39 bis 40. VIETA spricht noch verschiedene andere Formen aus je nach der Größe der Winkel α und β. — 279 VIETA, *Ad angularium sectionum analytica*, Parisiis 1615, S. 7—11; *Opera*, ed. SCHOOTEN[II 88], S. 287—304; speziell hier Theorem I und II, S. 287—288. Vgl. VON BRAUNMÜHL, *Gesch.* 1[II 935], S. 165. — 280 Acta Erudit. 1706, S. 261—262, Theor. 1 und 2.

freilich unter Benutzung sehr ungeeigneter Symbole, wie $S = \sin\alpha$, $s = \sin\beta$, $C = \cos\alpha$, $c = \cos\beta$, $T = \operatorname{tg}\alpha$, $t = \operatorname{tg}\beta$. Für den Sinus der Summe $\alpha + \beta$, bzw. der Differenz $\alpha - \beta$ (daselbst § 4) erhält er $Sc + Cs$ und $Sc - Cs$, für den Kosinus $Cc \mp Ss$ (§ 5) und für die Tangente $\frac{T \pm t}{Tt \mp 1}$ (§ 6). Die moderne Form, die durch die englischen Mathematiker, besonders JONES (1706) (vgl. S. 42) angebahnt wird, stellt sich bei EULER ein (1748).[281] In vielen Lehrbüchern des achtzehnten und neunzehnten Jahrhunderts (SEGNER, 1747,[282] KÄSTNER 1764,[283] KARSTEN 1768,[284] LEGENDRE 1794,[285] CRELLE 1826,[286] TELLKAMPF 1829,[287] GRUNERT 1832[288]) wird das Additionstheorem nicht auf dem Ptolemäischen Wege abgeleitet, sondern mit Beziehungen, die sich im Kreisquadranten zwischen den Koordinaten zweier Peripheriepunkte ergeben, so daß der Ptolemäische Sehnensatz oft ganz aus dem Systemaufbau gestrichen wird (vgl. Bd. IV, S. 170).

Die Wichtigkeit des Additionstheorems für die Goniometrie hebt erst KLÜGEL (1770) gebührend hervor;[289] es enthalte „alle Lehrsätze über die Zusammensetzung der Winkel".

Anderseits wird stets versäumt, es von der Verwendung bei spitzen Winkeln, für die die Ableitung vorgenommen wird, auf stumpfe Winkel und größere zu verallgemeinern. Erst das kritische neunzehnte Jahrhundert holt das nach; es ist CARNOT (1753—1823), der 1801, ausgehend vom Ptolemäischen Lehrsatze in einem Kreise mit dem Durchmesser 1, die allgemeine Gültigkeit nachweist.[290] Auch LEGENDRE, der seinen Elementen 1804 eine Trigonometrie anhängt, legt auf solchen Nachweis Gewicht, nach ihm CAUCHY (1821) u. a. m.[291]

Auf drei Winkel dehnt F. W. DE OPPEL in seiner *Analysis triangulorum* von 1746[II 58] das Additionstheorem aus:

$$\sin(\alpha + \beta + \gamma) = \sin\alpha\cos\beta\cos\gamma + \cos\alpha\sin\beta\cos\gamma + \cos\alpha\cos\beta\sin\gamma - \sin\alpha\sin\beta\sin\gamma,$$

$$\cos(\alpha + \beta + \gamma) = \cos\alpha\cos\beta\cos\gamma - \sin\alpha\sin\beta\cos\gamma - \sin\alpha\cos\beta\sin\gamma - \cos\alpha\sin\beta\sin\gamma.$$[292]

281 *Introductio*[I 167], lib. I, cap. VIII. — 282 *Vorlesungen*[I 270 b], S. 747, § 62. — 283 *Anfangsgrunde*[I 259 a], I_2, S. 376. — 284 *Lehrbegriff*[I 209], II, § 423. — 285 *Trigon.*[IV 864], § 19; Übers. von CRELLE, 1833, S. 348. — 286 *Lehrbuch*[II 485], I, § 316. — 287 *Vorschule*[I 295], § 286. — 288 *Lehrb. f. ob. Klassen*[II 1100], III, § 29. — 289 *Analytische Trigonometrie*[IV 572]. — 290 *De la corrélation des figures de géométrie* 1801[81], Probl. II, S. 84 ff.; *Géométrie de position*[IV 279], 1803, Sect. II, probl. VII, S. 151 ff. — 291 Vgl. VON BRAUNMÜHL, *Gesch.* 2[II 990], S. 173 ff. — 292 *Analysis* I, § 51[II 58].

Ferner leitet J. F. Marie (1770) die Verhältnisse ab:[293]

$$\frac{\sin(\alpha+\beta)}{\sin(\alpha-\beta)} = \frac{\operatorname{tg}\alpha + \operatorname{tg}\beta}{\operatorname{tg}\alpha - \operatorname{tg}\beta},$$

$$\frac{\cos(\alpha+\beta)}{\cos(\alpha-\beta)} = \frac{\operatorname{ctg}\beta - \operatorname{tg}\alpha}{\operatorname{ctg}\beta + \operatorname{tg}\alpha} \quad \text{u. a.}$$

Weitere Verallgemeinerungen auf $\sin(\alpha+\beta+\gamma+\ldots)$ und $\cos(\alpha+\beta+\gamma+\ldots)$ bringt 1746 William Jones.[294] Für $\operatorname{tg}(\alpha+\beta+\gamma+\ldots)$ war eine solche Beziehung schon früher (1722) durch Joh. Bernoulli I[295] aufgestellt worden.

Beziehungen zwischen Funktionen der ganzen und der doppelten Winkel können schon aus der *Kreisberechnung* des Archimedes (287—212 v. Chr., Syrakus) herausgelesen werden. Wir haben an früherer Stelle (Bd. IV, S. 202 f.) auseinandergesetzt, auf welche Weise Archimedes von der Seite eines Polygons zu der des Polygons mit doppelter Seitenzahl übergeht. Führt man trigonometrische Darstellung ein, die natürlich dem Archimedes fremd war, so kann man seine Rechnung dahin deuten, daß er wiederholt $\operatorname{ctg}\frac{\alpha}{2}$ und $\operatorname{cosec}\frac{\alpha}{2}$ aus $\operatorname{ctg}\alpha$ und $\operatorname{cosec}\alpha$ mittels der Gleichungen:

$$\operatorname{ctg}\frac{\alpha}{2} = \operatorname{ctg}\alpha + \operatorname{cosec}\alpha,$$

$$\left(\operatorname{cosec}\frac{\alpha}{2}\right)^2 = \left(\operatorname{ctg}\frac{\alpha}{2}\right)^2 + 1$$

ausrechnet[296] (vgl. Bd. IV, S. 204).

Die Formel $\sin 2\alpha = 2\sin\alpha\cos\alpha$, die aus der Ptolemäischen Regel durch die Annahme $\alpha = \beta$ ohne weiteres folgt, wird als besonderer Satz bei Abu'lwafā' (940—998, Bagdad) durch:

$$\text{chorda}\,\alpha : \text{chorda}\,\frac{\alpha}{2} = \text{chorda}\left(180^0 - \frac{\alpha}{2}\right) : 1$$

ausgesprochen.[297] Bei Vieta (1591) findet man zuerst die Erweiterungen:[298]

$$\sin 3\alpha = 3(\cos\alpha)^2\sin\alpha - (\sin\alpha)^3,$$

$$\cos 3\alpha = (\cos\alpha)^3 - 3(\sin\alpha)^2\cos\alpha \quad \text{usw.}$$

293 In seiner Ausgabe der *Leçons élémentaires* von de La Caille[I 271a, II 778] (sie sind noch nicht vorhanden in der latein. Ausgabe, *Lectiones elementares mathematicae*, Viennae 1762). — 294 Phil. Trans. 1747, S. 563. — 295 Act. Erud. 1722, S. 362 ff. — 296 J. Kürschák, Bibl. math. 1_3, S. 514. — 297 von Braunmühl, *Gesch.* 1[II 985], S. 55. — 298 *Ad logisticen speciosam notae priores*, 1591[III 142]; Vieta, *Opera*[II 88], S. 13—41.

Ja, sogar die allgemeinen Rekursionsformeln:

$$\sin\alpha : \sin 2\alpha = \sin(n-1)\alpha : [\sin(n-2)\alpha + \sin n\alpha],$$

$$\tfrac{1}{2} : \cos\alpha = \cos(n-1)\alpha : [\cos(n-2)\alpha + \cos n\alpha]$$

sind bei ihm vorhanden.[299] Aus ihnen leitet er ab:

$$\begin{aligned} 2\sin\alpha &= x,\\ 2\sin 2\alpha &= y,\\ 2x\sin 3\alpha &= y^2 - x^2,\\ 2x^2\sin 4\alpha &= y^3 - 2yx^2,\\ 2x^3\sin 5\alpha &= y^4 - 3y^2x^2 + x^4,\\ 2x^4\sin 6\alpha &= y^5 - 3y^3x^2 + 4yx^4 \text{ usw.} \end{aligned}$$

und

$$\begin{aligned} 2\cos\alpha &= x,\\ 2\cos 2\alpha &= x^2 - 2,\\ 2\cos 3\alpha &= x^3 - 3x,\\ 2\cos 4\alpha &= x^4 - 4x^3 + 2,\\ 2\cos 5\alpha &= x^5 - 5x^3 + 5x,\\ 2\cos 6\alpha &= x^6 - 6x^4 + 9x^2 - 2 \text{ usw.} \end{aligned}$$ [300]

Das Bildungsgesetz der Koeffizienten findet VIETA mit Hilfe der figurierten Zahlen. Dieselben Beziehungen stellt auch OUGHTRED (1631, *Clavis mathematicae*) auf, aber in algebraischer Form.[301]

Mit der ersten der VIETAschen Rekursionsformeln deckt sich eine Rechenvorschrift, die RHAETICUS (1514—1576, Wittenberg) bei der Ausführung seines großen Canons (1569 vollendet, 1596 als *Opus Palatinum* gedruckt)[302] schon vorher verwertet hatte; an Stelle der zweiten kennt RHAETICUS die Beziehung:

$$\cos n\alpha = \cos(n-2)\alpha - 2\sin\alpha\sin(n-1)\alpha.$$ [303]

Eine geschlossene Formel für das allgemeine n gab erstmalig NEWTON (in einem Brief vom 13. VI. 1676 an OLDENBURG).[304] Sie lautet modernisiert:

$$\sin n\varphi = n\sin\varphi + \frac{(1-n^2)n}{3!}(\sin\varphi)^3 + \frac{(1-n^2)(9-n^2)n}{5!}(\sin\varphi)^5 + \dots.$$

299 Vgl. Anm. 279; *Opera* S. 291 ff. — 300 VIETA, *Opera*[II 88], S. 299. — 301 In der 1. Aufl. der *Clavis*[1476a] nur bis zu $\sin 5\alpha$, in der 2. (1648) bis zu $\sin 7\alpha$. In einer Abhandlung über die Winkelschnitte von 1648 (gedruckt erst 1677 in den *Opusc. math. hactenus inedita*, Oxonii) ist die algebraische Form weiter fortgeschritten. — 302 *Opus Palatinum de triangulis a Georgio Joachimo Rhetico coeptum: L. Valentinus Otho . . . consummavit.* Neustadt a. H. 1596 (vollendet 1569). — 303 Vgl. VON BRAUNMÜHL, *Gesch.* 2[II 990], S. 166. — 304 *Comm. epistolicum*[II 128], éd. BIOT et LEFORT S. 106.

Den fehlenden Beweis ergänzte 1698 A. DE MOIVRE.[305] In anderer Form erhielt 1701 JOHANN BERNOULLI I (1667—1748), wiederum unserer Schreibart angepaßt:

$$\sin n\varphi = \sin\varphi\left[2^{n-1}(\cos\varphi)^{n-1} - \frac{n-2}{1}\,2^{n-3}(\cos\varphi)^{n-3}\right.$$
$$\left. + \frac{(n-3)(n-4)}{1\cdot 2}\,2^{n-5}(\cos\varphi)^{n-5} - \ldots\right];$$

er fügt, ebenfalls ohne Beweis, hinzu:

$$\sin n\varphi = n\sin\varphi\,(\cos\varphi)^{n-1} - \binom{n}{3}(\sin\varphi)^3(\cos\varphi)^{n-3}$$
$$+ \binom{n}{5}(\sin\varphi)^5\cos\varphi)^{n-5} - \ldots,$$

$$\cos n\varphi = (\cos\varphi)^n - \binom{n}{2}(\sin\varphi)^2(\cos\varphi)^{n-2}$$
$$+ \binom{n}{4}(\sin\varphi)^4(\cos\varphi)^{n-4} - \ldots .$$ [306]

Die NEWTONsche Formel fand JAKOB BERNOULLI I (1654—1705) noch einmal und veröffentlichte sie 1702[307] zusammen mit einer entsprechenden für $\cos n\varphi$.

Formeln für $\operatorname{tg} n\varphi$ und $\sec n\varphi$ stellten DE LAGNY 1705,[308] J. HERMANN 1706[309] und JOH. BERNOULLI I 1712[310] und 1722[311] auf.

Die Bestimmung einer Funktion des halben Winkels aus einer solchen des ganzen zeigte wiederum PTOLEMÄUS zuerst;[312] wahrscheinlich hatte er in HIPPARCH einen Vorgänger. Durch Übertragen in die Sinustrigonometrie kann man aus seinem Satze:

$$\text{chorda}\,\frac{\alpha}{2} = \sqrt{\frac{2R - \text{chorda}\,(180^0 - \alpha)}{2}\cdot 2R}$$

leicht die Formel:

$$\sin\frac{\alpha}{2} = \sqrt{\frac{1-\cos\alpha}{2}}$$

ablesen. Bei den Indern und Arabern kehrt dieser Satz als der wichtigste der Goniometrie wieder. Indisch (*Puliśa-Sidhānta*, überliefert von VARĀHA MIHIRA, um 550 n. Chr., vgl. S. 6—7) ist die Form:

$$(\sin\alpha)^2 + (\sin\text{vers}\,\alpha)^2 = \left(2\sin\frac{\alpha}{2}\right)^2.$$ [313]

305 Phil. Transact. 1698 (1699), Nr. 140, S. 190—193. — 306 Acta Erudit. 1701, S. 172. — 307 Hist. Mém. math. phys. Ac. sc. Paris 1702 (1704), S. 281—288. — 308 Hist. Mém. math. phys. Ac. sc. Paris 1705, S. 256. — 309 Acta Erud. 1706, S. 262—263. — 310 Acta Erud. 1712, S. 274—277. — 311 Acta Erud., Lips. 1722, S. 361—370. — 312 Σύνταξις, ed. HALMA[9], S. 31—32; ed. HEIBERG[181], S. 39—40. — 313 KAYE, *Indian mathematics*[195], 1915, S. 10.

ALBATTĀNĪ († 929, bei Bagdad) hat die Formel:

$$\sin\frac{90-\alpha}{2} = \sqrt{\frac{(R-\sin\alpha)R}{2}}\,.^{314}$$

ALBĪRŪNĪ (937—1048) gibt in seinem Buche von der *Auffindung der Sehnen* zwei Herleitungen.[315] REGIOMONTAN (1436—1476) beweist unseren Satz in der Proportionsform:

$$\sin\operatorname{vers} 2\alpha : \sin\alpha = \sin\alpha : \sin 30^0\,.^{316}$$

Die entsprechende Formel für $\cos\frac{\alpha}{2}$ ist bei älteren Mathematikern nicht vorhanden; es hängt dies damit zusammen, daß die Kosinusfunktion erst spät als eigene Funktion anerkannt wird. Enthalten ist sie in dem Satz des MAUROLICO (1494—1575, Messina):

$$(1+\cos\alpha):(1-\cos\alpha) = \left(\cos\frac{\alpha}{2}\right)^2 : \left(\sin\frac{\alpha}{2}\right)^2.^{317}$$

Beachtenswert ist die symmetrische Form:

$$\sin\left(45^0+\frac{\alpha}{2}\right) = \sqrt{\frac{1+\sin\alpha}{2}}\,, \qquad \sin\left(45^0-\frac{\alpha}{2}\right) = \sqrt{\frac{1-\sin\alpha}{2}}\,,$$

in der LAMBERT (1770) die in Rede stehenden Sätze ausspricht.[318]

Hierher gehören auch Formeln, um die der Abbé MARIE in seiner Ausgabe von 1770[I 271a] die *Leçons élémentaires* von DE LA CAILLE[II 773] bereicherte:[319]

$$\frac{1+\sin\alpha}{1-\sin\alpha} = \left[\operatorname{tg}\left(45^0+\frac{\alpha}{2}\right)\right]^2,$$

$$\frac{1+\sin\alpha}{1+\cos\alpha} = \frac{\left[\sin\left(45^0+\frac{\alpha}{2}\right)\right]^2}{\left(\cos\frac{\alpha}{2}\right)^2},$$

$$\frac{1-\sin\alpha}{1-\cos\alpha} = \frac{\left[\sin\left(45^0-\frac{\alpha}{2}\right)\right]^2}{\left(\sin\frac{\alpha}{2}\right)^2}.$$

Ferner sind noch Formeln zu erwähnen, die zeigen, daß die trigonometrischen Funktionen eines bestimmten Winkels rationale

314 *Opus astronomicum*, ed. NALLINO[IV 354], I, S. 157. — 315 H. SUTER, Bibl. math. 11_3, 1911, S. 52—53, 73. — 316 Zusatz zur Ausgabe der Astronomie ALBATTĀNĪS *De scientia stellarum*[18], cap. III, Bl. 8 v⁰: *Cuiuslibet arcus sinus rectus est medio loco proportionalis inter sinum uersum arcus dupli, & sinū 30 graduum.* — 317 *Maurolyci Sphaerica*, lib. II[IV 825], prop. XV, Bl. 55 v⁰—56 r⁰. 318 *Beyträge zur Mathematik*, 2[1547], Abh. IV, § 5, S. 139. — 319 In der lateinischen Ausgabe von 1762[293] noch nicht ausgeführt.

Funktionen der Tangente des halben Winkels sind. EULER führte von diesen 1748 die Identitäten:

$$\operatorname{tg} 2\alpha = \frac{2 \operatorname{tg} \alpha}{1 - \operatorname{tg} \alpha^2},$$

$$\operatorname{ctg} 2\alpha = \frac{\operatorname{ctg} \alpha - \operatorname{tg} \alpha}{2}$$ [320]

an; LAMBERT fügte 1765

$$\sin 2\alpha = \frac{2 \operatorname{tg} \alpha}{1 + \operatorname{tg} \alpha^2},$$

$$\cos 2\alpha = \frac{1 - \operatorname{tg} \alpha^2}{1 + \operatorname{tg} \alpha^2}$$

hinzu.[321]

Die erste Beziehung für $\operatorname{tg} 2\alpha$ schreibt FR. VAN SCHOOTEN (1661)[322] dem Engländer JOHN PELL (1610—1685) zu; sie wird dann von OZANAM (1614—1717; Lyon, Paris) in seinen *Cours de mathématiques* aufgenommen.[323] A. CAGNOLI (1786) gibt für die doppelten Winkel noch folgende Formeln:

$$\operatorname{tg} \alpha = \frac{1 - \cos 2\alpha}{\sin 2\alpha} = \frac{\sin 2\alpha}{1 + \cos 2\alpha},$$ [324]

$$\sin 2\alpha = \frac{1 - \left[\operatorname{tg}\left(45^0 - \frac{\alpha}{2}\right)\right]^2}{1 + \left[\operatorname{tg}\left(45^0 - \frac{\alpha}{2}\right)\right]^2} = \frac{\operatorname{tg}\left(45^0 + \frac{\alpha}{2}\right) - \operatorname{tg}\left(45^0 - \frac{\alpha}{2}\right)}{\operatorname{tg}\left(45^0 + \frac{\alpha}{2}\right) + \operatorname{tg}\left(45^0 - \frac{\alpha}{2}\right)},$$ [325]

$$\cos 2\alpha = \frac{2}{\operatorname{tg}\left(45^0 + \frac{\alpha}{2}\right) + \operatorname{ctg}\left(45^0 + \frac{\alpha}{2}\right)}.$$ [326]

Eine unerschöpfliche Fülle von Formeln, die die Summen und Differenzen der sechs Funktionen mit zwei Winkeln aufweisen, stellt F. F. SCHWEINS 1808 in seiner *Geometrie* II zusammen;[327] es sind nicht weniger als 781!

Von sehr großer Bedeutung waren früher die Formeln, in denen Produkte trigonometrischer Funktionen in Summen, bzw. Differenzen verwandelt werden. Es wurde bereits darauf aufmerksam gemacht (Bd. II, S. 167), daß der Mathematiker des

320 *Introductio*[I 167], cap. VIII, § 137. — 321 *Beyträge* 1[IV 486], Berlin 1765, Kap. III, § 35, S. 389. — 322 VON BRAUNMÜHL, *Gesch.* 2[II 990], S. 43. PELL stellt sie in der Tat in einer mathematischen Schrift aus dem Jahre 1644 zuerst auf. Vgl. G. ENESTRÖM, Bibl. math. 9_3, 1908—1909, S. 254. — 323 *Cours de mathématiques*, I—V, Paris 1693; *Traité de Trigon.* I, prop. VIII, 2e éd. Paris 1697, II, S. 41. — 324 *Traité de trigon.*[II 59], § 69. — 325 Daselbst § 107—108. — 326 Daselbst § 109. — 327 *Geometrie*[128], II, § 22—41.

sechzehnten Jahrhunderts diese Beziehungen in ähnlicher Weise zu benutzen verstand, wie wir die logarithmischen Gesetze, um das unhandliche Multiplizieren und Dividieren mittels trigonometrischer Tafeln durch das bequemere Addieren und Subtrahieren zu ersetzen. Die Araber kannten schon solche Formeln, ohne sich freilich ihres Wertes bewußt zu werden. So läßt sich bei IBN JŪNUS († 1009, Kairo) die Beziehung nachweisen:[328]

$$1.\quad \cos\alpha \cos\beta = \tfrac{1}{2}[\cos(\alpha - \beta) + \cos(\alpha + \beta)],$$

deren Herleitung auf rein geometrischem Wege, mit Hilfe des Ptolemäischen *Analemmas* (S. 16), d. h. durch senkrechte Projektion, vorgenommen wurde. Die Geschichte des neuen Rechenverfahrens, *Prosthaphairesis* genannt, beginnt um 1500 (vgl. Bd. II, S. 167 f.). Es erscheint zum erstenmal in einem Lehrbuch der sphärischen Trigonometrie, das den Nürnberger Pfarrer JOHANNES WERNER (1468 bis 1528) zum Verfasser hat. Das Buch war nicht gedruckt worden, von Hand zu Hand gegangen und schließlich verschollen; erst 1902 wurde die Handschrift wieder aufgefunden (vgl. S. 108). WERNER legt die Formel:

$$2.\quad \sin\alpha \sin\beta = \tfrac{1}{2}[\cos(\alpha - \beta) - \cos(\alpha + \beta)]$$

zugrunde und wandelt trigonometrische Sätze für das rechtwinklige, ja sogar für das schiefwinklige Dreieck mit ihrer Hilfe um. Praktische Anwendung dieser Methode, deren Kenntnis wahrscheinlich aus WERNERS Schriften stammte (vgl. S. 109), machte TYCHO BRAHE (1546—1601). In einer handschriftlich erhaltenen Notizensammlung, die von einem Schüler BRAHES niedergeschrieben wurde, findet man eine Zusammenstellung trigonometrischer Lehrsätze, die sämtlich prosthaphäretisch umgewandelt sind; einige von diesen, in denen die Benutzung der Formel 1. auffällt, sind sicher sein Eigentum. BRAHES Gehilfe und Schüler, PAUL WITTICH aus Breslau († 1587), kam 1584 nach Kassel und teilte den dortigen Astronomen, unter denen der Schweizer JOST BÜRGI (1552—1632) der bedeutendste war, das neue Verfahren mit. BÜRGI erkannte die große Tragweite dieser Formeln, fand Beweise für beide und nahm umfassende Anwendung auf die Trigonometrie vor. Die prosthaphäretischen Sätze, die NICOLAUS RAIMARUS URSUS 1588[329] in einem Werke *Fundamentum astronomicum*

328 VON BRAUNMÜHL, *Gesch.* 1 II 935, S. 63; vgl. auch Ztsch. Math. Phys. 1899, Supplementband S. 18 ff. — 329 *Fundamentum astronomicum*, Argentor. 1588.

anführt, sind widerrechtliche Entlehnungen der BRAHEschen Umformungen. Über die Resultate TYCHO BRAHES ging BÜRGI[330] jedenfalls in der Behandlung des sphärischen Kosinussatzes:

$$\cos a = \cos b \cos c + \sin b \sin c \cos \alpha$$

hinaus. Wie jener, brachte er ihn zunächst in die Form:

$$\cos a = \tfrac{1}{2}[\cos(b-c) + \cos(b+c)] + \tfrac{1}{2}[\cos(b-c) - \cos(b+c)]\cos\alpha\,,$$

setzte dann aber noch $\frac{1}{2}[\cos(b-c) - \cos(b+c)] = \cos x$, wodurch er das entstehende Produkt $\cos x \cos \alpha$ noch einmal prosthaphäretisch umwandeln und so schließlich eine Formel:

$$\cos a = \tfrac{1}{2}[\cos(b-c) + \cos(b+c) + \cos(x-\alpha) + \cos(x+\alpha)]$$

erhalten konnte, die nur Additionen aufweist.

Im Druck wurden die prosthaphäretischen Methoden zum erstenmal von CHR. CLAVIUS (1537, Bamberg — 1612, Rom) im *Astrolabium* von 1593 veröffentlicht.[331] Die Erfindung der Logarithmen machte sie entbehrlich, und sie verschwanden, freilich nur langsam, schließlich aber gänzlich wieder aus der praktischen Mathematik.

In den Bestand der Goniometrie hat EULER (*Introductio* 1748)[332] die wohlbekannten Ausdrücke für die vier Produkte $\sin\alpha\cos\beta$, $\cos\alpha\sin\beta$, $\cos\alpha\cos\beta$, $\sin\alpha\sin\beta$ aufgenommen.

Eine ganze Reihe wichtiger Formeln, in denen Summen oder Differenzen trigonometrischer Funktionen auftreten, verdankt man VIETA; aus der Abhandlung von 1579[247] sei die Doppelproportion angeführt:

$$1 : 2\sin\frac{\alpha-\beta}{2} = \sin\frac{\alpha+\beta}{2} : (\cos\beta - \cos\alpha) = \cos\frac{\alpha+\beta}{2} : (\sin\alpha - \sin\beta)\,,$$ [333]

die die modernen Formeln:

$$\cos\beta - \cos\alpha = 2\sin\frac{\alpha+\beta}{2}\sin\frac{\alpha-\beta}{2}\,,$$

$$\sin\alpha - \sin\beta = 2\sin\frac{\alpha-\beta}{2}\cos\frac{\alpha+\beta}{2}$$

in sich schließt. Besonders reichhaltiges Material liefert die Schrift von 1593[IV 819] (vgl. S. 48); hier sind auch die anderen Funktionen berücksichtigt. Man findet z. B.:

330 VON BRAUNMÜHL, *Gesch.* 1[II 935], S. 199. — 331 *Opera*, 1612[1432], III, *Astrolabium*[607], Lemma 53, S. 94 ff. — 332 § 130, S. 96[I 167]. — 333 S. 20, prop. XIII[IV 1060], nach HUNRATH[247], S. 229.

$$\frac{\sec\alpha+\sec\beta}{\sec\alpha-\sec\beta}=\frac{\operatorname{tg}\left(90^0-\frac{\alpha+\beta}{2}\right)}{\operatorname{tg}\frac{\alpha-\beta}{2}}=\frac{\operatorname{tg}\left(90^0-\frac{\alpha-\beta}{2}\right)}{\operatorname{tg}\frac{\alpha+\beta}{2}}, \quad 334$$

$$\frac{\sin\alpha}{\sin\beta}=\frac{\sec\left(90^0-(\alpha+\beta)\right)}{\operatorname{tg}(90^0-\alpha)-\operatorname{tg}\left(90^0-(\alpha+\beta)\right)}, \quad 335$$

$$\frac{\sin\alpha}{\sin\beta}=\frac{\sec\left(90^0-(\alpha-\beta)\right)}{\operatorname{tg}(90^0-\alpha)-\operatorname{tg}\left(90^0-(\alpha-\beta)\right)}, \quad 336$$

$$\frac{\sin\alpha+\sin\beta}{\sin\alpha-\sin\beta}=\frac{\operatorname{tg}\frac{\alpha+\beta}{2}}{\operatorname{tg}\frac{\alpha-\beta}{2}}=\frac{\operatorname{tg}\left(90^0-\frac{\alpha-\beta}{2}\right)}{\operatorname{tg}\left(90^0-\frac{\alpha+\beta}{2}\right)}. \quad 337$$

Die letztere Formel war übrigens schon bei der Ableitung des Tangenssatzes (vgl. S. 80) von TH. FINK (1583, *Geometria rotundi*)[IV 810] gegeben worden. Eine erschöpfende Zusammenstellung der Werte, die für die Quotienten von $(\sin\alpha\pm\sin\beta)$ und $(\cos\alpha\pm\cos\beta)$ bestehen, macht EULER 1748 in seiner *Introductio*,[338] so:

$$\frac{\sin\alpha+\sin\beta}{\sin\alpha-\sin\beta}=\operatorname{tg}\frac{\alpha+\beta}{2}\operatorname{ctg}\frac{\alpha-\beta}{2},$$

$$\frac{\sin\alpha+\sin\beta}{\cos\alpha+\cos\beta}=\operatorname{tg}\frac{\alpha+\beta}{2},$$

$$\frac{\sin\alpha+\sin\beta}{\cos\beta-\cos\alpha}=\operatorname{ctg}\frac{\alpha-\beta}{2},$$

$$\frac{\sin\alpha-\sin\beta}{\cos\alpha+\cos\beta}=\operatorname{tg}\frac{\alpha-\beta}{2},$$

$$\frac{\sin\alpha-\sin\beta}{\cos\beta-\cos\alpha}=\operatorname{ctg}\frac{\alpha+\beta}{2},$$

$$\frac{\cos\alpha+\cos\beta}{\cos\beta-\cos\alpha}=\operatorname{ctg}\frac{\alpha+\beta}{2}\operatorname{ctg}\frac{\alpha-\beta}{2},$$

$$\frac{\sin\alpha+\sin\beta}{\cos\alpha+\cos\beta}=\frac{\cos\beta-\cos\alpha}{\sin\alpha-\sin\beta},$$

$$\frac{\sin\alpha+\sin\beta}{\sin\alpha-\sin\beta}\,\frac{\cos\alpha+\cos\beta}{\cos\beta-\cos\alpha}=\left(\operatorname{ctg}\frac{\alpha-\beta}{2}\right)^2,$$

$$\frac{\sin\alpha+\sin\beta}{\sin\alpha-\sin\beta}\,\frac{\cos\beta-\cos\alpha}{\cos\alpha+\cos\beta}=\left(\operatorname{tg}\frac{\alpha+\beta}{2}\right)^2.$$

334 VIETA, *Opera*[II 88], S. 413—414, III. — 335 Daselbst S. 414, IV. — 336 Daselbst Nr. V. — 337 Daselbst Nr. VI. — 338 *Introductio*[I 167], Bd. I, cap. VIII, § 131.

Von FINK (1583) rührt:

$$\operatorname{tg}\left(45^0 + \frac{\alpha}{2}\right) = \sec\alpha + \operatorname{tg}\alpha$$ [339]

her; die entsprechende Formel für negative α:

$$\operatorname{tg}\left(45^0 - \frac{\alpha}{2}\right) = \sec\alpha - \operatorname{tg}\alpha$$

hatte zwei Jahre früher M. BRESSIEU (von 1576—1608 Professor in Paris)[340] abgeleitet. Beiden Formeln ähnlich sind die noch älteren Sätze VIETAS (1579):

$$\operatorname{cosec}\alpha - \operatorname{ctg}\alpha = \operatorname{tg}\frac{\alpha}{2}, \qquad \operatorname{cosec}\alpha + \operatorname{ctg}\alpha = \operatorname{ctg}\frac{\alpha}{2}$$ [341]

und die 1627 von W. SNELLIUS (1581—1626, Leiden) aufgestellte Beziehung:

$$2\operatorname{tg}\alpha + \operatorname{tg}\left(45^0 - \frac{\alpha}{2}\right) = \operatorname{tg}\left(45^0 + \frac{\alpha}{2}\right).$$ [342]

CAGNOLI (1743—1816) leitet im *Traité de trigonométrie* (1786) weiter ab:[343]

$$\sin\alpha = 2\sin\left(45^0 + \frac{\alpha}{2}\right) - 1$$

$$= 1 - 2\sin\left(45^0 - \frac{\alpha}{2}\right),$$

$$\cos\alpha = 2\cos\left(45 + \frac{\alpha}{2}\right)\cos\left(45 - \frac{\alpha}{2}\right).$$

OHM (1819)[344] hat die kurze Beziehung:

$$\operatorname{tg}\alpha + \operatorname{ctg}\alpha = \frac{2}{\sin 2\alpha},$$

GRUNERT (1832):[345]

$$\operatorname{tg}(45^0 \pm \alpha) = \frac{1 \pm \operatorname{tg}\alpha}{1 \mp \operatorname{tg}\alpha}.$$

Von großer Bedeutung für die Berechnung trigonometrischer Tafeln ist VIETAS Formel (1579):

$$\sin(60^0 + \alpha) - \sin(60^0 - \alpha) = \sin\alpha.$$ [346]

339 *Geometria* [IV 829], V, 31, S. 78. — 340 *Metrices Astronomicae*, 1581, nach VON BRAUNMÜHL, *Gesch.* I, [II 935], S. 187, Anm 4. — 341 *Universalium inspectionum ad canonem mathematicum liber singularis* [153], S. 62, Abs. 2, nach HUNRATH, S. 237 [247]. — 342 *Doctrina* 1627 [IV 357], lib. I, prop. XVI, S. 22. — 343 *Traité de Trigonométrie* § 104—105 [II 59]. — 344 *Reine Mathematik* [I 331], II, § 102. — 345 *Lehrbuch d. Math. f. ob. Klassen* [II 1100], III, § 38. — 346 S. 10, prop. VI [153], nach HUNRATH [247], S. 228.

Vieta selbst fügte die Bemerkung bei, daß sie die Arbeit des Berechnens der Sinuswerte auf das Intervall von 0°—30° beschränke. Euler gibt ihr in seiner *Introductio* von 1748 die klarere Gestalt:

$$\cos(30^0 + \alpha) = \cos(30^0 - \alpha) - \sin\alpha.$$ [347]

Er fügt weiter die Formel hinzu:

$$\sin(30^0 + \alpha) = \cos\alpha - \sin(30^0 - \alpha),$$

für die Sharp (1651—1742) früher,[348] um die Kosinusfunktion zu vermeiden, gesetzt hatte:

$$\sin(30^0 - \alpha) + \sqrt{3}\cdot\sin\alpha = \sin(30^0 + \alpha).$$

Auch für die Tangensfunktion fand Euler[349] eine ähnliche Formel:

$$\operatorname{tg}(30^0 + 2\alpha) = \frac{\operatorname{ctg}(30^0 - \alpha) - \operatorname{tg}(30^0 - \alpha)}{2}.$$

Gewisse Reihensummenformeln sind bei der Berechnung der Tafeln von Wichtigkeit gewesen, indem sie die Bestimmung der Funktionen durch Zurückführung auf Additionen erleichterten oder einfache Nachprüfung schon berechneter Werte ermöglichten.

Ist $(n+1)\alpha = 90^0$, so gilt nach Snellius (1581—1626):

$$\operatorname{ctg}\frac{\alpha}{2} = 1 + 2\sin\alpha + 2\sin 2\alpha + \ldots + 2\sin n\alpha$$

und für $n\alpha = 90^0$:

$$\operatorname{cosec}\frac{\alpha}{2} = 2\left(\sin\frac{\alpha}{2} + \sin\frac{3\alpha}{2} + \ldots + \sin\frac{2n-1}{2}\alpha\right).$$ [350]

Für kleine Winkel kennt Kepler (1571—1630) die durch Induktion gefundene Proportion:

$$(\sin\alpha + \sin 2\alpha + \ldots + \sin n\alpha) : \left(\sin\alpha + \sin 2\alpha + \ldots + \sin\frac{\pi}{2}\right) = (1 - \cos n\alpha) : 1$$ [351]

und die Beziehung:

$$\sec 89^0 + \operatorname{tg} 89^0 = \sin 1^0 + \sin 2^0 + \ldots + \sin 90^0,$$

die Cardano (1501—1576) bereits benutzt hatte.[352]

347 *Introductio* [I 167], I, cap. VIII, § 136. — 348 Masères, *Scriptores logarithmici* [II 582], III, S. 129—138. — 349 *Introductio* 1748 [I 167], § 137. — 350 Zeuthen, *Gesch. d. Math. im XVI. u. XVII. Jahrhundert* [II 371], S. 127. — 351 *Opera Kepleri* [I 171], III, 390—391, 501, 105. — 352 *Liber de subtilitate* [IV 1242], vgl. von Braunmühl, *Gesch.* 2 [II 900], S 23.

Bemerkenswert ist die EULERsche Formel:

$$\sin\alpha + \sin(36^0 - \alpha) + \sin(72^0 + \alpha) = \sin(36^0 + \alpha) + \sin(72^0 - \alpha)$$ [353]

und die von LEGENDRE (1752—1833):

$$\sin(90^0 - \alpha) + \sin(18^0 + \alpha) + \sin(18^0 - \alpha)$$
$$= \sin(54^0 - \alpha) + \sin(54^0 + \alpha).$$ [354]

Von den vielen Formeln, die für die algebraische Summe dreier Sinus, Kosinus, Tangens usw. gebildet werden können, seien nur diejenigen erwähnt, für die die Summe der drei auftretenden Argumente gleich einem gestreckten Winkel ist, also:

$$\alpha + \beta + \gamma = 180^0.$$

Die älteste Formel dieser Art ist:

$$1.\quad \operatorname{tg}\alpha + \operatorname{tg}\beta + \operatorname{tg}\gamma = \operatorname{tg}\alpha \operatorname{tg}\beta \operatorname{tg}\gamma;$$

sie soll nach DELAMBRE (1814)[355] von CAGNOLI[356] stammen. Die entsprechende Halbwinkelformel:

$$2.\quad \operatorname{ctg}\frac{\alpha}{2} + \operatorname{ctg}\frac{\beta}{2} + \operatorname{ctg}\frac{\gamma}{2} = \operatorname{ctg}\frac{\alpha}{2} \operatorname{ctg}\frac{\beta}{2} \operatorname{ctg}\frac{\gamma}{2}$$

leitet 1791 KÄSTNER ab,[357] die weitere:

$$3.\quad (\cos\alpha)^2 + (\cos\beta)^2 + (\cos\gamma)^2 = 1 - 2\cos\alpha\cos\beta\cos\gamma$$

LACROIX 1798.[358] Eine äußerst mannigfaltige Sammlung trigonometrischer Formeln liefert SCHWEINS 1808 in seinem Lehrbuch über die Kreisfunktionen, Bd. II.[128] Nr. 1 hat bei ihm die Form:

$$\operatorname{ctg}\alpha\operatorname{ctg}\beta + \operatorname{ctg}\alpha\operatorname{ctg}\gamma + \operatorname{ctg}\beta\operatorname{ctg}\gamma = 1.$$

Neu scheinen zu sein, für beliebige α, β und γ:

$$\sin(\alpha+\gamma)\cos(\alpha+\beta) - \sin(\alpha+\beta)\cos(\alpha+\gamma) + \sin(\beta-\gamma) = 0,$$
$$\cos(\alpha+\gamma)\cos(\alpha+\beta) + \sin(\alpha+\beta)\sin(\alpha+\gamma) - \cos(\beta-\gamma) = 0,$$
$$\operatorname{tg}(\alpha+\beta+\gamma) = \frac{\operatorname{tg}\alpha + \operatorname{tg}\beta + \operatorname{tg}\gamma - \operatorname{tg}\alpha\operatorname{tg}\beta\operatorname{tg}\gamma}{1 - \operatorname{tg}\alpha\operatorname{tg}\beta - \operatorname{tg}\alpha\operatorname{tg}\gamma - \operatorname{tg}\beta\operatorname{tg}\gamma}$$

353 VON BRAUNMÜHL, *Gesch.* 2 II 990, S. 151. — 354 *Élémens* IV 364, 2e édit., an VIII, Trig. S. 389. — 355 *Astronomie théorique et pratique*, Paris 1814, 1, S. 211, Z. 4. — 356 Im *Traité de trigonométrie* 1786 II 59 nicht zu finden. — 357 *Geometrische Abhandlungen* II, Göttingen 1791 I 214, Nr. 11, S. 101—103. — 358 *Cours de mathématiques*, T. 4, *Traité élémentaire de trigonométrie rectiligne et sphérique et d'application de l'algèbre à la géométrie*, 1e éd. Paris an VII, § 76, S. 93 u.

— die letztere allgemein schon bei JOHANN BERNOULLI I (1722),[295] vgl. S. 57 — und für $\alpha + \beta + \gamma = 180^0$:

$$\operatorname{ctg}\alpha + \operatorname{ctg}\beta + \operatorname{ctg}\gamma = \operatorname{ctg}\alpha \operatorname{ctg}\beta \operatorname{ctg}\gamma + \operatorname{cosec}\alpha \operatorname{cosec}\beta \operatorname{cosec}\gamma\,,$$

$$\operatorname{tg}\frac{\alpha}{2} + \operatorname{tg}\frac{\beta}{2} + \operatorname{tg}\frac{\gamma}{2} = \operatorname{tg}\frac{\alpha}{2}\operatorname{tg}\frac{\beta}{2}\operatorname{tg}\frac{\gamma}{2} + \sec\frac{\alpha}{2}\sec\frac{\beta}{2}\sec\frac{\gamma}{2}.$$

Seine allgemeinen Formeln:

$$\frac{\sin(\alpha-\beta)}{\sin\alpha\sin\beta} + \frac{\sin(\beta-\gamma)}{\sin\beta\sin\gamma} + \ldots + \frac{\sin(\lambda-\alpha)}{\sin\lambda\sin\alpha} = 0$$

und

$$\sin(\alpha+\beta)\sin(\alpha-\beta)+\sin(\beta+\gamma)\sin(\beta-\gamma)+\ldots+\sin(\lambda+\alpha)\sin(\lambda-\alpha)=0$$

finden sich schon bei CARNOT (1753—1823).[359]

Der Nr. 3 fügt CRELLE 1816[IV 1219] die Parallelformel hinzu:

3a. $(\sin\alpha)^2 + (\sin\beta)^2 + (\sin\gamma)^2 = 2 + \cos\alpha\cos\beta\cos\gamma\,;$

1821[360] stellt er ferner auf:

4. $\sin\alpha + \sin\beta + \sin\gamma = 4\cos\frac{\alpha}{2}\cos\frac{\beta}{2}\cos\frac{\gamma}{2}\,,$

4a. $\cos\alpha + \cos\beta + \cos\gamma = 1 + 4\sin\frac{\alpha}{2}\cos\frac{\beta}{2}\cos\frac{\gamma}{2}\,,$

5. $\sin 2\alpha + \sin 2\beta + \sin 2\gamma = 4\sin\alpha\sin\beta\sin\gamma\,.$

CAUCHY bringt 1821 in seinem *Cours d'analyse*[361] die weiteren erwähnenswerten Formeln:

$$\cos(\alpha+\beta+\gamma) + \cos(\beta+\gamma-\alpha) + \cos(\gamma+\alpha-\beta) + \cos(\alpha+\beta-\gamma) = 4\cos\alpha\cos\beta\cos\gamma\,,$$

$$\sin\beta + \sin\gamma - \sin\alpha = 4\cos\frac{\alpha}{2}\cos\frac{\beta}{2}\sin\frac{\gamma}{2}\,,$$

$$\sin\gamma + \sin\alpha - \sin\beta = 4\sin\frac{\alpha}{2}\cos\frac{\beta}{2}\sin\frac{\gamma}{2}\,,$$

$$\sin\alpha + \sin\beta - \sin\gamma = 4\sin\frac{\alpha}{2}\sin\frac{\beta}{2}\cos\frac{\gamma}{2}\,,$$

$$\left(\cos\frac{1}{2}\alpha\right)^2 = \frac{(\sin\alpha+\sin\beta+\sin\gamma)(\sin\beta+\sin\gamma-\sin\alpha)}{4\sin\beta\sin\gamma}\,,$$

$$\left(\sin\frac{1}{2}\alpha\right)^2 = \frac{(\sin\gamma+\sin\alpha-\sin\beta)(\sin\alpha+\sin\beta-\sin\gamma)}{4\sin\beta\sin\gamma}\,.$$

359 *Géométrie de position*[IV 279], III, probl. VII, S. 151 ff., nach VON BRAUNMÜHL, *Gesch.* 2[II 990], S. 172. — 360 *Sammlung mathematischer Aufsätze* 1[II 1097], S. 158 bis 159. — 361 Note I[II 521], S. 436.

Ähnliche zu Nr. 5 gehörende Formeln:

$$\sin 2\alpha + \sin 2\beta - \sin 2\gamma = 4 \cos\alpha \cos\beta \cos\gamma \quad \text{usw.}$$

gibt schließlich noch CRELLE in dem *Lehrbuch* von 1826.[362]

Graphische Darstellung der durch die trigonometrischen Funktionen dargestellten Kurven ließ nach Einführung der analytischen Geometrie durch DESCARTES (1637, *Géométrie*) nicht lange auf sich warten. Zuerst stieß ROBERVAL (1602—1675) bei Bestimmung des Flächeninhaltes der Zykloide auf die Sinuslinie. Seine Betrachtungen will ROBERVAL sogar bis auf 1634 zurückdatiert haben.[363] Sie wurden aber erst in einer erheblich später erschienenen Schrift *De trochoide ejusque spatio*[364] veröffentlicht; in dieser nannte er die Sinuslinie *trochoidis comes* oder *socia*, später *compagne de la cycloide*[365] und zeichnete sie für die ersten beiden Quadranten. Im Titel *Opusculum geometricum de linea sinuum et cycloide* einer Schrift des französischen Jesuiten HONORATUS FABRI (1606?—1688) aus dem Jahre 1659 tritt der Name Sinuslinie zuerst auf;[366] derselbe gab in einer zweiten Schrift von 1669[367] eine genaue Definition der neuen Kurve. JAMES GREGORY zeichnete 1668 die Tangenskurve,[368] wenigstens im ersten Quadranten, JOHN WALLIS für das gleiche Intervall 1670 auch den Verlauf der Sekanskurve,[369] nachdem er vorher die Sinuslinie für zwei volle Umläufe entworfen hatte. Alle drei Kurven im ersten Quadranten vereinigte 1674 in eine Figur ISAAK BARROW.[370] Erst COTES (1682 bis 1716) entwirft in einer nachgelassenen Schrift[255] die Tangens- und Sekanskurve für zwei Umläufe.

Anhangsweise wären hier auch goniometrische Gleichungen zu besprechen. Da aber nicht beabsichtigt ist, eine Geschichte der mathematischen Aufgabe zu schreiben, sei nur auf die am häufigsten im Unterricht benutzte:

$$a \sin\alpha + b \cos\alpha = c$$

362 *Lehrbuch*[II 485], I, § 362, S. 422. — 363 CANTOR 2[2], S. 877. — 364 Mém. Ac. sc. Paris 1666—1699, VI (1730), S. 293—345. — 365 Daselbst. S. 302—320. — 366 Rom 1659. Vgl. VON BRAUNMÜHL, *Gesch.* 2[II 990], S. 41. — 367 *Synopsis geometrica*, Lugd. 1667, S. 313; vgl. VON BRAUNMÜHL, *Gesch.* 2[II 990], S. 41. — 368 *Exercitationes geometricae*[II 92], S. 14 f., Fig. 3. — 369 *Tractatus de motu* 1670; *Opera* I[II 430], S. 926; II[I 478], 1693, S. 431. — 370 *Lectiones opticae et geometricae*, London 1674 (1. Aufl. 1670). Vgl. VON BRAUNMÜHL, *Gesch.* 2[II 990], S. 41.

hingewiesen. Sie wird von KÄSTNER (1772)[371] und CAGNOLI (1786)[II 59] so gelöst, daß ein Hilfswinkel β durch

$$a = n \cos\beta\,,$$

$$b = n \sin\beta\,,$$

also:

$$\operatorname{ctg}\beta = \frac{a}{b}\,, \qquad n = \sqrt{a^2 + b^2}$$

eingeführt wird, wodurch sich ergibt:

$$\sin(\alpha + \beta) = \frac{c}{n}\,.$$

Besondere Aufmerksamkeit wurde den goniometrischen Gleichungen gewidmet, nachdem E. G. FISCHERS *Lehrbuch der Elementarmathematik* (1829)[372] eine Gruppe solcher Aufgaben schulgemäß behandelt hatte.[373]

D. Formeln aus der Trigonometrie.

I. Der Sinussatz: $a : b : c = \sin\alpha : \sin\beta : \sin\gamma$.

PTOLEMÄUS (zwischen 125 und 151 n. Chr. in Alexandria) führte seine Berechnungen nur an rechtwinkligen Dreiecken aus; schiefwinklige zerlegte er durch Höhen in rechtwinklige. Um das rechtwinklige Dreieck denkt sich PTOLEMÄUS jedesmal den umgeschriebenen Kreis geschlagen, in dem die Hypotenuse der Durchmesser ist. Nach der Definition der Sehnenfunktion ist alsdann (vgl. Fig. 3) $a = \text{chorda}\ (2\alpha)$, wo c zu 120 Teilen ($\mu o\iota\varrho\alpha\acute{\iota}$) angenommen ist. Ist für c ein bestimmtes Maß gegeben, so ändert sich der Wert von a im Verhältnis von $c : 120$. Daher ist:

$$a = \frac{c \cdot \text{chorda}\,(2\alpha)}{120\,\mu}\,.$$

---

371 *Astronomische Abhandlungen* I, Göttingen 1772, S. 13—15. KÄSTNER führt in der Form $\sin x = f \cos x + g$ zwei Winkel ein: $\operatorname{tg} q = f$, $\sin p = \frac{g}{\sqrt{1 + f^2}}$ oder $= g \cos q$ und findet $\sin x = \sin(p \pm q)$. — 372 Teil IV[I 296], S. 157 ff. — 373 Vgl. weitere Literatur bei M. SIMON, *Entwicklung der Elementarmathematik*[IV 1062], S. 232.

Mit dieser Beziehung kommt PTOLEMÄUS vollständig aus. Ihr entspricht die Formel:

$$2r = \frac{a}{\sin\alpha},$$

die der Inder BRAHMAGUPTA (geb. 598) kennt.[374]

Wenn auch ALBATTĀNĪ († 929, bei Bagdad) bei einer Gelegenheit ein Verfahren einschlägt, aus dem man die Regel, daß die Katheten eines rechtwinkligen Dreiecks sich wie die Sinus der Gegenwinkel verhalten,[375] ableiten kann, und wenn auch ǴĀBIR IBN AFLAḤ († zwischen 1140 und 1150, Sevilla) nachweist, daß im allgemeinen Dreieck aus der Kenntnis der Winkel das Verhältnis der Gegenseiten gefunden werden kann,[376] so schließt doch keiner von beiden daraus auf einen allgemeinen Satz, wie es unser Sinussatz ist. Ja, ALBATTĀNĪ geht bei einem Beispiel, wo er eine Seite a aus b, c, γ bestimmen will, so vor, daß er erst die Höhe h_a fällt, diese und den an $\sphericalangle\gamma$ anstoßenden Abschnitt a_1 von a berechnet ($h_a = b \cdot \sin\gamma$; $a_1 = b \cdot \cos\gamma$), dann für den anderen Abschnitt a_2 den Pythagoreischen Lehrsatz $a_2^2 = c^2 - h_a^2$ anwendet, so daß nunmehr $a = a_1 + a_2$ gefunden ist.[377] Wäre ihm die Verwendung des Sinussatzes bekannt, so müßte er β aus $\sin\beta = \frac{b \cdot \sin\gamma}{c}$ berechnen, damit den Winkel α aus $\alpha = 180 - (\beta + \gamma)$ und schließlich a wieder mit dem Sinussatz. Aber bald nach ALBATTĀNĪ wird dieser allgemeine Zusammenhang zwischen den Seiten und Winkeln eines Dreiecks aufgedeckt. ABŪ NAṢR († zwischen 1000 und 1020), der Lehrer des bekannten persischen Astronomen ALBĪRŪNĪ, beweist ihn für das sphärische Dreieck

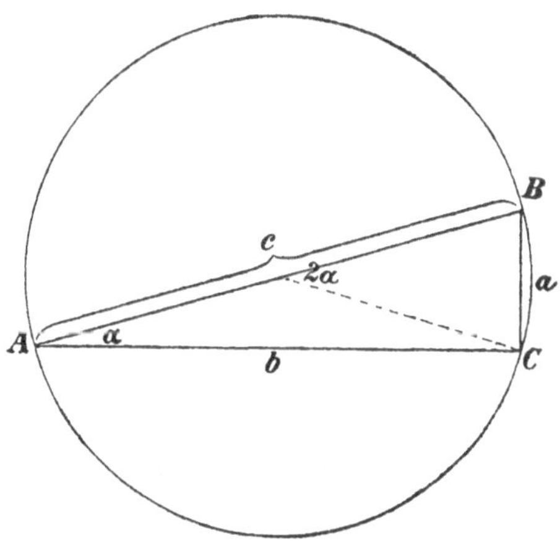

Fig. 3.

374 Vgl. KAYE, *Indian Mathematics*[195], Calcutta u. Simla 1915, S. 21. — 375 *De scientia stellarum*[18], cap. X, S. 14; ed. NALLINO[IV 354], I, S. 22, 180—181, Nr. I. — 376 *Astronomiae lib.* I[28], prop. 26; vgl. PFLEIDERER, *Ebene Trigon.*[II 1121], S. 339, 4. — 377 *Opus astronomicum*, ed. NALLINO[IV 354], I, S. XLVII, 78—79, 255—256.

und dann für das ebene.[378] Es bleibt dahingestellt, ob er beide Sätze selbständig gefunden hat, oder ob die Geschichte ihrer Aufstellung noch einige Jahre hinaufgeschoben werden kann. Der Beweis für den ebenen Satz erfolgt zunächst am rechtwinkligen Dreieck aus der Definition des Sinus heraus, dann am schiefwinkligen durch Fällen einer Höhe, etwa h_a, die in beiden rechtwinkligen Dreiecken aus b, c, β, γ berechnet und hierauf eliminiert wird.

Der Beweis Abu Naṣrs sei wörtlich angeführt:[379] „Es sei das (ebene) Dreieck ABG gegeben, so sage ich, daß die Proportion bestehe: $AB : AG = \sin G : \sin B$. Beweis: Es ist in erster Linie notwendig, daß man wisse, daß unsere Worte ‚Sinus eines beliebigen Winkels in einem geradlinigen Dreieck' bedeuten: der Sinus des

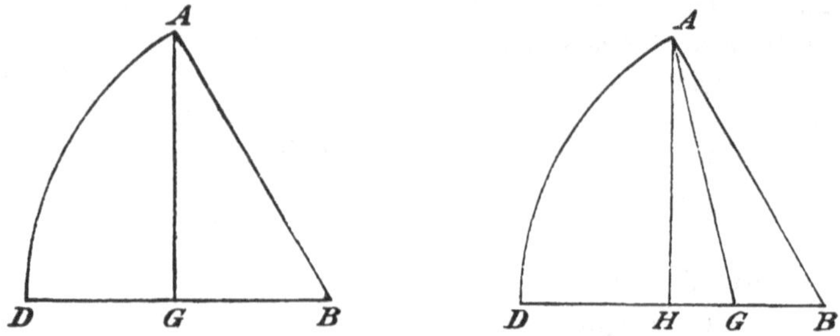

Fig. 4.

Bogens, der über diesen Winkel beschrieben wird, wenn derselbe im Mittelpunkt des beschriebenen Bogens (gedacht) wird. Nach diesem nehmen wir B als Mittelpunkt eines Kreises an und beschreiben um denselben mit dem Radius BA den Bogen AD und verlängern DG über G hinaus bis D. Wenn nun der Winkel G ein rechter ist, so ist AG der Sinus des Bogens AD, aber AD mißt den Winkel B am Mittelpunkt, und weil AB der Radius dieses Kreises ist, so ist er der Sinus des Winkels G, der, wenn er am Mittelpunkt wäre, vom Kreise einen Quadranten ausschneiden würde; die Behauptung ist also richtig, wenn der Winkel G ein Rechter ist [also: $AG = \sin B$; $AB = \sin G$, mithin: $AB : AG = \sin G : \sin B$].

Wir nehmen nun an, er sei kein Rechter; wir ziehen dann von A die Senkrechte AH auf BD, dann hat man: $AG : AH = \sin H : \sin G$, und dies, weil AH der Sinus des Winkels G in dem Kreise ist, dessen

378 H. Suter, Bibl. math. 10_3, 1909—10, S. 156—160. — 379 A. a. O. S. 159—160. — 380 Alqānūn al-Mas'ūdī, Berl. Mscr. orient. 275, S. 79ᵃ nach Übersetzung von C. Schoy (briefliche Mitteilung).

Radius AG ist; ebenso hat man $AH:AB = \sin B:H$, weil AH der Sinus des Winkels B in dem Kreise ist, dessen Radius AB ist. Also hat man durch Ausgleichung in den miteinander multiplizierten Verhältnissen: $AG:AB = \sin B:\sin G$."

Albīrūnī (973—1048) übernimmt den ebenen Satz und führt ihn gelegentlich an. Der Beweis ist abgeändert:[380] „Es möge das geradlinige Dreieck ABC gegeben sein. Dann behaupte ich, daß $CA:AB = \sin CBA:\sin ACB$. Es mögen jetzt die Seiten des Dreiecks über sich hinaus verlängert werden. Dann beschreiben wir um den Punkt C als Mittelpunkt einen Kreis und machen seinen Halbmesser der Einheit gleich. Als Sinus gilt das, was gefällt wird zwischen den beiden Linien CA und CE des Kreises. Und jener Bogen ist ED; er ist bekannt, weil er den Betrag des Winkels ACB darstellt. Sein Sinus ist EH. Darauf schlagen wir um den Punkt B als Mittelpunkt einen Kreis, dessen Halbmesser wir ebenfalls gleich der Einheit machen. Und es ist GK gleich $\sin GBK$. Nunmehr errichten wir $AJ \perp BC$, und es ist $\triangle CAJ \sim \triangle CEH$, folglich $CA:AJ = CE:EH$. Ferner ist $\triangle BAJ \sim \triangle BGK$, folglich $AJ:AB = GK:GB$, wobei $BG = CE$ ist, und daraus $AC:AB = GK:EH$. Und das ist es, was wir anführen wollten."

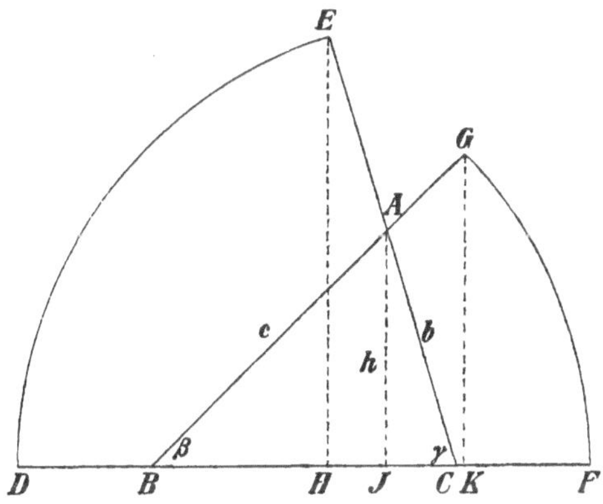

Fig. 5.

Naṣīr eddīn Alṭūsī (1201—1274, Persien), dem die Trigonometrie, wie bereits erwähnt wurde (vgl. S. 9), die höchste Ausbildung während der arabischen Periode verdankt, ist sich der Wichtigkeit des neuen Satzes wohl bewußt. In seiner Abhandlung *Schakl al Ḳaṭṭā'*[24] behandelt er zunächst die Fälle des rechtwinkligen Dreiecks nach der Sehnenmethode des Ptolemaus, dann aber stellt er beim Übergang zum schiefwinkligen Dreieck den Sinussatz als Haupttheorem an die Spitze seiner Betrachtungen, unter Hervorhebung des Gegensatzes zu der bisherigen alten Methode. Naṣīr eddīn gibt zwei Beweise, deren einer sich von dem Albīrūnīs nur dadurch unterscheidet, daß er die Radien BG und CE

nicht gleich der Einheit, sondern gleich einer beliebigen Strecke macht.[382]

Dieser Beweis sei deshalb angedeutet, weil er in nur wenig veränderter Form bei REGIOMONTAN (1436—1476) in dessen Buche *De triangulis omnimodis* wieder erscheint.[383] Eine Abweichung liegt allerdings darin, daß REGIOMONTAN die Kreise nicht mit einem beliebigen Radius, sondern mit der Seite *CA* schlug; immerhin ist dieser Unterschied in den Beweisen groß genug, um die selbständige Aufstellung durch REGIOMONTAN darzutun. Daß keine mittelbare oder unmittelbare Entlehnung des Beweises vorliegt, geht auch daraus hervor, daß man die Quelle, aus der REGIOMONTAN den Sinussatz bekam, kennt, in dieser aber ein durchaus anderer Beweis gegeben wird. Diese Vorlage ist LEVI BEN GERSONs († 1344, Avignon) Schrift *De sinibus, chordis et arcubus,*[384] die sich damit als älteste Fundstelle des Sinussatzes im Abendlande herausstellt. Der hier angedeutete Beweis beruft sich darauf, daß bei Zugrundelegung des umgeschriebenen Kreises eine halbe Seite der Sinus des gegenüberliegenden Winkels ist, die Seiten also im Verhältnis der Sinus der Gegenseiten stehen. Während die Beweisart REGIOMONTANs bei FINK, *Geometria rotundi* (1583),[385] LANSBERGE, *Geometria triangulorum* (1591),[386] PITISCUS, *Trigonometria* (1600),[387] wiederkehrt, scheint VIETA im *Canon mathematicus* von 1579[IV 1127] denselben Weg wie LEVI BEN

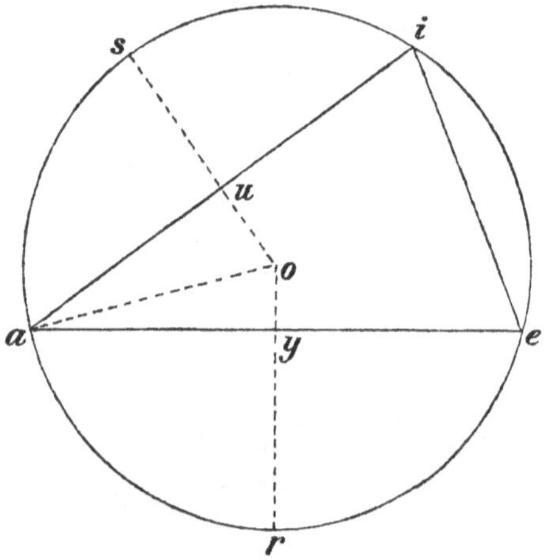

Fig. 6.

382 v. BRAUNMÜHL, *Gesch.* 1[II 935], S. 66, Anm. 4. — 383 Lib. II, prop. I[II 244]: *In omni triangulo rectilineo proportio lateris ad latus est, tamquam sinus recti anguli alterum eorum respicientis, ad sinum rectum anguli reliquum latus respicientis.* — 384 Die Fassung des Satzes lautet (cap. II, dictio quinta)[276]: *Omnium triangulorum rectilineorum talem proportionem una linea habet ad aliam, qualem proportionem unus singulus angulorum, quibus dictae lineae sunt subtensae, habet ad alium.* Vgl. v. BRAUNMÜHL, *Gesch.* 1[II 935], S. 106. — 385 Lib. X, S. 287[IV 820], vgl. PFLEIDERER, *Ebene Trig.*[II 1121], S. 348. — 386 Lib. III, 14, S. 160[I 228]; vgl. PFLEIDERER. — 387 Lib. III, axioma quartum, Ausg. von 1600[I 229], S. 63.

GERSON eingeschlagen zu haben. Auch RHAETICUS (*Opus Palatinum*, 1596),[302] GELLIBRAND (1633),[II 995] CAVALIERI (1643)[I 32] u. a. haben den letzteren Beweisgang vorgezogen. Am klarsten zeigt ihn SNELLIUS' *Doctrina triangulorum* von 1627[IV 357] (II, 4). Dieser fällt vom Mittelpunkt des umgeschriebenen Kreises O die Lote OY und OU. Für den gewählten Kreis stellen ay, bzw. au die Sinus der Winkel aoy (d. i. aie), bzw. aou (d. i. aei) dar. Da nun $ay:au = ae:ai$, so ist auch $\sin(aie):\sin(aei) = ae:ai$. In einer Schrift von 1593[388] verwendet übrigens VIETA den Sinussatz noch in der Form:

$$\frac{a}{\operatorname{ctg}\frac{\beta}{2}+\operatorname{ctg}\frac{\gamma}{2}} = \frac{b}{\operatorname{ctg}\frac{\gamma}{2}+\operatorname{ctg}\frac{\alpha}{2}} = \frac{c}{\operatorname{ctg}\frac{\alpha}{2}+\operatorname{ctg}\frac{\beta}{2}}.$$

Die Zweideutigkeit, die bei Berechnung des Fundamentalfalles a, b, α eintritt, ist vielfach von den Mathematikern nicht beachtet worden. Während sie von ǴĀBIR IBN AFLAḤ hervorgehoben wurde,[389] überging sie NAṢĪR EDDĪN merkwürdigerweise gänzlich.[390] REGIOMONTAN,[391] RHAETICUS[392] u. a. erinnern wieder daran, KOPPERNIKUS (1543)[393] erwähnt sie auch nicht mit einem Worte.

Erst im siebzehnten Jahrhundert finden wir sie wieder gebührend beachtet, so bei JOH. TONSKI (1640),[394] der erklärt: *Ambiguitatem istam non omnes bene videntur advertisse, quos inter est Copernicus noster* (Die Zweideutigkeit scheinen nicht alle wohl beachtet zu haben, wie auch unter ihnen unser KOPPERNIKUS).

Eine möglichst allgemeine Fassung gab 1855 MOEBIUS (1790 bis 1868, Leipzig) dem Sinussatz.[395] Er setzt für willkürlich angenommene Gerade beliebig den Richtungssinn fest, definiert den Drehungssinn der entstehenden Winkel und lehrt nun, daß auch den Zeichen nach die Proportion besteht:

$$BC:CA:AB = \sin(bc):\sin(ca):\sin(ab).$$

Einen allgemeinen Beweis gab R. BALTZER (1818—1887, Gießen).[396]

---

388 *Variorum de rebus mathematicis responsorum liber octavus*[II 849], vgl. VON BRAUNMÜHL, *Gesch.* 1[II 935], S. 177. — 389 Er bemerkt, man müsse noch wissen *angulus, cui subtenditur latus secundum duorum notorum, an sit expansus aut acutus*, vgl. PFLEIDERER, *Ebene Trig.*[II 1191], S. 338. — 390 VON BRAUNMÜHL[24], S. 55. — 391 *De triangulis*[II 244], I, prop. 51—52, S. 42. — 392 CANTOR 2², S. 602. — 393 *De revolutionibus*[IV 997], I, XIV, 6, Bl. 20 v°. — 394 *Arithmetica vulgaris et trigonometria rectilineorum prout universae geometriae practica*, Ingolstadt 1640; vgl. S. DICKSTEIN, Bibl. math. 8₂, 1894, S. 24. — 395 *Kreisverwandtschaft*[IV 1273]; *Werke*[IV 278], S. 246—247, Anm. — 396 *Elemente d. Math.*[IV 581], II, 1870, 3. Aufl., VI, § 5, S. 301 ff.

Für den Fall W. S. W. schreibt CAGNOLI 1786 die Formel:

$$c = \frac{a}{\cos\beta + \sin\beta \cdot \operatorname{ctg}\gamma}$$

hin, für S. W. W. (vgl. S. 81):

$$c = a \cdot \cos\beta + a \sin\beta \cdot \operatorname{ctg}\alpha$$

und für S. S. W.:

$$c = a \cdot \cos\beta \pm \sqrt{b^2 - a^2 (\sin\beta)^2}.$$ [397]

2. Der Kosinussatz: $c^2 = a^2 + b^2 - 2ab\cos\gamma$.

Inhaltlich ist der Kosinussatz durch den allgemeinen Pythagoreischen Lehrsatz (EUKLID II, 12. 13) bekannt, dessen verschiedene Formen wir Bd. IV, S. 147—149, kennen lernten. Sind die drei Seiten eines Dreiecks gegeben, so berechnen PTOLEMÄUS,[398] ǴĀBIR IBN AFLAḤ,[399] NAṢĪR EDDĪN,[400] REGIOMONTAN[401] und KOPPERNIKUS[402] zunächst eine Dreieckshöhe, die aus den Seitenabschnitten leicht zu finden ist. Die Kenntnis der Höhe liefert dann unter einfacher Benutzung der Sehnen-, bzw. Sinusdefinition die gegenüberliegenden Winkel.

Genau genommen, hat der arabische Mathematiker ALBĪRŪNĪ (973—1048) in seiner Schrift *Über die Auffindung der Sehnen* (1036) gelegentlich solcher Berechnungen den Kosinussatz tatsächlich ausgesprochen, allerdings ohne Bewußtsein seiner Bedeutung und Allgemeingültigkeit, mehr aus der Zufälligkeit der Figur heraus. Er hat bei einer Aufgabe[403] in einer zusammengesetzten Figur ein bei B stumpfwinkliges Dreieck BDA mit der Höhe AH vor sich, in dem gerade um D ein Kreis mit DA geschlagen ist, so daß AH unmittelbar als Sinus (halbe Sehne), DH als Sinus seines Komplements (Kosinus) erscheint. Dann sagt er wörtlich (mit moderner Bezeichnung übersetzt): „Es ist bewiesen, daß

$$AB^2 = AD^2 + DB^2 + 2DB \cdot DH,$$

weil Winkel ADB ein stumpfer ist; wenn wir also den doppelten Kosinus des Arguments, also $2DH$, mit DB ... multiplizieren

397 *Traité d. trigon.* II 59, § 226. — 398 *Σύνταξις*, VI, cap. 7; ed. HALMA 9, S. 423 bis 424, ed. HEIBERG I 81, S. 516—518. Vgl. v. BRAUNMÜHL, *Gesch.* 1 II 935, S. 27. — 399 *Astronomia* 23, lib. I, prop. 26; vgl. PFLEIDERER, *Ebene Trigon.* II 1121, S. 338 bis 339. — 400 H. SUTER, Bibl. math. 7_2, 1893, S. 3. — 401 *De triangulis omnimodis* II 244, I, prop. 42—47. — 402 *Revol.* IV 997, lib. I, cap. XIII, 7, Bl. 20a. — 403 Übersetzung v. H. SUTER, Bibl. math. 11_3, 1910—11, S. 45—46.

und das Produkt zu der Summe von AD^2, dem Quadrat des Sinus totus (Radius) und DB addieren, so erhalten wir AB^2."[404]

Einen Fortschritt gegen KOPPERNIKUS macht RHAETICUS in dem *Opus Palatinum* (verfaßt 1568, gedruckt 1596) dadurch, daß er bei der Berechnung der Seitensegmente stehen bleibt und nun sofort mit der Kosinusfunktion auf die anliegenden Winkel schließt.[405] Trigonometrisch zusammengefaßt hat diese beiden Operationen zum erstenmal VIETA in dem *Variorum de rebus mathematicis responsorum liber octavus* von 1593:[406] *Ut duplum rectangulum sub cruribus ad differentiam inter quadrata crurum simul juncta et quadratum basis, ita sinus totus ad sinum complementi anguli ad verticem* (Wie sich das doppelte Rechteck aus den Schenkeln zu der Differenz zwischen der Summe der Schenkelquadrate und des Quadrats der Grundlinie verhält, so verhält sich auch der Sinus totus zu dem Kosinus des Winkels an der Spitze), d. i., wenn sin tot = 1,

$$2ab : (a^2 + b^2 - c^2) = 1 : \sin(90^0 - \gamma).$$

Die Tragweite dieses Satzes wird von den späteren Mathematikern voll erkannt. Sogar in der Form schließen sie sich meistens an VIETA an, so SNELLIUS (1627),[407] VAN SCHOOTEN (1627)[408] und CAVALIERI (*Trigonometria plana,* 1643).[409] SNELLIUS[410] und VAN SCHOOTEN[411] kennen außerdem noch die Beziehung:

$$2ab : (c^2 - (a - b)^2) = 1 : (1 - \cos\gamma).$$

VIETA hatte hinzugefügt, daß der berechnete Winkel spitz oder stumpf sei, je nachdem $a^2 + b^2 \gtreqless c^2$ ist.[412] Eine solche Bemerkung zeigt, daß man zu seiner Zeit das Verhalten der trigonometrischen Funktionen bei Winkeln über 90^0 noch nicht goniometrisch betrachtete. Dasselbe gilt aber auch von SNELLIUS und SCHOOTEN und von noch viel späteren Mathematikern (vgl. S. 50 f.).

Von dem altüblichen Wege, den Kosinussatz aus dem allgemeinen Pythagoreischen Lehrsatze abzuleiten, weicht (1801) zum

---

404 Daselbst S. 45, Z. 3 v. u.; S. 47, Z. 4 v. o. — 405 *Opus Palatinum*[302], *De triquetris rectarum linearum in planitie*, S. 102 ff.; vgl. PFLEIDERER, *Ebene Trigon.*[II 1121], S. 378. — 406 Nr. V[II 849]; *Opera*, ed. SCHOOTEN[II 88], S. 402, Z. 23 bis 25. — 407 *Doctrina triangulorum*[IV 357], Lib. II, prop. 12, Nr. 2, S. 73. — 408 *Tabulae sinvvm tangentium secantium*, Amsterdam 1627, Anhang Nr. 3. — 409 Axiom, IV[I 32], S. 20. — 410 Lib. II[IV 357], prop. 12, Nr. 3, S. 76. — 411 Anhang[408], Rückseite Nr. 3. — 412 *Et si quidem quadratum basis cedit quadratis crurum simul junctis, erit angulus, qui ad verticem existit, acutus; si praestat, obtusus; sed, si aequalia fuerint, rectus.*

erstenmal CARNOT (1753—1823) ab.[413] Durch Projektion der Nachbarseiten auf jede Seite bildet er:

$$a = b\cos\gamma + c\cos\beta,$$
$$b = c\cos\alpha + a\cos\gamma,$$
$$c = a\cos\beta + b\cos\alpha.$$

Der Reihe nach multipliziert er diese Formeln mit a, b und c, subtrahiert die erste von der Summe der beiden letzten und erhält dann den Kosinussatz:

$$a^2 = b^2 + c^2 - 2bc\cos\alpha.$$

Seinem Vorgange wird sehr häufig gefolgt, auch in modernen Lehrbüchern. Aus dem Kosinussatz berechnet nun CARNOT weiter $2bc\sin\alpha$. Da er denselben Wert auch für $2ac\sin\beta$ und $2ab\sin\gamma$ findet, ergibt sich ihm sofort:

$$\frac{a}{\sin\alpha} = \frac{b}{\sin\beta} = \frac{c}{\sin\gamma},$$

also der Sinussatz. Mit dessen Hilfe, also allein auf Grundlage des Kosinussatzes, kann er jetzt alle anderen Formeln der ebenen Trigonometrie ableiten. Indes hatte CARNOT in der Aufdeckung dieses Zusammenhanges zwischen Sinus- und Kosinussatz schon Vorgänger, für die sphärische Trigonometrie (1783) in DE GUA (1712—1785, Paris),[414] für die ebene (1799) in LAGRANGE (1736, Turin — 1813; Paris, Turin, Berlin).[415]

Das Umgekehrte, die Herleitung des Kosinussatzes aus dem Sinussatz, leistete CAUCHY (1789—1857) in seinem *Cours d'analyse* von 1821.[416]

Der Kosinussatz ist zu praktischer Berechnung logarithmisch recht ungeeignet. Für den Fundamentalfall der drei Seiten werden S. 82 f. Umwandlungen besprochen werden. Sind zwei Seiten und der eingeschlossene Winkel, z. B. a, b, γ, bekannt, so tritt der Tangens-

---

413 *Corrélation d. fig.*[81], Probl. V, S. 139, 150—151; *Géométrie de position*[IV 279], Nr. 251, 252, S. 302—303. Die Herleitungen CARNOTs hatte ein Jahr vorher schon CH. BOSSUT in seinem *Cours complet de mathématiques* (I. Teil: *Traité élémentaire d'arithmétique*, Paris 1772; II. Teil: *Tr. él. d'algèbre*; III. Teil: *Tr. él. de géométrie*), II, Ausgabe Paris 1800, S. 413, der sie 1799 brieflich von CARNOT erfahren hatte, veröffentlicht. Vgl. VON BRAUNMÜHL, *Gesch.* 2[II 990], S. 172. — 414 Hist. mém. math. phys. Ac. Paris 1783 (1786), S. 305, coroll. II. — 415 *Solution de quelques problèmes relatifs aux triangles sphériques avec une analyse complète de ces triangles.* J. Éc. Polyt., cah. 6, T. II, Paris an VII (1799), S. 271—272; *Œuvres*[I 575], 7, S. 231. — 416 Note I[II 521], S. 436—437.

satz ein (siehe unten); es kann aber auch durch Einführung von Hilfswinkeln Erleichterung geschaffen werden. So hatte 1777 TOBIAS MAYER (1752—1830) gesetzt:

$$\sin\varphi = \frac{2\cos\frac{\gamma}{2}}{a+b}$$

und daraus:

$$c = \frac{a+b}{\cos\varphi}$$

erhalten.[417] CAGNOLI (1786) findet:[418]

$$c = \frac{a-b}{\cos\varphi}$$

durch

$$\operatorname{tg}\varphi = \frac{2\sin\frac{\gamma}{2}}{a-b}\sqrt{a+b}$$

und erzielt hiermit einen Fortschritt, da $\operatorname{tg}\varphi$ alle Werte annehmen kann, $\sin\varphi$ aber nur solche zwischen $+1$ und -1.

Eine geringe Erleichterung für das logarithmische Rechnen verschaffte sich PETER CRÜGER (1634),[419] indem er den Kosinussatz in folgender Form benutzte:

$$\log x = \log(b+c) + \log(b-c) - \log a,$$

$$\log\cos\beta = \log\frac{a-x}{2} - \log c,$$

was der Formel entspricht:

$$\cos\beta = \frac{a - \frac{(b+c)(b-c)}{a}}{2c}.$$

3. Der Tangenssatz: $(a+b):(a-b) = \operatorname{tg}\frac{\alpha+\beta}{2} : \operatorname{tg}\frac{\alpha-\beta}{2}$.

PTOLEMÄUS (zwischen 125 und 151 n. Chr. in Alexandria) hatte im elften Kapitel seiner *Μαθηματικὴ σύνταξις*[420] die Aufgabe durchgeführt, zwei Bogen zu finden, wenn ihre Summe, bzw. Differenz und das Verhältnis ihrer Sehnen gegeben ist. Im Anschluß hieran nahm REGIOMONTAN dasselbe Problem, doch in selbständiger Weise, mit Benutzung des Sinus in Angriff[421] und förderte es so weit,

417 *Gründlicher und ausführlicher Unterricht zur praktischen Geometrie*, Göttingen 1777, I, S. 12—13, Nr. XVIII. — 418 *Traité de trigon.*[II 59], chap. 9, § 228, S. 116. — 419 *Praxis trigonometriae logarithmicae*[II 992], S. 33. — 420 Ed. HALMA[9], S. 52ff.; ed. HEIBERG[181], S. 71 ff. Eine sehr klare Darstellung gibt VON BRAUNMÜHL, *Gesch.* 1 [II 935], S. 23. — 421 *De triangulis omnimodis*[II 244], lib. IV, prop. 21—22.

daß nur noch die Einführung der Tangensfunktion, deren Gebrauch er zur Zeit der Niederschrift noch nicht kannte, nötig war, um die Beziehung:

$$\frac{\sin\alpha + \sin\beta}{\sin\alpha - \sin\beta} = \frac{\operatorname{tg}\frac{\alpha+\beta}{2}}{\operatorname{tg}\frac{\alpha-\beta}{2}}$$

zu erhalten. Diesen Schritt vollzog (1583) erst THOMAS FINK (1561 bis 1656, Kopenhagen) und übertrug sofort dieses goniometrische Problem auf die Dreiecksberechnung, bei der in dem Fundamentalfall a, b, γ, ja $\sin\alpha : \sin\beta$ und $\alpha + \beta$ bekannt sind. Den sich ergebenden Satz sprach FINK[422] folgendermaßen aus: *Ut semissis summae crurum ad differentiam summae semissis alteriusque cruris, sic tangens semissis anguli crurum exterioris ad tangentem anguli, quo minor interiorum semisse dicti reliqui minor est, aut major, major.* Dies gibt, wörtlich in unsere Formelsprache übertragen:

$$\frac{\frac{a+b}{2}}{\frac{a+b}{2} - b} = \frac{\operatorname{tg}\frac{180^0-\gamma}{2}}{\operatorname{tg}\left(\frac{180^0-\gamma}{2} - \beta\right)}.$$

CLAVIUS (1537 Bamberg — 1621; zuletzt in Rom), der sich sehr eng an FINK anlehnte, änderte 1586[162] den Wortlaut so ab, daß die Formel entstand:

$$\frac{\frac{a+b}{2}}{\operatorname{tg}\frac{\alpha+\beta}{2}} = \frac{\frac{a-b}{2}}{\operatorname{tg}\varphi}, \quad \text{wo} \quad \varphi = \alpha - \frac{\alpha+\beta}{2}.$$[423]

LANSBERGE (1591) näherte sich wiederum mehr der ursprünglichen Fassung.[424] Die moderne Form endlich gibt 1593[II 849] VIETA:[425] *Ut aggregatum crurum ad differentiam eorundem ita prosinus dimidiae angulorum ad basin ad prosinum dimidiae differentiae*, d. i.:

$$\frac{a+b}{a-b} = \frac{\operatorname{tg}\frac{\alpha+\beta}{2}}{\operatorname{tg}\frac{\alpha-\beta}{2}}.$$

422 *Geometria rotundi*[II 829], lib. X, § 15, S. 292. — 423 *Opera*[I 432], 1612, I, *Triangula rectilinea*, S. 166 mit der Randbemerkung: *Praxis.* — 424 *Geometria triangulorum*[I 228], lib. III, prop. 15, S. 162. — 425 VIETA, *Opera*[II 88], S. 402, Nr. VI, Z. 1—2 v. u.

Durch Einführung von Symbolen schreibt R. NORWOOD (1631), allerdings noch nicht ganz ohne Worte:[I 233]

$$\text{As } (AE + AD) \text{ to } (AE - AD) \text{ so } t\tfrac{1}{2}(E + D) \text{ to } \tfrac{1}{2}F;$$

er findet aus dem Winkel F die gesuchten Winkel E und D selbst, indem er F zu $\frac{1}{2}(E + D)$ addiert oder davon subtrahiert.

Noch kürzer ist WARD (1654)[426] mit

$$\frac{Z\,crur}{2} \cdot \frac{X\,crur}{2} :: t, \frac{Z \angle \angle}{2} \cdot t, \frac{X \angle \angle}{2},$$

wo Z Summe, X Differenz, *crur* die Schenkel, $\angle \angle$ die gegenüberliegenden Winkel, $t.$ tangens bezeichnen sollen, und einige Zeilen weiter, ganz modern (bis auf die Proportionszeichen) mit:

$$\frac{BD + BC}{2} \cdot \frac{BD - BC}{2} :: \frac{t, C + D}{2} \cdot \frac{t, C - D}{2}.$$

Eine unwesentliche Verbesserung, die aber dadurch erwähnenswert ist, daß sie die erstmalige Verwendung eines Hilfswinkels darstellt, gibt 1661 THOMAS STREETE (1621—1689) in seiner *Astronomia Carolina*;[427] er verdankt das Verfahren nach eigener Mitteilung seinem Freunde ROBERT ANDERSON. Ist $a > b$, so wird der Hilfswinkel φ eingeführt durch

$$b : a = 1 : \operatorname{tg}\varphi$$

und die Tangensformel umgewandelt in

$$\operatorname{tg} 45^0 : \operatorname{tg}(\varphi - 45^0) = \operatorname{tg}\frac{\alpha+\beta}{2} : \operatorname{tg}\frac{\alpha-\beta}{2}.$$

Der beigebrachte geometrische Beweis ist sehr zusammengesetzt. Das Verfahren lohnt aber nicht das große Interesse, das sehr viele spätere Verfasser[428] ihm entgegenbrachten.

Für den Fundamentallfall a, b, γ empfiehlt G. S. KLÜGEL 1770[429] die Formel:

$$\operatorname{tg}\beta = \frac{b \cdot \sin\gamma}{a - b \cdot \cos\gamma}.$$

Auch diese ist viel älteren Ursprungs. Sie ist zunächst von VIETA 1593[430] durch die Doppelgleichung:

$$b : a = \operatorname{cosec}\gamma : x,$$

$$x \mp \operatorname{ctg}\gamma = \operatorname{ctg}\beta \qquad (\text{je nachdem } \gamma < \text{ oder } > 90^0)$$

426 *Idea trigonometriae*[187], S. 6; auch OUGHTRED, 1657, *Trigonometria*[II 91], S. 16. — 427 Lat. Übersetzung von DOPPELMAYR[III 46], 1705, S. 41. — 428 Vgl. VON BRAUNMÜHL, *Gesch.* 2[II 990], S. 45. — 429 G. S. KLÜGEL, *Analytische Trigonometrie*[IV 572], S. 20. — 430 *Opera*, S. 403, Nr. VI.

ausgedrückt worden, in bequemerer Form in handschriftlich erhaltenen Aufzeichnungen TYCHO BRAHES, die etwa aus demselben Jahre stammen, zu finden.[431] OZANAM hat sie 1693 in seiner Enzyklopädie *Cours de mathématiques* wieder bekannt gemacht.[432] Ihre Bedeutung ist in neuerer Zeit öfters betont worden[433] (vgl. S. 76).

4. Formeln für den Fundamentalfall a, b, c.

Für die Berechnung eines Dreiecks, in dem die drei Seiten gegeben sind, bildete sich im sechzehnten Jahrhundert neben dem S. 76—79 angegebenen Verfahren noch eine zweite Methode heraus, die freilich erst nach Erfindung des logarithmischen Rechnens in ihrer vollen Verwendbarkeit gewürdigt wurde. RHAETICUS (1514 bis 1576, Wittenberg) war der erste, der mit Erfolg die Beziehungen des eingeschriebenen Kreises zu den Stücken des Dreiecks betrachtete. In der Abhandlung *De triquetris rectarum linearum in planitie*, einem Abschnitt des *Opus Palatinum* (1596 erschienen, 1568 verfaßt),[302] leitet er folgende Proportion ab:

$$\sqrt{\frac{(s-a)(s-b)(s-c)}{s}} : (s-a) = 10000000000 : x$$

und schreibt vor, das x in seiner Tangententafel aufzusuchen; das Doppelte des gefundenen Winkels sei $\sphericalangle \alpha$.[434] 10000000000 ist der bei der Tafelberechnung zugrunde gelegte sin tot (sin $90^0 = 10000000000$). Modern könnte man also schreiben:

$$\sqrt{\frac{(s-a)(s-b)(s-c)}{s}} : (s-a) = 1 : \operatorname{tg}\frac{\alpha}{2}.$$

431 VON BRAUNMÜHL, *Gesch.* 1[II 935], S. 201. — 432 *Traité de trigon.*[323], Livre II, probl. II, Scolie. 2. Aufl., Paris 1797, S. 84. — 433 Z. math. phys. Unterr., 2, 1871, S. 421; 3, 1872, S. 377; 4, 1873, S. 36. — 434 *Opus Palatinum*[302], S. 99ff.: *Excessus, quo semissis perimetri triquetri superat singula latera, in se multiplica, nempe primum in secundum, & productum in tertium excessum; hunc hoc modo productum & constitutum numerum rursus divide per semissem perimetri; & quotientis radix quadrata sit tibi antecedens*, (d. h. $\sqrt{\frac{(s-a)(s-b)(s-c)}{s}}$ sei das erste Vorderglied einer Proportion), *& quivis excessum consequens* (d. h. eine der Größen $s-a$, bzw. $s-b$ oder $s-c$ das erste Hinterglied): *at 10000000000 numerus constituendae rationis sit antecedens, & competens ei consequens exquirito* (ferner sei 10000000000, die zugrunde gelegte Verhältniszahl, das zweite Vorderglied, und nun soll das entsprechende Hinterglied berechnet werden); PFLEIDERER, *Ebene Trigon.*[II 1121], S. 394—395.

Sicherlich wußte RHAETICUS, daß die Wurzel die Größe des Radius des eingeschriebenen Kreises darstellt. SNELLIUS (1627) vereinfachte die neue Proportion zu:

$$s(s-a):(s-b)(s-c) = 1:\left(\operatorname{tg}\frac{\alpha}{2}\right)^2.$$ [435]

H. BRIGGS (1556—1630), der so eifrig an der Schaffung des neuen Rechenmittels der Logarithmen mitarbeitete, hatte besondere Veranlassung, den Wert der Formel auszunutzen; sie findet sich mit Zwischenschaltung von ϱ in seiner *Arithmetica logarithmica* von 1624 [436] und als direkte Beziehung zwischen den drei Seiten und einem Winkel in der nachgelassenen *Trigonometria Britannica* (1633 von GELLIBRAND veröffentlicht).[437]

NEPER (1614, *Descriptio*)[438] und nach ihm NORWOOD (1631)[439] begnügten sich noch mit der bekannten Beziehung (vgl. Bd. IV, S. 147 f.):

$$(a+b)(a-b) = (p+q)(p-q),$$

wo p und q die durch die Höhe abgeschnittenen Stücke von c sind. Sie gestattet, aus a, b, c logarithmisch $p-q$ zu berechnen; mit p und q findet man dann in den rechtwinkligen Teildreiecken α und β. NEPER gibt die angeführte Formel ohne Beweis, NORWOOD holt einen solchen nach unter Benutzung des Sekantensatzes, indem er um C mit b einen Kreis schlägt (vgl. Bd. IV, S. 148, JORDANUS).

Die weiteren Formeln:

$$\sin\frac{\gamma}{2} = \sqrt{\frac{(s-a)(s-b)}{a\,b}}, \qquad \cos\frac{\gamma}{2} = \sqrt{\frac{s(s-c)}{a\,b}}$$

sollen, nach FRANZ VAN SCHOOTEN (1657),[440] von einem Irländer WILLIAM PURSER aufgefunden worden sein. Genaueres ist über diesen Mathematiker weder in betreff seiner Lebenszeit noch seiner Schriften bekannt. SNELLIUS (1627) bringt noch die umständliche Proportion:[441]

$$2\,ab:(a^2+b^2+c^2) = 1:(1-\cos\gamma);$$

435 *Doctrina triangulorum* IV 357, lib. II, prop. XII, Nr. IV, S. 77. — 436 Cap. XVIII, Nr. 5 II 994. — 437 Lib. II, pars 1, cap. V, S. 75 II 995. — 438 *Descriptio* II 73, II, 2, prop. 6, S. 27. — 439 *Trigonometrie* I 283, S. 31 f. — 440 *Exercitationes mathematicae* I 608, V, sectio XXVII, S. 499. — 441 *Doctrina triangulorum* IV 357, S. 76.

aber schon in OUGHTREDS (1574—1660) *Trigonometria* von 1657 sind die für logarithmische Rechnungen so vorzüglich geeigneten Umformungen:

$$ab : \frac{c + (a - b)}{2} \cdot \frac{c - (a - b)}{2} = 1 : \left(\sin\frac{\gamma}{2}\right)^2,$$

$$ab : \frac{a + b + c}{2} \cdot \frac{a + b - c}{2} = 1 : \left(\cos\frac{\gamma}{2}\right)^2 \text{ [442]}$$

zu finden. Die Beweise waren stets geometrisch gewesen, zum Teil auch überaus schwülstig, wie z. B. bei SCHOOTEN (1657).[443] Rechnerisch leitete zuerst JOH. CASWELL (um 1685) den Halbwinkelsatz aus dem Kosinussatz her.[444] Seine Schreibart in Proportionsform (über ζ vgl. S. 46):

$$\zeta - \mathsf{M} : \times : \zeta - \mathsf{N} \cdot \zeta : \times : \zeta - B :: Rq \cdot \tau q \tfrac{1}{2}\,\text{Ang.}$$

ähnelt schon sehr der modernen:

$$(s - a) \cdot (s - b) : s \cdot (s - c) = R^2 : \left(\operatorname{tg}\frac{\gamma}{2}\right)^2,$$

wo $R = 1$ zu setzen ist.

Die Formel:

$$\sin\alpha = \frac{1}{2bc}\sqrt{s(s - a)(s - b)(s - c)}$$

gab NEWTON in seinen Vorlesungen (1673—1683)[445] mit dem Satze: *Ut* $2ab$ *ad medium proportionale inter* $a + b + c \times a + b - c$, *&* $a - b + c \times - a + b + c$, *ita radius ad sinum anguli* A, d. i.:

$$2ab : \sqrt{(a + b + c)(a + b - c)(a - b + c)(- a + b + c)} = r : \sin\gamma.$$

Ähnlich findet NEWTON sin vers α, d. i. $1 - \cos\alpha$:

$$\sin\operatorname{vers}\alpha = \frac{(s - b)(s - c)}{bc} \text{ [446]}$$

und wiederholt die Formeln für $\operatorname{tg}\frac{\alpha}{2}$, $\operatorname{ctg}\frac{\alpha}{2}$, $\sin\frac{\alpha}{2}$, $\cos\frac{\alpha}{2}$.

Die in modernen Rechnungen häufig verwerteten Formeln:

$$1.\quad c \cdot \sin\frac{\alpha - \beta}{2} = (a - b) \cdot \sin\frac{\alpha + \beta}{2},$$

$$2.\quad c \cdot \cos\frac{\alpha - \beta}{2} = (a + b) \cdot \cos\frac{\alpha + \beta}{2}$$

442 *Trigonometria* [II 91], London 1657, S. 17; nach PFLEIDERER, *Ebene Trigon.* [II 1121], S. 397—398. — 443 *Exercitationes mathematicae* [I 608], V, 27, S. 500—505. — 444 *Trigonometria* [158], WALLIS, *Algebra* [I 478], 1685, letzter Anhang S. 6; *Opera* II [I 478], 1693, S. 868, Z. 11. — 445 *Arithmetica universalis* [II 373], probl. LI, S. 203, Z. 6 bis 5 v. u. — 446 Daselbst S. 204.

wurden in Proportionsform 1808 von dem Astronomen K. B. MOLLWEIDE (1774—1825) veröffentlicht[447] und fanden unter seinem Namen infolge ihrer guten Verwendbarkeit schnelle Verbreitung. Eine solche Namengebung ist aber falsch, da diese Beziehungen bereits von älteren Mathematikern aufgestellt worden waren.[448] Die Gleichung 2. ist hundert Jahre älter. Sie läßt sich in NEWTONS *Arithmetica universalis* von 1707 nachweisen.[449] NEWTON zieht im Dreieck ABC die Winkelhalbierende CE und zeigt nun, daß:

$$c:(a+b) = \sin\frac{\gamma}{2} : \sin AEC.$$

Erwägt man, daß $\sin AEC = \sin\left(\beta + \frac{\gamma}{2}\right)$[450] $= \cos\frac{\beta - \alpha}{2}$ ist, worauf NEWTON übrigens auch noch selbst aufmerksam macht, so ist die Übereinstimmung mit 2. hergestellt. Als selbständige trigonometrische Lehrsätze werden beide Gleichungen in der *Analysis triangulorum* (1746) von F. W. DE OPPEL aufgestellt.[451] Bis zu der MOLLWEIDEschen Wiederentdeckung lassen sich beide Formeln aber noch drei weitere Male in der Literatur auffinden, so 1675 in der 2. Auflage der *Trigonometry* des THOMAS SIMPSON (1748, 1. Aufl.),[452] in MAUDUITS *Principes d'Astronomie sphérique* ebenfalls aus dem Jahre 1765,[453] und dem *Traité de trigonométrie* von CAGNOLI (1786).[454]

OPPEL beweist die Formeln durch Ableitung aus dem Tangenssatz; SIMPSONS Beweis ist rein geometrisch. MAUDUIT begnügt sich damit, die NEPERschen Analogien aus der sphärischen Trigonometrie in die Ebene zu übertragen. MOLLWEIDE selbst nimmt vom Sinussatz seinen Ausgangspunkt und gelangt auf rechnerischem Wege zum Ziele.

---

447 VON ZACHS Monatliche Korrespondenz, 18, November 1808, S. 398 ff.; dann Ann. math. p. appl. 3, 1812, S. 350. — 448 Vgl. v. BRAUNMÜHL, Bibl. math. 2_3, 1901, S. 103—105. — 449 *Arithmetica universalis*[II 372], probl. VI, im Kapitel: *Quomodo quaestiones geometricae ad aequationem redigantur*, Ausgabe von 1707, Cantabrigiae, S. 122, Z. 1—3. — 450 Diese Beziehung wird im neunzehnten Jahrhundert durch J. A. GRUNERT (Arch. Math. Phys. 2, 1842, S. 215—219) wieder aufgenommen mit den Formeln:

$$\sin\left(\beta + \frac{\gamma}{2}\right) = \frac{a+b}{c}\sqrt{\frac{(s-a)(s-b)}{ab}}, \quad \cos\left(\beta + \frac{\gamma}{2}\right) = \frac{a-b}{c}\sqrt{\frac{s(s-c)}{ab}}.$$

451 *Analysis triangulorum*[II 58], S. 18, Z. 9—14, § 84 u. 85: *Basis trianguli est ad differentiam crurum ut sinus semisummae angulorum ad basin sitorum ad sinum semidifferentiae eorundem angulorum* und *Basis trianguli est ad summam crurum ut cosinus semisummae angulorum ad basin ad cosinum semidifferentiae eorundem.* — 452 Prop. V[III 252], S. 59; VIII, S. 60—61. — 453 § 181[65], S. 83—84. — 454 1. Aufl. S. 122[II 59].

5. Formeln für den Flächeninhalt.

Für die Formel $F = \frac{1}{2} g \cdot h$ vergleiche Bd. IV, S. 127 ff. So leicht nach Einführung der Sehnen-, bzw. Sinusfunktion die Umwandlung zu

$$1. \qquad F = \tfrac{1}{2} a b \sin \gamma$$

war, so sucht man doch bis zum fünfzehnten Jahrhundert diese Art der Inhaltsberechnung vergeblich. Erst Regiomontan (1436 bis 1476) scheint Kenntnis von der in 1. enthaltenen Beziehung gehabt zu haben. Dies kann man aus der Behandlung einer Aufgabe in seiner Trigonometrie (II, 26)[455] schließen, in der die Grundlinie c eines Dreiecks aus dem Inhalt und dem Produkt der anderen Seiten a, b mit Hilfe des Winkels γ berechnet wird; ein besonderer Satz wird freilich nicht daraus gemacht. Die Aufstellung der selbständigen Formel findet sich erst in der *Trigonometrie* (1627) von Snellius (1581—1626, Leiden). In Form einer Proportion lautet sie hier:

$$1 : \sin \alpha = b c : 2 F.$$[456]

Eine weit umfassendere Geschichte hat aber die Formel:

$$2. \qquad F = \sqrt{s(s-a)(s-b)(s-c)}.$$

Sie ist wahrscheinlich (vgl. S. 88 oben) eine von den großen mathematischen Entdeckungen des Archimedes (um 287—212 v. Chr., Syrakus). Man hielt sie früher für eine Entdeckung des Jordanus Nemorarius († 1237?; Deutscher, Ordensgeneral),[457] zu der Luca Pacioli (um 1445, Borgo San Sepolcro — 1514, Florenz; Franziskaner) in seinem großen Lehrbuche, der *Summa* von 1494,[I 11] einen Beweis gegeben habe. Das letztere ist richtig;[458] der Beweis aus der *Summa* ist zugleich der älteste gedruckte Beweis, den man kennt. Jordanus hat die Inhaltsberechnung aber nicht in seiner Geometrie, sondern am Schluß des *Liber de ponderibus* gegeben.[459] Ramus (1515—1572, Paris)[460] machte zuerst darauf aufmerksam,

455 *De triangulis omnimodis*, S. 58[II 244]. Darauf macht zuerst R. Wolf, *Handbuch der Astronomie*[I 163], I, S. 179, aufmerksam. — 456 *Doctrina triangul.*[IV 357], lib. II, probl. geodaetic. I consectar., S. 90. — 457 So Ludolph van Ceulen, 1615, *Fundamenta arithmetica et geometrica*, latein. von W. Snellius[IV 963], lib. III, probl. 35, S. 113; auch noch Schwenter, *Geometriae practicae novae tractatus*, Nürnberg 1618[III 85], II, lib. III, Aufg. V, S. 102—103; in der Ausgabe von 1627, tr. II, S. 112: Diese Auffgab ist genommen auß der *Geometria Jordani*, vnd erstlich sovil mir bewußt von *Luca Paciolo demonstriert* worden, hernach aber auch von anderen, als von *Nonio, Ramo, Tartalea, Clavio &c.* — 458 *Tractatus geometriae distinctio prima*[I 11], cap. VIII, Bl. 9 v° u. 11 r°. — 459 Nach M. Curtze, Abh. Gesch. Math. 12, 1902, S. 386, Anm.; G. Eneström, Bibl. math. 5_3, 1904, S. 203. — 460 *Petri Rami Arithmeticae libri duo, geometriae septem et viginti*, Basileae 1569, Geometria XII, § 9, S. 91; Francof. 1599[IV 369], S. 89.

daß sie sich bereits im Altertum, bei dem Alexandriner HERON (erstes Jahrhundert v. Chr.), finde. Neuere Untersuchungen ergaben, daß sie sogar an mehreren Stellen verschiedener Heronischer Schriften benutzt wird.[461] Der in der *Dioptra* und in den *Metrica* gegebene Beweis ist rein geometrisch und setzt die Kenntnis von

$$3. \quad F = \varrho s$$

voraus, einer Formel, die übrigens auch selbständig bei HERON auftritt.[462] Aus HERONS Schriften gelangte Nr. 2 zu den indischen Mathematikern, wie BRAHMAGUPTA (geb. 598 n. Chr.) und BHĀSKARA (geb. 1114 n. Chr.).[463] Dem ersteren, oder sehr wahrscheinlich unbekannten Vorgängern, gelang sogar die Verallgemeinerung auf das Sehnenviereck (mit den Seiten a, b, c, d):

$$F = \sqrt{(s-a)(s-b)(s-c)(s-d)}; \qquad s = \frac{a+b+c+d}{2}.$$ [464]

Auch die römischen Agrimensoren, deren Wissenschaft sich eng an HERON anlehnte, verwendeten dessen Dreiecksformel.[465] Genauer beschäftigten sich die Araber mit ihr und stellten neue Beweise auf; in der *Geometrie der drei Brüder* (Ostaraber, um 865 n. Chr.) werden gleich zwei gegeben.[466] Auch ALKARḪĪ (um 1010, Bagdad) zeigt sich mit der HERONschen Dreiecksberechnung vertraut.[467]

ALBĪRŪNĪ (973—1048) teilt in seinem *Buche der Auffindung der Sehnen im Kreise* (1036) einen neuen[468] Beweis des sonst unbekannten Arabers ALŠANNĪ mit, und hier, in seiner Überschrift *Beweis zum*

461 a) Satz und Beweis: *Notices et extraits des manuscrits de la bibliothèque nationale*, Bd. XIX, Teil II, *La dioptre d'Héron*, éd. VINCENT, S. 286 ff.; *Heronis opera*, ed. HULTSCH, Berlin 1864, S. 235—237; *Metrica*, *Opera* 3[I 205], ed. SCHÖNE, I, 8, S. 18 ff. und daselbst *Dioptra* 30, S. 280 ff. b) Satz ohne Beweis, Beispiele: *Geometrica*, ed. HEIBERG, *Op.* 4[I 483], S. 248, Z. 12 ff.; S. 320, Z. 9 ff.; S. 322, Z. 21 ff. (hier zwei Beispiele mit nicht aufgehenden Wurzeln); *Geodäsie*, ed. HULTSCH (VI), cap. 19, S. 151, Z. 16—25 (hier allgemein). Vgl. HULTSCH, Z. Math. Phys. 9, Anhang S. 235—249. — 462 *Geometrica*; *Opera* 4[I 483], ed. HEIBERG, S. 434, Z. 20 ff. — 463 BRAHMAGUPTA, *Ganita*, ch. XII, sect. IV, § 21, ed. COLEBROOKE[I 85], S. 295 bis 296; BHĀSKARA, *Līlāvatī*, chap. VI, 167, ed. COLEBROOKE[I 85], S. 72. — 464 BRAHMAGUPTA[I 85], chap. XII, sect. IV, § 21, S. 296; BHĀSKARA, chap. VI, 167—168, S. 72—73. Auch die Araber bezeichneten die Sehnenvierecksformel als indisch, so ALBĪRŪNĪ, 1036, *Buch der Auffindung der Sehnen im Kreise*, Aufg. 8; Übersetzung von H. SUTER, Bibl. math. 11_3, 1910—1911, S. 40—41. Der hier dem ALŠANNĪ zugeschriebene Beweis ist der älteste uns bekannte. — 465 *Die Schriften der römischen Feldmesser*[I 303] S. 300, Z. 11 ff. — 466 Ausgabe von H. SUTER, Bibl. math. 3_3, 1902, S. 264—265. — 467 ALKARḪĪ, *Kâfî fîʼl Ḥisâb*, cap. 45, ed. HOCHHEIM[I 573], II, S. 23. — 468 Bibl. math. 11_3, 1910—1911., S 39. Übersetzung von H. SUTER.

Verfahren des Archimedes zur Berechnung der Dreiecke aus dem Überschuß ihrer Seiten, steht der uns historisch so wichtige Hinweis, daß diese Flächenformel dem ARCHIMEDES zukommt. Im folgenden führt ALBĪRŪNĪ die Fassung, die ARCHIMEDES dem Satze gegeben hat, scheinbar wörtlich an. In den uns erhaltenen Archimedischen Schriften ist nichts davon zu finden. ALBĪRŪNĪ kannte aber noch andere Abhandlungen von ARCHIMEDES, die jetzt verloren sind, so das *Buch der Kreise*. Wir wissen anderseits, daß ALBĪRŪNĪ in seinen Angaben sehr zuverlässig ist.

Aus arabischen Quellen schöpfte LEONARDO VON PISA (1220, *Practica geometriae*)[469] seine Wissenschaft; durch ihn vollzog sich die Übermittlung zu den Schriftstellern des späteren Mittelalters. Wir finden die HERONsche Vorschrift im Rechenbuch des JOHANNES WIDMAN von Eger, 1489, benutzt;[470] die allgemeine Regel und die Darstellung LEONARDOs gingen mit geringen Änderungen in PACIOLIs *Summa* (vgl. oben) über und treten von nun ab, leichter zugänglich gemacht, als fester Bestandteil der Dreieckslehre in allen besseren Fachschriften auf.

Alle Beweise seit HERON (außer dem von ALŠANNĪ) haben als Grundlage die Formel $F = \varrho s$. W. OUGHTRED (1574—1660, engl. Landpfarrer)[471] weiß zuerst den Beweis in algebraische Form zu bringen. Einen neuen Gedanken bringt WOLDEGK WELAND (1640)[472], wohl auf Anregung seines Lehrers JOACHIM JUNGIUS (1587—1657; Gießen, Rostock). WELAND quadriert $2pa = b^2 + a^2 - c^2$ und subtrahiert beide Seiten von $4a^2b^2$, so daß links steht $4a^2(b^2 - p^2)$ oder $4a^2h^2$, d. i. $16F^2$. Rechts erhält er:

$$2a^2b^2 + 2b^2c^2 + 2a^2c^2 - a^4 - b^4 - c^4.$$

Durch Reduzieren findet man die HERONsche Formel.

WELAND übersieht diesen letzten Schritt und glaubt eine Parallelformel entdeckt zu haben. OUGHTRED behandelte übrigens kurz darauf dieselbe Formel wie WELAND, aber viel kürzer und eleganter, erkannte auch den Zusammenhang mit der HERONschen Formel.[473] NEWTON (*Arithmetica universalis*, 1707)[474] nahm seinen Ausgangspunkt von der Berechnung der Höhe aus den Seiten. Ihm folgten[475] mehr

469 LEONARDO PISANO, II[1489], S. 40, Z. 9 ff. — 470 Blatt (D 3) v[0 I 145], Beispiel mit 13, 14, 15. — 471 *Clavis*[1476a], cap. XVIII, Nr. 20, noch nicht in der 1. Aufl. 1631. *Opuscula math.* 1676, S. 71, Abdruck der 3. Aufl. der *Clavis* von 1552. 472 *Strena mathematica*[IV 910], Probl. II, S. 8—9. — 473 *Clavis*[1476a], cap. XIX, Probl. V, noch nicht in der 1. Aufl. 1631; *Opuscula math.* 1676, S. 77. — 474 *Arithm. universalis*[II 372], Teil I, Probl. XXIII, S. 147—149. — 475 Vgl. PFLEIDERER, *Ebene Trigon.*[II 1121], S. 385.

oder weniger getreu DE OPPEL (1746),[II 58] CAMUS (1769),[476] BOSSUT (1765),[476a] KÄSTNER (1758),[I 259a] KARSTEN (1760).[III 54] Die Lehrbücher der letzteren fügen den HERONschen Satz der Elementarmathematik ein, in der wir ihn noch heute mit dem Höhenbeweis vortragen.

Auch EULER nimmt 1748 das alte Thema in Arbeit; seine Ableitung geht wiederum auf $F = \varrho s$ zurück, er führt aber für ϱ eine wirkliche Berechnung durch.[477]

Die Formel:

$$\varrho = \sqrt{\frac{(s-a)(s-b)(s-c)}{s}}$$

benutzt schon BRIGGS (1624) zu logarithmischen Rechnungen.[478]

$$F = \varrho s$$

tritt selten als selbständiger Satz auf, wie bei LUDOLPH VAN CEULEN (1615),[479] ARDÜSER (1627),[480] MAROLOYS-GIRARD (1629).[481] In den Lehrbuchbestand wird sie durch LEGENDRE (1794)[482] aufgenommen.

$$F = \frac{a\,b\,c}{4r}$$

geht auf die S. 90 behandelte Beziehung $r = \frac{b\,c}{2\,h_a}$, die schon HERON kennt,[494] zurück. DESCARTES (zwischen 1619 und 1621) leitet $r = \frac{a\,b\,c}{4\,F}$ ab, ohne darüber aber etwas zu veröffentlichen.[483] In der angeführten Form geben diese Beziehung erst DE OPPEL (1746)[484] und LEGENDRE (1794).[482] Die weiteren Formeln:

$$F = \varrho_a(s-a) = \varrho_b(s-b) = \varrho_c(s-c)$$

scheint FEUERBACH, ausgerechnet nach ϱ_a, ϱ_b, ϱ_c, erstmalig aufgestellt zu haben (1822).[485] DE OPPEL (1746) führt ferner die beiden Formeln an:[486]

$$F = \frac{a^2 \sin\beta \sin\gamma}{2 \sin\alpha},$$

$$F = \frac{a^2}{2(\operatorname{ctg}\beta + \operatorname{ctg}\gamma)}.$$

476 *Cours de mathématiques* (1. Aufl. 1750), II. *Élémens de géométrie*, 4. Aufl., Paris 1769, S. 302—304. — 476a *Cours de mathématiques*, Paris 1764—1769. — 477 Novi comm. Ac. Petrop. (1750), I, 1747—1748, *Variae demonstrationes geometricae*, S. 53—56 (vorgelegt 2. IX. 1748). 478 *Arithmetica logarithmica*[II 994], cap. 18, S. 49, Z. 17—19. — 479 Anhang zu seinen *Fundamenta*, lat. v. SNELLIUS[IV 963], S. 121. — 480 *Geometria theorica et practica*[IV 332], VII, Satz 27—28, S. 184—185. — 481 *Geometria*[IV 334], S. 61, Theor. III. — 482 *Élémens*[IV 364], III, 32, Anm. — 483 DESCARTES, *Œuvres*, éd. ADAM et TANNERY, 10[II 69], 1908, S. 232. — 484 *Analysis triangulorum*[II 58], § 32. — 485 *Eigenschaften*[IV 1259], S. 2. — 486 *Analysis triangulorum*[II 58], I, § 70 u. 71, S. 15.

Bei CRELLE findet sich im *Lehrbuch der Elemente* (1826)[487] die schöne Formel:

$$F = s^2 \operatorname{tg}\frac{\alpha}{2} \operatorname{tg}\frac{\beta}{2} \operatorname{tg}\frac{\gamma}{2},$$

bei C. F. A. JACOBI (1834) in der Bearbeitung der *Elemente* von VAN SWINDEN:[II 942]

$$F = 2\,r^2 \sin\alpha \sin\beta \sin\gamma\,,^{488}$$

$$= 4\,r^2 \cos\frac{\alpha}{2} \cos\frac{\beta}{2} \cos\frac{\gamma}{2}\,,^{488}$$

$$= \frac{\varrho_a\,\varrho_b\,\varrho_c}{s}\,.^{489}$$

Den der HERONschen Formel entsprechenden Ausdruck für den Flächeninhalt:

$$F = \sqrt{\varrho\,\varrho_a\,\varrho_b\,\varrho_c}$$

gibt 1809 L'HUILIER;[490] diese Formel soll 1807 von MATHIEU gefunden worden sein.[491]

Der HERONschen Formel ist folgender Ausdruck aus den Seitenhalbierenden verwandt, den CRELLE 1826 mitteilt:[492]

$$F = \tfrac{1}{3}\sqrt{(t_a + t_b + t_c)\cdot(t_a + t_b - t_c)\cdot(t_a - t_b + t_c)\cdot(t_b + t_c - t_a)}\,.$$

Ganz überraschend einfach ist eine Formel von J. MAHRENHOLZ:[493]

$$r^2 \operatorname{tg}\alpha \operatorname{tg}\beta \operatorname{tg}\gamma$$

für den Inhalt des Dreiecks, das aus den Umkreistangenten in den Ecken eines gegebenen Dreiecks gebildet wird.

6. Verschiedene metrische Formeln.

Die Formel $r = \frac{b\,c}{2\,h_a}$ haben wir schon bei HERON[494] (erstes Jahrhundert v. Chr.) gefunden. Sie kehrt wieder bei BRAHMAGUPTA (geb. 598 n. Chr),[495] bei LEONARDO VON PISA (1220),[496] bei REGIOMONTAN (1464),[497] bei STEVIN (Ende des sechzehnten Jahrhunderts),[498]

[487] I, S. 428[II 485]. — [488] S. 334, Nr. 793[II 942]. — [489] S. 338[II 942]. — [490] *Élémens d'analyse*[IV 988], Paris 1809, § 132, S. 224. — [491] Ann. math. p. appl. 1, 1810—1811, S. 150. — [492] CRELLE, *Lehrbuch*[II 485], I, 1826, § 177, S. 143—145. — [493] Ztschr. math. nat. Unt. 53, 1922, S. 139. — [494] *Geometrica, Heronis Opera* 4, ed. HEIBERG, S. 438, Z. 12 ff. — [495] BRAHMAGUPTA, *Gaṇita*, ch. XII, § 27, ed. COLEBROOKE[I 85], S. 299—300. — [496] *Scritti* II[I 489], S. 103, Z. 26. — [497] *De triangulis omnimodis*[II 244], lib. II, prop. 24, S. 56. — [498] STEVIN[I 235], 1634, II, S. 375.

bei Descartes (zwischen 1619 und 1621),[499] Ludolph van Ceulen (1615),[500] Bramer (1618),[501] Briggs (1624),[502] Maroloys-Girard (1629),[503] schließlich als maßgebend für die Neuzeit bei Legendre (1794).[504]

Für die Abschnitte p und q, in die die Höhe h_a die Seite a zerschneidet, wurde Bd. IV, S. 147 f. eine Reihe von Formeln gegeben. Mit Benutzung der Winkelfunktionen stellt de Oppel (1746)[505] die weiteren auf:

$$\frac{p+q}{p-q} = \frac{\sin(\beta+\gamma)}{\sin(\beta-\gamma)},$$

$$\frac{b-c}{p-q} = \frac{\cos\frac{\beta+\gamma}{2}}{\cos\frac{\beta-\gamma}{2}},$$

$$\frac{b+c}{p-q} = \frac{\sin\frac{\beta+\gamma}{2}}{\sin\frac{\beta-\gamma}{2}},$$

$$\frac{a}{b-c} = \frac{b+c}{p-q}.$$ (Schon bei Pappos, Bd. IV, S. 147.)

Gudermann (vor 1824) fügt hinzu:[506]

$$\frac{p-q}{\sin(\alpha-\beta)} = \frac{a}{\sin\alpha} = \frac{b}{\sin\beta} = \frac{c}{\sin\gamma}.$$

$2s : a = h : \varrho$ findet sich bei de Oppel 1746.[507]

$r\varrho = \frac{abc}{a+b+c}$ wird von Wilh. Chapple 1746 in den *Miscellanea curiosa mathematica* abgeleitet.[508] An derselben Stelle findet Chapple, daß $r > 2\varrho$ ist. Hieraus leitet Crelle 1821[509] die Ungleichheit:

$$abc > (a+b-c)(a+c-b)(b+c-a)$$

499 *Œuvres inédites de Descartes*, par M. le Cte Foucher de Careil, Paris 1859, S. 36. — 500 *Fundamenta*[IV 963], lib. IV, zetema 17, S. 158. — 501 Etliche geometrische *Quaestiones*[IV 358], Frage IV, S. 8. — 502 *Arithmetica logarithmica*[II 994], cap. XVIII, S. 50, Z. 9—12. — 503 *Geometrie*[IV 334], S. 60, Theor. II. — 504 *Éléments*[IV 364], III, 32. — 505 *Analysis triangulorum*[II 58], II, § 105, S. 76, Z. 4 ff. — 506 Vgl. E. G. Fischer, *Lehrb. d. Elementarmathematik*[I 296], III, 1824, S. 246. — 507 *Analysis triangulorum*[II 58], § 35, S. 6, Z. 1—2 v. u. — 508 Cantor, 3^2, S. 553. — 509 Crelle, *Sammlung mathem. Aufsatze*[II 1097], I, S. 163.

ab. CHAPPLE berechnet auch den Abstand der Mittelpunkte des um- und eingeschriebenen Kreises durch

$$\sqrt{r(r-2\varrho)}.^{510}$$

Die Sonderformel $\varrho = \frac{a+b-c}{2}$, die im rechtwinkligen Dreieck (c Hypotenuse) gilt, kommt bei dem römischen Feldmesser EPAPHRODITUS (um 200 n. Chr.) vor.[511] Für die spätere Zeit läßt sie sich im Rechenbuch des WIDMAN nachweisen.[512]

$\varrho = (s-a)\operatorname{tg}\frac{\alpha}{2}$ ist eine von RHAETICUS (um 1568) aufgestellte Beziehung (vgl. S. 82). Als gut geeignet für logarithmische Rechnungen benutzt sie BRIGGS (1624),[513] um die Winkel eines Dreiecks aus den drei Seiten zu finden.

Über $F = \varrho s$ vgl. S. 87.

Auf DE OPPEL (1746)[514] geht zurück:

$$r = \frac{abc}{2\sqrt{s(s-a)(s-b)(s-c)}},$$
$$r:\varrho = abc:4(s-a)(s-b)(s-c),$$
$$abc = 2sr\varrho,$$

auf L'HUILIER (1809):[515]

$$\frac{1}{\varrho_a}+\frac{1}{\varrho_b}+\frac{1}{\varrho_c}=\frac{1}{\varrho},$$
$$s\varrho = (s-a)\varrho_a = (s-b)\varrho_b = (s-b)\varrho_c,$$
$$s^2 = \varrho_a\varrho_b+\varrho_b\varrho_c+\varrho_c\varrho_a,^{490}$$

auf FEUERBACH (1821):[516]

$$\varrho_a\varrho_b\varrho_c = sF,$$
$$\varrho_a+\varrho_b+\varrho_c-\varrho = 4r,^{517}$$
$$\varrho_a^2+\varrho_b^2+\varrho_c^2 = 2(\varrho+4r)^2 s^2,$$
$$\varrho^2+\varrho_a^2+\varrho_b^2+\varrho_c^2 = 8r^2-4r\varrho,$$
$$a^2+b^2+c^2+\varrho^2+\varrho_a^2+\varrho_b^2+\varrho_c^2 = 16r^2,$$

510 CANTOR, 3², S. 553. Dieselbe Aufgabe wurde auch von EULER behandelt, Nov. Comm. Ac. Petr., 9, 1765 (1767), S. 103 ff.; geometrischer Beweis von N. VON FUSS, Nova Acta Ac. Petr., 9, 1792 (1797), S. 124—125. Vgl. auch L'HUILIER, Ann. math. p. app. 1, 1810/11, 149; J. G. GARNIER, Ann. math. p. appl. 3, 1812/13, S. 347. Ähnliche Formeln findet FEUERBACH 1822 für die angeschriebenen Kreise und den Höhenschnittpunkt, *Das geradlinige Dreieck*[IV 1259], § 49, S. 34—35. — 511 CANTOR, *Die römischen Agrimensoren*[I 175], S. 119. — 512 Blatt (D 7)[I 145]. — 513 *Arithmetica logarithmica*[IV 994], cap. XVIII, S. 50, Nr. 5. — 514 *Analysis*[II 58], § 30, 36, 37. — 515 *Éléments*[IV 988], § 132, S. 224 ff. — 516 *Eigenschaften* usw.[IV 1259], § 3, 4, 5, 7, 28, 29. — 517 Diese Formel wurde schon 1810 von E. E. BOBILIER aufgestellt, Ann. math. p. appl. 1, 1810, S. 85—96 nach einer Anmerkung von GERGONNE. Vgl. J. STEINER, *Werke*[IV 297], I, S. 215 Anm.

auf CRELLE (1821):[518]

$$\varrho = \frac{a \sin\frac{\beta}{2} \sin\frac{\gamma}{2}}{\cos\frac{\alpha}{2}}, \quad \varrho_a = \frac{a \cos\frac{\beta}{2} \cos\frac{\gamma}{2}}{\cos\frac{\alpha}{2}} \quad \text{usw.},$$

$$\varrho = 4\, r \sin\frac{\alpha}{2} \sin\frac{\beta}{2} \sin\frac{\gamma}{2},$$ [519]

auf E. G. FISCHER (1824):[520]

$$\varrho = \frac{a}{\operatorname{ctg}\frac{\beta}{2} + \operatorname{ctg}\frac{\gamma}{2}},$$

auf JACOBI-SWINDEN (1834):[521]

$$\varrho_a = 4\, r \sin\frac{\alpha}{2} \cos\frac{\beta}{2} \cos\frac{\gamma}{2} \quad \text{usw.}$$

Für die Höhe berechnet DE OPPEL (1746):[522]

$$h_a = \frac{2}{a} \sqrt{s(s-a)(s-b)(s-c)},$$

$$h_a \sin\alpha = h_b \sin\beta = h_c \sin\gamma,$$

VECTEN (1818):[523]

$$F = \sqrt{\frac{r\, h_a h_b h_c}{2}},$$

ein unbekannter Mathematiker, L. P. F. R. (1828):[524]

$$\frac{1}{\varrho} = \frac{1}{h_a} + \frac{1}{h_b} + \frac{1}{h_c},$$

$$\frac{1}{\varrho_a} = \frac{1}{h_b} + \frac{1}{h_c} - \frac{1}{h_a} \quad \text{usw.}$$

Die Formel für die Winkelhalbierende:

$$b\, c = w_a^{\,2} + u\, v,$$

wo u und v die Abschnitte der Seite a sind, hat LEGENDRE (1794).[525] Die Erweiterung auf die Außenwinkelhalbierende:

$$b\, c = u\, v - w_a'^{\,2}$$

stammt von JACOBI.[526] O. TERQUEM zeigt 1842 die Beziehungen:

$$w_a(b + c) = 2\, b\, c \cos\frac{\alpha}{2},$$

$$4 w_a^{\,2}(b+c)^2 b^2 c^2 - w_a^{\,4}(b+c)^4 = 16 b^2 c^2 F^2.$$ [527]

518 *Sammlung* I[II 1097], S. 169, § 133. — 519 Daselbst III, S. 158. — 520 *Lehrbuch*[I 296], S. 259—260. — 521 *Elemente*[II 942], § 767—788. — 522 *Analysis*[II 58], § 28, 157. — 523 Ann. math. p. appl. 9, 1818—1819, S. 305. — 524 Ann. math. p. appl. 19, 1828—1829, S. 212. — 525 *Élémens*[IV 364], III, prop. 31, S. 100; Übersetzung v. CRELLE, 1833, S. 93. — 526 JACOBI-SWINDEN[II 942], § 206, Anm. S. 128. — 527 Nouv. Ann. Math. 1, 1842, S. 86.

Eine Geschichte der mathematischen Aufgaben würde auf dem Gebiete der Trigonometrie ein besonders dankbares Feld finden. Mit einfachsten klassischen Aufgaben des Ptolemäus, wie der, aus der Summe zweier Bogen und dem Verhältnis ihrer Sehnen die Bogen selbst zu bestimmen (vgl. S. 79), beginnend, fände sie bei den arabischen Mathematikern, wie Albîrûnî ($a \pm b$, γ, c; $a:b$, γ, c; r, $a+b$, c u. ä.), reiches Material für die Dreiecksberechnung.[528] Viele neue Beispiele gibt Regiomontan, so in seinen Briefen r, a, $b:c$; r, a, $b-c$; F, $a:b:c$.[529] Gegen die Neuzeit hin, besonders aber im neunzehnten Jahrhundert, schwillt der Stoff so an, daß Aufgabensammlungen fast zum Sport ausarten. In der Aufgabenauswahl für moderne Schulbücher hat Meier Hirsch (1805)[IV 925] unleugbare Verdienste.

7. Spezielle Vierecksberechnungen.

Die allgemeine Vierecksberechnung wie die gesamte Polygonometrie fallen aus dem Rahmen des Schullehrstoffes heraus. Nur einige wenige Beispiele, die ohne weiteres auf Dreiecksberechnung zurückgeführt werden können, pflegen als Übungen benutzt zu werden. Wir dürfen uns daher im folgenden auf einzelne geschichtlich erwähnenswerte Fälle beschränken.

Allgemein sei nur kurz darauf hingewiesen, daß nach Vorversuchen über Vierecke durch J. H. Lambert (1770)[530] und J. T. Mayer[531] A. J. Lexell (1740—1784) in den Petersburger Berichten von 1774 und 1775[532] eine allgemeine Polygonometrie entwickelte, die er auf die neuen Formeln:

$$a \sin \alpha + b \sin (\alpha + \beta) + \ldots + l \sin (\alpha + \beta + \ldots \lambda) = 0,$$

$$a \cos \alpha + b \cos (\alpha + \beta) + \ldots + l \cos (\alpha + \beta + \ldots \lambda) = 0,$$

wo $\alpha + \beta + \ldots + \lambda = 360^0$, stützte, daß ferner unabhängig von Lexell auch S. L'Huilier (1789)[533] zu gleichem Resultat gelangte, der sogar (1799) zu Raumpolygonen überging.[534]

528 H. Suter, Bibl. math. 11_3, 1910—1911, S. 31—34. — 529 *Briefwechsel*[I 303], ed. Curtze, S. 262, 296. — 530 *Beyträge* II[I 547], 1770, S. 175—184. — 531 *Tetragonometriae specimen*, I, Diss. Göttingen 1773. — 532 Nov. Comm. Ac. Petr. 1774 (1775), S. 184—236 und 1775 (1776), S. 80—122. — 533 *Polygonométrie ou de la mesure des figures rectilignes etc.*, Paris 1789. — 534 Mém. Inst. Paris I, an XIV (1805), S. 264—289.

Über die Sehnenvierecke wurde bereits mitgeteilt (S. 87), daß schon bei dem Inder BRAHMAGUPTA (geb. 598 n. Chr.) sich die Vorschrift:

$$F = \sqrt{(s-a)(s-b)(s-c)(s-d)}, \qquad s = \frac{a+b+c+d}{2}$$

findet; er gibt ein Zahlenbeispiel 60, 52, 25, 39 mit rationalen Werten für die Diagonalen und den Kreisdurchmesser, bei dem sich die Diagonalen, was er aber nicht erwähnt, rechtwinklig schneiden. Auch die Diagonalen des Sehnenvierecks lehrte BRAHMAGUPTA berechnen; er benutzte dabei die Formeln:[535]

$$e = \sqrt{\frac{(ad+bc)(ac+bd)}{ab+cd}},$$

$$f = \sqrt{\frac{(ab+cd)(bd+ca)}{bc+da}},$$

aus denen sich der Ptolemäische Lehrsatz einfach durch Multiplizieren ableiten läßt. Selbständig hat BRAHMAGUPTA die Flächenformel nicht gefunden; denn an einer späteren Stelle seines Werkes weiß er nicht mehr, daß sie nur für Sehnenvierecke gilt.

Von der Inhaltsformel des Sehnenvierecks hatten, wie wir bei ALBĪRŪNĪ sahen (vgl. S. 87), die Araber Kenntnis. Ob sich Andeutungen irgendwie bis zum Mittelalter herüberretteten, ist noch nicht zu entscheiden. Jedenfalls verschwindet die Berechnung am Sehnenviereck zuerst anscheinend ganz und taucht erst im fünfzehnten Jahrhundert plötzlich wieder auf, und zwar in einem Briefwechsel (1464) zwischen REGIOMONTAN (1436—1476) und dem Astronomen BIANCHINI (Ferrara).[536] Es sollte einem gegebenen Kreise ein Viereck eingeschrieben werden, dessen Seiten sich wie 4 : 7 : 13 : 17 verhalten, und sein Inhalt bestimmt werden. REGIOMONTAN zeigt, wie in einem gegebenen Sehnenviereck die Diagonalen e, f und die Seiten a, b, c, d berechnet werden können, indem er mit dem Ptolemäischen Lehrsatze:

$$ef = ac + bd$$

eine neue von ihm gefundene Beziehung:

$$\frac{e}{f} = \frac{ad+bc}{ab+cd}$$

zusammenstellt. Mit Hilfe der Diagonalen gelingt es, den Radius des umgeschriebenen Kreises zu berechnen. In die Öffentlichkeit drang von diesem Briefwechsel anscheinend nichts. Erst weitere 100 Jahre später begegnet uns wieder eine Andeutung der Aufgabe.

535 BRAHMAGUPTA, *Gaṇita*, ch. XII, sect. IV, § 28, ed. COLEBROOKE[185], S. 300—301. — 536 *Briefwechsel*[1308], ed. CURTZE, S. 236, 248—250.

Ganz kurz erwähnt SIMON JACOB († 1564 Frankfurt a. M.) in seinem Rechenbuch von 1565 (Vorrede 1552), daß die Seiten 25, 33, 60, 16 ein Sehnenviereck im Kreise mit dem Durchmesser 65 bildeten und daß seine Diagonalen 52 und 39 seien.[537] Darlegungen und Berechnungen fehlen. Kurz darauf wird man auch in Italien auf das alte Problem wieder aufmerksam; es gelingt 1585 BENEDETTI (1530—1590), aus vier gegebenen Seiten das Sehnenviereck wirklich zu konstruieren.[538] Sehr eingehend behandelt VIETA (1540—1603, Paris) im *Pseudomesolabum* IV 1437 von 1595 die Aufgabe und zeigt sowohl die Berechnung als auch eine Konstruktion mit Zirkel und Lineal.[539] PRAETORIUS (JOHANNES RICHTER, 1537—1616) widmet ihr 1598 eine besondere Abhandlung;[540] in vorausgeschickten geschichtlichen Bemerkungen wird auch REGIOMONTAN erwähnt, dessen Privatbriefe demnach also doch schließlich bekannt geworden waren. Die Konstruktionsvorschrift des PRAETORIUS ist sehr umständlich; ähnlich wie BRAHMAGUPTA gibt er auch Zahlenbeispiele mit rationalen Diagonalen und Durchmessern, darunter das oben angeführte indische Beispiel 60, 52, 25, 39, allerdings mit anderer Seitenfolge; er beschränkt sich auf Beispiele mit sich rechtwinklig schneidenden Diagonalen.

Nunmehr erscheint die Sehnenvierecksaufgabe öfters in größeren Büchern. WILLEBRORD SNELLIUS (1581—1626; Leiden) leitet in einem Zusatz[541] zu einem von ihm herausgegebenen Buche des LUDOLPH VAN CEULEN, *Fundamenta arithmetica et geometrica* (1615), die Formeln des BRAHMAGUPTA wieder ab. BRIGGS führt in der *Arithmetica logarithmica* (1624) ein Beispiel rechnerisch durch.[542] Auch ALBERT GIRARD bespricht die Konstruktion eines Sehnenvierecks 1629 in seiner deutschen Ausgabe der Geometrie des MAROLOYS.[543] Durch LEGENDRE (1794),[544] L'HUILIER (1809),[545] GRUNERT (1832),[546] JACOBI-SWINDEN (1834)[547] kommen Flächen- und Diagonalformeln in die modernen Schulbücher.

C. A. BRETSCHNEIDER (1842) verallgemeinert die Sehnenvierecksformel auf beliebige Vierecke:

$$F = \sqrt{(s-a)(s-b)(s-c)(s-d) - abcd\cos\frac{B+D}{2}}.$$ [548]

[537] III. Teil II 962, Von der Geometrie, Aufg. 59, S. 309. — [538] *Speculationes diversae*, Taurini 1585. Vgl. CHASLES-SOHNCKE IV 683, S. 496; K. GEIGER IV 972, Programm Gymn. Landshut 1900/1901, S. 20. — [539] VIETA, *Opera*, ed. SCHOOTEN II 88, S. 275—282; GEIGER S. 22. — [540] CHASLES-SOHNCKE IV 683, S. 497—499; GEIGER S. 28. — [541] Zusatz IV 963 zu lib. V, probl. I—II, S. 189. — [542] Cap. 24 II 994, S. 63u. 64. — [543] Prop. 73, S. 57 IV 834. — [544] III, 33 IV 364. — [545] *Élémens* IV 988, § 140, S. 255 ff. — [546] *Lehrbuch d. Math.* II 1100, III, § 80—81. — [547] S. 175, 275 Zusatz 2 II 942. — [548] Arch. Math. Phys. 2, 1842, S. 225.

Eine Zusammenstellung aller möglichen Berechnungsfälle am allgemeinen Viereck veröffentlichte LAMBERT (1728—1777, Berlin) in seinem Werke *Beyträge zum Gebrauch der Mathematik und deren Anwendungen.*[549]

Eine wiederholte, unabhängige Bearbeitung hat die sogenannte POTHENOTsche Aufgabe (Rückwärtseinschneiden) gefunden. Bekanntlich stellt sich in der Feldmeßkunst sehr häufig die Aufgabe ein, aus drei Punkten die Lage eines Punktes anzugeben, wenn man die Winkel der drei Verbindungsgeraden mit drei ihrer Lage nach bekannten Punkten gemessen hat. L. POTHENOT († 1732, Prof. am Collège Royal de France) legte 1692 eine Lösung der Pariser Akademie vor (gedruckt erst 1730).[550] Er war aber keineswegs der erste Mathematiker, der dieses Problem mit Erfolg in Angriff genommen hatte; die heute allgemein übliche Benennung der Aufgabe ist daher durchaus unzutreffend. Nicht nur SNELLIUS lehrte in seinem *Eratosthenes Batavus* von 1617[551] schon einen Weg zur Auflösung, sondern, wie in einem an den Astronomen KEPLER gerichteten Brief mitgeteilt wird,[552] auch W. SCHICKHARD behandelte selbständig das gleiche Thema, auf das er 1624 bei Herstellung einer Karte von Württemberg gestoßen war. Ja, man kann noch weiter zurückgehen; schon der Stadtbaumeister AUGUSTIN HIRSCHVOGEL hat bei der Anfertigung des Wiener Stadtplanes von 1547, wie neuerdings auch aus seinen noch vorhandenen eigenhändigen Notizen festgestellt wurde, ausgiebig vom Rückwärtseinschneiden Gebrauch gemacht.[553] Da HIRSCHVOGEL sonst keine nennenswerten mathematischen Leistungen aufzuweisen hat, ist noch frühere Behandlung wahrscheinlich. Aus der neueren Zeit sind weitere Bearbeiter zu nennen. JOHN COLLINS gibt 1671 eine Lösung ohne Kenntnis der Vorgänger.[554] GAUSS führte um 1810 die Berechnung für den Fall durch, daß die drei Hauptpunkte durch Koordinaten gegeben sind;[555] Verbesserungen hierfür wurden von F. K. BESSEL 1813 empfohlen.[556] Eine geometrische Konstruktion des vierten

549 *Beyträge* II[1517], Abhdl. VII. — 550 Hist. Ac. sc. Paris 10, 1666—1699 (1730), S. 150—153, vgl. PFLEIDERER, *Ebene Trigon.* [II 1121], S. 276, VON BRAUNMÜHL, *Gesch.* 1[II 935] S. 245, Anm. 1. — 551 *Eratosthenes Batavus de terrae ambitus vera quantitate*, Lugd. Batav. 1617, lib. II, cap. X, S. 199. — 552 *Joh. Kepleri aliorumque epistolae mutuae*, ed. HAUSCHIUS, Leipzig 1718, S. 686. — 553 S. GÜNTHER, *Gesch. d. Math.* I[1243], 1908, S. 392. — 554 Phil. transact. London 1671, S. 2093—2096. — 555 SCHUHMACHER, Astronomische Nachrichten, I, Altona 1823, S. 84; vgl. CH. L. GERLING, *Die Pothenotsche Aufgabe*, Marburg 1840, § 7. — 556 v. ZACHS Monatl. Correspondenz, Bd. 27, Gotha 1813, S. 222—226, BESSEL, *Über eine Aufgabe der praktischen Geometrie.*

Punktes setzte bereits SNELLIUS auseinander; ferner sind solche bekannt von LAMBERT,[557] MEZBURG u. a. Selbst mechanische Konstruktionsmethoden wurden vorgeschlagen von DUPAIN DE MONTESSON (1763)[558] und LAMBERT (1765) selbst.[559]

Mit Unrecht führt auch die HANSENsche Aufgabe (Aufgabe der zwei Punktepaare) ihren Namen, bei der eine Seite eines Vierecks zu berechnen ist, wenn die gegenüberliegende Seite bekannt ist und außerdem die vier Winkelabschnitte, in welche die der bekannten Seite anliegenden Winkel durch die Diagonalen geteilt werden. Hier ist es ebenfalls SNELLIUS (1627), dem man sowohl ihre Aufstellung als auch eine erste Lösung verdankt.[560] Mit anerkennenswerter Gewandtheit führte er die Berechnung in allen vier möglichen Fällen durch, die je nach der verschiedenen Lage der Endpunkte der gesuchten wie der bekannten Geraden eintreten können. Andere Lösungsverfahren gaben in neuerer Zeit SWINDEN, GERLING und der Astronom P. A. HANSEN.[561]

557 *Beyträge*, I[IV 486], § 109, S. 75. — 558 *L'art de lever des plans* etc., Paris 1763. — 559 *Beyträge* I[IV 486], § 110, S. 76. — 560 *Doctrina triangulorum*[IV 357], II, Probl. geodaetica VI, S. 97 ff. — 561 Vgl. R. WOLF, *Handbuch d. Astronomie*[I 168], I, S. 182. Insbesondere für P. A. HANSEN Astron. Nachr. 13, 1841, S. 165 f. und Encykl. d. math. Wiss. VI_1, Heft 1, S. 41—44.

II. SPHÄRIK
UND SPHÄRISCHE TRIGONOMETRIE

A. Geschichtlicher Überblick.[562]

Wie die Geometrie zum größeren Teil aus der Feldmeßkunst, deren Konstruktionsbereich die Ebene ist, entstand, so bildete sich aus der Astronomie durch Versuche, die Beobachtungen anschaulicher zu machen, die Lehre von der Kugel, die Sphärik. In fernste, nicht verfolgbare Vergangenheit verlieren sich die ersten Spuren astronomischer Kenntnis; in nicht viel weniger entlegener Zeit werden wir die Anfänge für die Hauptbetrachtungen an der Kugel anzunehmen haben. Die erste Pflege scheint die Astronomie und Sphärik in Babylon erfahren zu haben. Wieviel Jahrtausende vor unserer Zeitrechnung müssen chaldäische Gelehrte begonnen haben, der Himmelslehre ihr Interesse zuzuwenden, und wie lange Zeit muß noch vorher verstrichen sein, ehe man sich zu bewußt wissenschaftlicher Himmelsbeobachtung aufschwang, wenn die für jene graue Zeit mehr wie schweigsame Überlieferung uns auf ein astrologisches Werk aufmerksam werden läßt, das dem König SARGON von Babylon (um 2500 v. Chr.) gewidmet ist und eine Art Vorbedeutungskalender mit Angabe der zu erwartenden Finsternisse und ihrer vermeintlichen Folgen darstellt,[3] wenn der griechische Astronom PTOLEMAUS Kenntnis von einer babylonischen Mondfinsternistabelle hatte, die mit dem Jahre 747 v. Chr. begann,[3] wenn PLINIUS sogar von solchen Aufzeichnungen spricht, die bis ins zweite Jahrtausend vor Christi Geburt hinaufreichen![563]

Die Vorstellungen an der scheinbaren Himmelskugel verdichteten sich ganz allmählich zur Aufstellung einiger Haupteigenschaften der Kugelfläche. Der Umfang dieser Kenntnisse ist aus Mangel an Überlieferungen nicht zu bestimmen. Den Griechen gebührt wiederum das Verdienst, die ihnen, zum Teil über Ägypten,[563a] überkommene Kugellehre zusammengefaßt und theoretisch wie praktisch weiter ausgebildet zu haben.

---

562 Vgl. auch S. 1 ff. — 563 PLINIUS, *Hist. nat.*, VII, cap. 57, ed. DETLEFSEN, Vol. II, Berlin 1867, VII, § 193, S. 43. — 563a Vgl. noch LUDW. BORCHARDT, *Altägyptische Zeitmessung*, Berlin 1920.

Die älteste uns erhaltene Behandlung der Sphärik — *Περὶ κινουμένης σφαίρας* (Über die sich bewegende Kugel)[IV 780] —, zugleich die älteste vollständig erhaltene griechische Schrift mathematischen Inhalts überhaupt, hat den Astronomen AUTOLYKOS VON PITANE (um 330 v. Chr.) zum Verfasser, einen Zeitgenossen EUKLIDS. Die Sphärik ist noch auf das engste mit der Astronomie verbunden. AUTOLYKOS gibt Beziehungen zwischen den größten Kreisen, den Parallelkreisen und ihren Polen an, besonders in bezug auf einen festen, zur Drehungsachse schief angenommenen größten Kreis, der als Horizont bezeichnet wird (*ὁ ὁρίζων τό τε φανερὸν τῆς σφαίρας καὶ τὸ ἀφανὲς κύκλος* = der das Sichtbare und das Unsichtbare der Kugel abgrenzende Kreis; MARTIANUS CAPELLA lat.: *horizon vel finitor*)[564]. Seine Sätze verraten das Bedürfnis der Astronomie, mathematische Klarheit in die bei der Drehung des Himmelsgewölbes beobachteten Erscheinungen hineinzubringen. Eine zweite Bearbeitung der Sphärik ist in einer Schrift EUKLIDS selbst (um 325 v. Chr., Alexandria), den *Phainomena*,[565] enthalten, die vielfach ohne Namensnennung auf AUTOLYKOS zurückgreift.[566] Aus dem letzten Jahrhundert vor Christus liegt noch ein drittes Werk über die Kugellehre vor, die *Sphärik* des THEODOSIOS aus Bithynien (erste Hälfte des zweiten Jahrhunderts v. Chr.).[567] Auch diese ist noch keine Sphärik in unserem Sinne; es fehlt die Lehre von den Dreiecken vollständig. Sie will nur eine Zusammenstellung der für die damalige Astronomie nötigen allgemeinen sphärischen Sätze sein, unterscheidet sich aber trotz des engen Anschlusses dadurch wesentlich von den Vorarbeiten, daß sie die astronomische Einkleidung vollständig abstreift. Man vermutet, gestützt auf eingehende Vergleichung dieser drei Werke, daß eine weitere Schrift desselben Themas, aus der Zeit vor EUKLID, verloren gegangen ist, in der ebenfalls schon der rein mathematische Charakter im Vordergrund stand.[568] Als Verfasser kommt EUDOXOS VON KNIDOS (410—356 v. Chr.) in Betracht. THEODOSIOS scheint diese ältere Sphärik, etwa zu Unterrichtszwecken, in seiner Schrift nur überarbeitet und höchstens im dritten Buch einige selbständige Ergänzungen hinzugefügt zu haben.

---

564 *De nuptiis*[1440], VIII, 826, 827, 836. — 565 Ed. GREGORIUS, Oxoniae 1703, S. 556—597; deutsch von A. NOKK, Programmabhandlung, Freiburg 1850; *Euclidis Opera* 8, *Phaenomena et scripta musica*, ed. H. MENGE, Leipzig 1916. — 566 HEIBERG, *Euklidstudien*[IV 14], S. 41 ff. — 567 *Sphaerica.*[IV 1316] Deutsch von E. NIZZE, Stralsund 1826, griechisch und lateinisch, Berlin 1852; CANTOR, I_3, S. 411. — 568 HEIBERG, *Euklidstudien*[IV 15]; S. 43 ff.; BJÖRNBO, *Studien*[IV 1361], S. 56 f. Daselbst weitere Literatur.

Für die Untersuchungen auf der Kugelfläche hatten sich zwei Methoden entwickelt (vgl. S. 4).[1] Die ältere, deren sich bereits die Ägypter mit Gewandtheit bedient zu haben scheinen, beruht auf geometrischen Konstruktionen, die man sich durch Projektion der Kugelfiguren auf drei senkrechte Ebenen ermöglichte. Diesem graphischen Verfahren steht eine später ausgebildete rechnerische Methode, deren Erfinder die Babylonier sind, gegenüber; sie stellt die Anfänge einer sphärischen Trigonometrie dar. Zur Zeit des Aristarch von Samos (um 275 v. Chr.) war die babylonische Methode den Griechen noch nicht bekannt; Aristarch rechnet noch ohne die Sexagesimalbrüche (Bd. I, S. 39 f.). Der griechische Astronom Hipparch von Nicaea (beobachtete zwischen 161 und 126 v. Chr. auf Rhodos) aber beherrschte beide Methoden. Seine uns überlieferten astronomischen Zahlenwerte zeigen engen Zusammenhang mit babylonischen Angaben, die durch Entzifferungen von Keilschrifttäfelchen jüngst bekannt geworden sind. Es ist nicht unwahrscheinlich, daß seine Sehnenlehre auch aus Babylon stammt.[4] Um die Vervollkommnung der trigonometrischen Behandlung hat Hipparch jedenfalls wichtige Verdienste. So wenig wir von seinem Wirken auch unmittelbar wissen, scheint doch angenommen werden zu müssen, daß die sphärische Trigonometrie des Menelaos (um 98 n. Chr., Alexandria) und die des Ptolemäus (beobachtete zwischen 125 und 151 n. Chr. in Alexandria) in seinen Forschungen ihre Grundlage fanden. Menelaos hat das älteste Lehrbuch der sphärischen Trigonometrie geschrieben,[569] das älteste wenigstens derer, die wir kennen. Was uns von ihm erhalten ist, verdanken wir nicht griechischer Überlieferung, sondern arabischen und hebräischen Übersetzungen (vgl. S. 5). In seinem Werke erscheint zum erstenmal eine wirkliche sphärische Dreieckslehre, völlig losgelöst von der Astronomie und der älteren stereometrischen Sphärik, aufgebaut in ähnlicher Folgerichtigkeit wie Euklids Elemente, deren Verallgemeinerung auf der Kugel angestrebt wird. Eine große Reihe vorbereitender Sätze für die Ausführung von Dreiecksberechnungen auf der Kugelfläche werden aufgestellt und bewiesen. „Satz des Menelaos" nennt noch heute die Nachwelt jenes von ihm aufgeführte, wohl auf Hipparch zurückgehende Theorem, das den Angelpunkt der griechischen Trigonometrie auf der Kugel bildet (vgl. S. 15, 132, 166). Ob und wie er seine theoretischen Sätze in der Praxis verwertete, darüber läßt

569 Der griechische Urtext ist uns verloren. Maurolico aus Messina gab 1558[IV 825] die erste Übersetzung nach arabischen und hebräischen Vorlagen, später Halley[IV 1816] 1758 eine neue.

uns leider die Überlieferung im Stich; nur gelegentlich werden einmal uns unbekannte Bücher *Über die Sehnen*, die ihn zum Verfasser haben, erwähnt. Praktische rechnerische Anwendungen der sphärischen Trigonometrie findet man erst in dem großen Werk des PTOLEMÄUS, der *Σύνταξις μαθηματική*.[5, I 81, 154] Der *Almagest*, wie der Titel in arabisierter Form lautet,[10] ist in der Hauptsache astronomischen Untersuchungen gewidmet; die rein mathematischen Kapitel sind Einschiebungen und nur Mittel zum Zweck. Die Arbeit, die PTOLEMÄUS leistete, ist mehr eine zusammenstellende als eine aufbauende; kann man ihm doch sogar nachweisen, daß er nicht alle trigonometrischen Rechenvorteile, die MENELAOS gefunden hatte, genügend ausgenutzt hat (vgl. S. 167 f.). Ein System sphärischer Trigonometrie zu geben, liegt überhaupt PTOLEMÄUS fern; zu einem solchen haben es auch die Griechen nie gebracht. Er zeigt nur an einzelnen zerstreuten Beispielen, wie man bei Dreiecksberechnungen zu einer Lösung gelangen kann, und gibt keine Regeln oder gar formelhafte Berechnungsvorschriften. Bei jedem der behandelten astronomischen Probleme, die er stets auf rechtwinklige Kugeldreiecke zurückführt, nötigenfalls durch Konstruktion einer Höhe, geht er immer wieder von dem Transversalensatz des MENELAOS aus und spezialisiert diesen, wie es gerade der vorliegende Fall fordert. Von den bekannten sechs Fundamentalfällen am rechtwinkligen sphärischen Dreieck (vgl. S. 131) sind vier bei ihm gelöst zu finden. Die anderen zu behandeln, fehlte ihm wohl mehr die Gelegenheit als die Vorkenntnis. Auch in jener altertümlichen Methode, die sich graphischer Konstruktionen bediente, zeigt er sich bewandert, wie eine kleine Abhandlung *De analemmate*[43] beweist; mit Erfolg behandelt er z. B. den Fall des schiefwinkligen Dreiecks, wenn zwei Seiten und der eingeschlossene Winkel gegeben sind. Hat er hier die orthographische Projektion, bei der der Augenpunkt im Unendlichen liegt, benutzt, so verwendet er in einer weiteren Schrift, *Planisphaerium*,[570] die stereographische Projektion. Auch in dieser scheint er nur den Fußstapfen HIPPARCHS zu folgen.[571]

Auf fruchtbaren Boden fiel die Sphärik bei den indischen Mathematikern (S. 6—7). Die graphische Methode, die, auf welchem Wege es auch sei, zu ihnen gelangt war, wurde durch sie in ganz eigenartiger, von der Ptolemäischen Behandlungsart durchaus abweichender Form ausgebaut. In anscheinend selbständiger Weise

570 CANTOR, 1³, S. 423. — 571 Vgl. R. WOLF, *Handbuch*[1163], II, S. 70. ST. HALLER, *Beitrag zur Geschichte der konstruktiven Auflösung spharischer Dreiecke durch stereographische Projektion*, Bibl. math. 13₂, 1899, S. 71—80.

leiteten sie aus den geometrischen Konstruktionen ein rechnerisches Verfahren ab,[572] das in seiner Fortsetzung die heutige Sinustrigonometrie lieferte (vgl. S. 16—17). Die indischen Schriften geben hauptsächlich Regeln, keine Methoden. In der Behandlung sphärischer Dreiecke zeigen sie ziemliche Gewandtheit. Spuren vom Kosinussatz, vom Sinussatz, von der Formel:

$$\cos \alpha \cdot \sin c = \cos a \cdot \sin b - \sin a \cdot \cos b \cos \gamma$$

können herausgelesen werden; im allgemeinen rechneten die indischen Mathematiker aber lieber mit Längen als mit Winkeln. Sie benutzen den Sinus, den Sinus complementi, gelegentlich den Sinus versus, aber nie die Tangensfunktion.[573]

Die Erbschaft der Inder und Griechen traten die Araber an. Die wissenschaftlichen Reichtümer ihrer Vorgänger machten sie sich in zahlreichen Übersetzungen und Kommentaren zu eigen. Ṯābit ibn Ḳurrah (836—901, Bagdad) gab die Werke des Ptolemäus heraus und war Verfasser eines Kommentars zur *Sphärik* des Menelaos;[574] seine Schriften fanden ausgedehnte Verbreitung unter Ost- und Westarabern. Als Kommentator des Ptolemäus ist Alfārābī (870—950, Damaskus) anzuführen.[575] Aus dem Studium der Alten erwuchs bald eigene wissenschaftliche Arbeit. In der ebenen Trigonometrie (S. 18) wurde Albattānī († 929, bei Bagdad) als hervorragender Bearbeiter dieser Lehre erwähnt. Hier sei hinzugefügt, daß in seinem Werke *De scientia stellarum* der sphärische Kosinussatz für das schiefwinklige Dreieck auftritt, freilich ohne daß sich der Verfasser des Wertes dieses Theorems bewußt ist oder es gar als besonderen Lehrsatz auffaßt. Den sphärischen Sinussatz kannte er wenigstens am rechtwinkligen Dreieck (vgl. S. 132). Formelartiges Rechnen ist ihm wie seinen Nachfolgern noch gänzlich unbekannt. Die aufgestellten Beziehungen werden von ihm zumeist, beim schiefwinkligen Dreieck fast ausschließlich, mit Hilfe der orthographischen Projektion des Ptolemäus gewonnen; nur in einem Falle ist im Anschluß an Ptolemäus der Satz des Menelaos benutzt.[576] Bei verschiedenen Aufgaben führt ihn dies graphische Verfahren über Ptolemäus hinaus;[577] er gewinnt sich mit ihm in dem Falle b, c, α Beziehungen, die er wie eine allgemeine Regel benutzt.[578] Weitere Förderung,

572 v. Braunmühl, *Gesch.* 1[II 935], S. 38—42. — 573 G. R. Kaye, *Ancient Hindu Spherical Astronomy*, Journ. a. Proc. As. Soc. of Bengal, New. Ser. 15, 1919, Nr. 3, S. 153—189. — 574 Cantor, 1[3], S. 736. — 575 v. Braunmühl, *Gesch.* 1[II 935], S. 46. — 576 *Opus astronomicum*[IV 354], ed. Nallino I, S. XLVIII, 31—32, 192 bis 193. — 577 Daselbst cap. XII u. XVII, I, S. 25—26, 186—187; 38, 200—201). — 578 Daselbst S. 38—40, 200—201; 87, Z. 11—13; 131, Z. 20—38; 307—309.

so durch Verallgemeinerung des Sinussatzes auf schiefwinklige Kugeldreiecke, fand die sphärische Trigonometrie durch ALḪOǴENDĪ (um 970 n. Chr.), ABŪ'LWAFĀ' (940—998, Bagdad) und ABŪ NAṢR (um 960—1020). Von Bedeutung ist, daß durch ALNAIRĪZĪ (922/23) und bald darauf durch ABŪ'LWAFĀ' der bis dahin unentbehrliche Lehrsatz des MENELAOS durch zwei handlichere Theoreme, die „Regel der vier Größen" und den „Tangentensatz" (siehe S. 166—169) aus seiner herrschenden Stellung verdrängt wurde. Der Westaraber ǴĀBIR IBN AFLAḤ († zwischen 1140 und 1150, Sevilla) behandelte zuerst die sphärische Trigonometrie im Zusammenhang und stellte sie, um sich Wiederholungen zu ersparen, an die Spitze seiner *Astronomie.*[23] Den vier Ptolemäischen Grundformeln am rechtwinkligen Dreieck fügte er eine fünfte (vgl. S. 132) hinzu. Auch dadurch zeichnete er sich vor seinen Landsleuten aus, daß er zu seinen Sätzen Beweise gab, mit denen im allgemeinen arabische Autoren sehr sparsam sind. Wie weit diese Verdienste ǴĀBIRS auf eigenen Leistungen beruhen, läßt sich schwer entscheiden. Mißtrauisch wird man aber, wenn man seine veraltete Behandlungsart in der ebenen Trigonometrie, in der er sich stets mit den Sehnen an Stelle der indischen Sinus behilft, beachtet (S. 18).

Den Abschluß arabischer Gelehrsamkeit auf dem Gebiete der sphärischen Trigonometrie gibt NAṢĪR EDDĪN ALṬŪSĪ (1201—1274, Persien). In seiner erst jüngst in vollem Werte erkannten Schrift *Über die Figur der Schneidenden*[24] wird die sphärische Trigonometrie in ihren Fundamentalaufgaben am schiefwinkligen Dreieck erschöpfend behandelt. Sie ist ihm Selbstzweck, nicht nur eine Hilfswissenschaft, die dem Astronomen das Handwerkszeug liefert. Wertvoll ist der historisch-kritische Gang, den NAṢĪR EDDĪN in seinem Werke einschlägt. Er geht aus von der bis dahin üblichen Methode, die den Transversalensatz des MENELAOS zugrunde legt. Dieser „Methode der Alten" stellt er seine „moderne Methode" gegenüber; als „fundamentalen Satz" benutzt er dabei den Sinussatz (unter der Bezeichnung *Ersatzfigur*), für den er mehrere Beweise gibt. Die Aufgaben am rechtwinkligen, wie am schiefwinkligen Dreieck werden vollständig, wenn auch nicht immer auf kürzestem Wege, zur Lösung gebracht. Der Kosinussatz fehlt ihm; in Ermangelung dessen muß er das schiefwinklige Dreieck in zwei rechtwinklige zerlegen. Bei der Behandlung des Falles, in dem die drei Winkel eines Dreiecks gegeben sind, verwendet er sogar schon das Supplementardreieck, schlägt also einen Weg ein, den erst VIETA 1593 wieder neu auffindet. In historischer Hinsicht ist seine Darstellungsform dadurch wichtig, daß er überall die Quellen, bei vielen Sätzen auch die Entdecker, nach bestem Wissen anführt. Hierdurch ist der Schluß statthaft, daß die Sätze, bei denen nichts Genaueres angegeben wird, sein Eigentum sind.

Kennzeichnet NAṢĪR EDDĪN den Abschluß einer Epoche, so steht REGIOMONTAN (1436—1475) an der Schwelle eines neuen Abschnitts. NAṢĪR EDDĪNS großes Werk blieb unfruchtbar; es war im Abendland nie bekannt geworden und wurde dem Schoß der Vergessenheit erst in der neuesten Zeit entrissen. Dagegen wirkte REGIOMONTANS Lehrbuch *De triangulis omnimodis*[II 244] in ungeahnter Weise anregend auf seine Zeit und die fernere Entwicklung. Ihm in erster Reihe verdankte das spätere Mittelalter ein System der Trigonometrie; durch ihn lernte es den allgemeinen Sinussatz kennen, wie die für die praktische Berechnung so wichtige Tangensfunktion. Ihm gelang zum erstenmal die Formulierung des allgemeinen sphärischen Kosinussatzes. REGIOMONTAN hatte, wie sein von ihm hochverehrter Lehrer GEORG VON PEURBACH[579] (1423—1461, Wien), von dem Studium des Ptolemäischen *Almagests* seinen Ausgangspunkt genommen, diesen aber in Verbindung mit den arabischen Schriften gebracht. Die Regel der vier Größen, der Sinussatz und die bei PTOLEMÄUS und ǴĀBIR bekannten Fundamentalformeln am rechtwinkligen Dreieck sind seine Haupttheoreme. Die Arbeiten und Forschungen seiner Bezugsmänner, des ALBATTĀNĪ, ǴĀBIR IBN AFLAḤ, ALZARKĀLĪ (um 1080, Toledo) und des nach arabischem Muster arbeitenden LEVI BEN GERSON († 1344, Avignon) sind so von seinem Geiste durchdrungen und verarbeitet wiedergegeben, daß sie in seinen Schriften wie glänzende Neuschöpfungen auftreten.

Doch war sein großes Werk *De triangulis omnimodis* noch nicht zur Vollendung gekommen, als der Meister 1476 starb. In Anlage und Systematik, in ungleichmäßiger Behandlung, in der Aufnahme nebensächlicher Sätze erkennt man, daß dem Werke die letzte Durchsicht fehlte. Erst ein Menschenleben später (1533) kam es, wie es war, zum Druck und damit zur Kenntnis eines größeren Fachgenossenkreises. Aber auch schon vor dem Druck ist sein Einfluß in der Entwicklung der Trigonometrie nachzuweisen. Der geistige Erbe REGIOMONTANS in Nürnberg war JOHANNES WERNER (1468—1528, Pfarrer), wenn auch persönliche Beziehungen dem Lebensalter nach nicht vorhanden waren. WERNER war in erster

579 *Epitome in Almagestum Ptolemaei*, Venedig 1496 (CANTOR, 2², S. 185). *Tractatus Georgii Purbachii super Propositiones Ptolemaei de sinibus et arcubus*, Nürnberg 1541.

Reihe Astronom und Geograph und gelangte so zur sphärischen Trigonometrie, die er nach den Schriften des MENELAOS, PTOLEMÄUS, ǦĀBIR, dem Kommentar zu PTOLEMAUS von PEURBACH und REGIOMONTAN eifrig studierte. Den Nachlaß des REGIOMONTAN hielt dessen alter Gönner, der Nürnberger Patrizier BERNHARD WALTHER (1430 bis 1504) übergewissenhaft zurück; erst nach 1504, als WALTHER gestorben war, konnte WERNER Einblick in das Manuskript REGIOMONTANS nehmen, dessen Existenz er seit langer Zeit kannte. WERNER durchschaute seinen hohen Wert, aber auch seine Unfertigkeit und machte sich an die Arbeit, ein eigenes Werk, das nur die sphärische Trigonometrie umfassen sollte, zu schreiben. Er ging über sein Vorbild hinaus, sowohl in der systematischen Behandlung der möglichen Dreiecksfälle als in der rein rechnerischen Durchbildung der Auswertungsmethode. Mit Hilfe der Formel:

$$\sin\alpha\cdot\sin\beta=\tfrac{1}{2}\left(\cos(\alpha-\beta)-\cos(\alpha+\beta)\right)$$

gelang ihm eine Umformung des sphärischen Kosinussatzes, in der er Multiplikation und Division fast ganz durch Addition und Subtraktion ersetzte, eine Methode, die später als *Prosthaphairesis* bekannt wurde (S. 62) und noch weitere Vervollkommnung erfuhr. Das Schicksal der Dreiecksbücher REGIOMONTANS traf aber auch WERNERS Werk: der Verfasser starb vor der Vollendung. 1533 wurde REGIOMONTANS Werk gedruckt; WERNERS *Libri quatuor de triangulis sphaericis* sind erst in neuester Zeit wieder aufgefunden worden und 1907[580] im Druck erschienen. Doch waren sie auch in Manuskriptform nicht ohne Einfluß auf die Fortentwicklung ihrer Wissenschaft. 1542 gelangte die Urschrift in die Hände des RHAETICUS (1514—1576), der ihre Wichtigkeit erkannte und 1557 den Druck mit einer langen, selbstgeschriebenen Einleitung begann, dann aber unterdrückte, da er die Unfertigkeit des Werkes immer mehr einsah; er benutzte es nunmehr als Grundlage für sein eigenes großes Lebenswerk, das *Opus Palatinum*,[302] das aber schließlich auch unvollendet blieb, die dritte Wiederholung desselben Vorgangs. Er trieb die systematische Durcharbeitung des WERNERschen Werkes zu weit (vgl. S. 140), so daß es durch seinen Umfang ein Monstrum von Unhandlichkeit wurde; anderseits übersah RHAETICUS die Vorteile der neuen WERNERschen Rechenmethoden und übernahm sie nicht in sein Werk. Der Druck des *Opus Palatinum* wurde erst lange nach seinem Tode durch seinen Schüler V. OTHO 1596 beendet; in-

580 *Joannis Verneri de triangulis sphaericis libri quatuor*, herausgegeben von A. A. BJÖRNBO, Abh. Gesch. math. Wiss. 24, Leipzig 1907.

zwischen aber hatten ihm VIETAs Arbeiten (1579, 1593) den Rang abgelaufen.

Andere methodische Wege als REGIOMONTAN und WERNER schlug NIKOLAUS KOPPERNIKUS (1473, Thorn — 1543, Frauenburg) ein. Bei der Ableitung der sphärischen Sätze benutzte er in seinem Werke *De revolutionibus orbium caelestium* (1530 vollendet, 1543 gedruckt)[IV 997] vielfach ein Dreieck, das er aus der zugehörigen Ecke durch einen senkrechten Schnitt auf eine Seitenkante (Kugelradius) erhielt und das ihn in den Stand setzte, die ebene Trigonometrie anzuwenden.[581] Betrachtungen an den körperlichen Ecken hatten freilich schon die Araber, wie ALḪOǴENDĪ, ABŪ NAṢR[582] und NAṢĪR EDDĪN,[583] mit großer Gewandtheit zur Aufstellung ihrer Theoreme herangezogen; aber es ist außer Zweifel, daß KOPPERNIKUS von ihnen keine Kenntnis hatte. RHAETICUS (1514—1576, Wittenberg), der längere Zeit bei ihm verweilte, bildete diese stereometrische Methode weiter aus.[584] Eine umfassende Verwendung scheint VIETA (1540—1603) von diesem Prinzip gemacht zu haben. In einer älteren Schrift von 1579 (vgl. S. 48)[153, 247] geht er zwar über die Resultate REGIOMONTANs nicht hinaus, um so größer sind aber die Fortschritte, die wir in dem *Variorum de rebus mathematicis responsorum liber VIII* von 1593[II 849] wahrnehmen; bedauerlich ist nur, daß sich VIETA hier auf die Angabe seiner neuen Sätze beschränkt, ohne ihre Ableitung irgendwie anzudeuten. Neu ist die Hinzufügung der sechsten, letzten Fundamentalformel am rechtwinkligen Dreieck, neu die kurze Formulierung des schon bei REGIOMONTAN zu findenden Kosinussatzes, neu die Aufstellung des dritten Hauptsatzes, neu vor allem die Benutzung der Reziprozitätsbeziehungen zwischen den allgemeinen Formeln am schiefwinkligen Dreieck. Einen Anstoß zu weiterer Bearbeitung der vorhandenen Formeln gab in der zweiten Hälfte des sechzehnten Jahrhunderts das Auftreten der *Prosthaphairesis* (vgl. Bd. IV, S. 167, Bd. V, S. 62, 108), indem man die zu praktischem Gebrauch bestimmten trigonometrischen Sätze so umformte, daß nur Additionen und Subtraktionen nötig waren. WERNERs Ideen waren nicht ganz verschollen, obgleich sein Werk, wie wir sahen, von RHAETICUS zurückgehalten wurde. Durch PRAETORIUS (1537—1616; Prof. der Math. in Wittenberg), der 1569 den RHAETICUS aufgesucht hatte, waren Andeutungen über das neuartige Verfahren des WERNER, das das numerische Rechnen so sehr erleichterte, an TYCHO BRAHE (1546

581 *De revolutionibus*[IV 997], lib. I, cap. XIV, Nr. 3, 13. — 582 VON BRAUNMÜHL, *Gesch.* 1[II 935], S. 60. — 583 Daselbst S. 68. — 584 Vgl. K. HUNRATH[54], S. 213ff.

bis 1601)[585] gelangt. Daraufhin erfand BRAHE mit seinem Schüler WITTICH (1555—1587) selbständig ähnliche prosthaphäretische Formeln, die dann von RAYMARUS URSUS 1588 widerrechtlich veröffentlicht wurden,[586] aber schon 1584 dem damals in Kassel als Astronom beschäftigten JOST BURGI (vgl. S. 62) durch WITTICH mitgeteilt waren. BÜRGI, wie später CLAVIUS[331] (1537—1612) arbeitete nun ebenfalls an den prosthaphäretischen Methoden. Freilich waren diese Bestrebungen nach Rechenerleichterungen nur vorübergehend, da NEPERS Logarithmentafel (1614) die Mathematiker in andere Bahnen lenkte. Von jetzt ab galt es, gerade umgekehrt, Formeln von der Art zu schaffen, daß unter Vermeiden von Summen und Differenzen in erster Reihe Produkte auftraten. NEPER selbst gelang die Entdeckung jener Analogien, die noch heute seinen Namen tragen. Von wirklichen Formeln ist, darauf sei wiederholt aufmerksam gemacht, in diesem und zum Teil noch in dem nächsten Jahrhundert keine Rede. Für alle Sätze wurde die Proportionsform bevorzugt, die Wiedergabe in Worten machte den Inhalt der ausgesprochenen Sätze nur noch unübersichtlicher. Ganz langsam drang die symbolische Algebra in die Trigonometrie ein (vgl. S. 37 bis 47), ebenso allmählich wurde die Proportionsform durch die Gleichungen ersetzt. Auch die Behandlungsform trigonometrischer Aufgaben war noch recht schwerfällig. Die aufgestellten Proportionen wurden auf das vorgelegte Dreieck angewendet und nun die Aufgabe schrittweise, meistens sogar nur in speziellen Zahlen, ihrer Lösung entgegengeführt, ohne daß man sich bemühte, ein einheitliches Schlußresultat anzugeben. Erst durch EULER (1707—1783) erhielt die Trigonometrie die moderne Form (vgl. S. 42—43), die ihr zu leichter und einfacher Anwendung verhilft. Auch in ihrer Grundlegung hat EULER unbestreitbare Verdienste. In einer Abhandlung von 1781[587] zieht er einfache stereometrische Betrachtungen heran, die noch in den heutigen Elementarbüchern die Hauptrolle

585 TYCHO BRAHE, *Triangulorum planorum et sphaericorum praxis arithmeticae*, Faksimile, herausg. von F. J. STUDNIČKA, Prag 1886. Vgl. auch J. L. E. DREYER, *The Observatory*, Nr. 498, 1916, S. 127—131. — 586 N. R. URSUS, *Fundamentum astronomicum*, Straßburg 1588[329]. NICOLAI REIMERS, wie sein eigentlicher Name hieß, war 1584 bei BRAHE; er wird von BRAHE selbst des geistigen Diebstahls bezichtigt. Vgl. BJÖRNBO, *Verneri de triangulis sph.*[580], S. 168, Anm. 1. — 587 *Trigonometria sphaerica universa, ex primis principiis breviter et dilucide derivata*, Acta Ac. Petrop., I, 1779 (1782), S. 72—86 (vorgelegt 12. III. 1781). — 588 *Principes de la trigonométrie sphérique, tirés de la méthode des plus grands et plus petits.* Hist. Mém. Ac. Berlin 1753, IX (1755), S. 223 ff. (vorgelegt 18. I. 1753).

spielen. In den *Principes de la trigonométrie sphérique* von 1753[588] hatte er viel weiter ausgeholt; er war ausgegangen von den Eigenschaften kürzester Linien auf krummen Flächen und hatte die gefundenen Sätze für die größten Kreise der Kugelfläche spezialisiert. Zeigen die mathematischen Lehrbücher des sechzehnten bis siebzehnten Jahrhunderts eine ermüdende Weitschweifigkeit in Behandlung aller nur möglichen Fälle — so stellte RHAETICUS allein für das rechtwinklige Dreieck etwa 130 Regeln auf (vgl. S. 108) — und war es seinerzeit schon als eine hochbedeutende Leistung angesehen worden, daß ADRIAEN VAN ROOMEN (1561—1615, Löwen) nach dem Vorbilde von VIETA mit fünf Formeln, dem Sinussatz, den beiden Kosinus- und Kotangenssätzen, bei der Dreiecksberechnung auskommen konnte,[589] so begnügte sich EULER in der Abhandlung von 1753[588] mit den vier Formeln:

$$1.\quad \frac{\sin a}{\sin \alpha} = \frac{\sin b}{\sin \beta} = \frac{\sin c}{\sin \gamma}, \qquad \text{(daselbst § 21, S. 238)}$$

$$2.\quad \cos a = \cos b \cdot \cos c + \sin b \cdot \sin c \cdot \cos \alpha, \qquad \text{(§ 20, S. 238)}$$

$$3.\quad \cos \alpha = -\cos \beta \cdot \cos \gamma + \cos a \cdot \sin \beta \cdot \sin \gamma, \qquad \text{(§ 27, S. 241)}$$

$$4.\quad \cos a \cdot \cos \beta = \sin a \cdot \operatorname{ctg} c - \sin \beta \cdot \operatorname{ctg} \gamma, \qquad \text{(§ 23, S. 239)}$$

und legte 1781 überdies dar, daß man schon mit drei Formeln, nämlich 1, 2 und:

$$\cos \alpha \cdot \sin c = \cos a \cdot \sin b - \sin a \cdot \cos b \cdot \cos \gamma$$

auskommen könnte.[590]

W. DE OPPEL hatte schon vorher (1746) alle Formeln der sphärischen Trigonometrie aus drei, nämlich dem Sinussatz und den beiden Kosinussätzen, abgeleitet.[591] Seine Formelfassung ist im ganzen Buche recht undurchsichtig, auf logarithmische Rechnung ganz und gar nicht zugestutzt. Er erscheint geradezu als ihr Gegner, so sehr, daß er den Sinussatz fast ganz verschmäht und ihn nur einmal am Anfang, wo er ihn nicht vermeiden kann, heranzieht.[592] L. BERTRAND (1731—1812) schaltet den Sinussatz in der Grundlegung ganz aus und leitet den gesamten Formelbestand nur

589 *Canon triangulorum*, 1609[167], vgl. v. BRAUNMÜHL, *Gesch.* 1[II 935], S. 229. — 590 Vgl. Anm. 587, § 13, S. 78. — 591 *Analysis triangulorum*[II 58], II, § 89: *Cuncta trigonometriae sphaericae praecepta duabus complectuntur aequationibus.* 592 Daselbst II, § 58 u. S. 62, Z. 9[II 58].

aus den Kosinussätzen ab.[593] Erst als Folgerung des Seitenkosinussatzes kommt er zum Sinussatz, indem er:

$$(\sin \alpha)^2 = 1 - (\cos \alpha)^2$$

einsetzt und den im Bruch für die Seiten symmetrischen Ausdruck:

$$\sin \alpha = \sin a \frac{\sqrt{1 - \cos a^2 - \cos b^2 - \cos c^2 + 2 \cos a \cos b \cos c}}{\sin a \sin b \sin c}$$

berechnet.[594] Ähnliche Ableitungen brachten 1783 Jean Paul de Gua de Malves,[595] Lagrange (1799)[596] und Gauss.[597]

Euler machte 1753[588] ferner zuerst auf den Zusammenhang der Formeln in der sphärischen und ebenen Trigonometrie aufmerksam, den Lambert 1765 (vgl. S. 171) genauer auseinandersetzte.

Auch in der Auffindung neuer Formeln für andere Dreiecksstücke, wie den Umfang, die Winkelsumme, den Radius der ein- und umgeschriebenen Kreise, leitete Eulers Vorbild eine rege Tätigkeit ein, an der sich besonders Lexell (1740—1784, Petersburg) und L'Huilier (1752—1833, Paris) beteiligten. Delambre (1749—1822, Paris) Mollweide (1774—1825, Leipzig) und Gauss (1777—1855, Göttingen) werden ebenfalls bei Besprechung der Einzelheiten im folgenden zu nennen sein.

Eine Verallgemeinerung des sphärischen Dreiecks, bei der weder Seiten noch Winkel durch irgendwelche Grenzen beschränkt werden, regte Gauss 1809 an.[598] Klügel hatte bereits 1770[599] die Gültigkeit der Formeln am rechtwinkligen Dreieck auf Winkel über 90° ausgedehnt. Den Gedanken von Gauss führte für die sphärische Geometrie Chr. Gudermann 1835[600] durch. Einen gewissen Abschluß für das Gesamtgebiet der sphärischen Trigonometrie nach dieser Richtung brachten die Arbeiten von Moebius (1846 und 1860)[601]

593 Daß die Kosinussätze zu der Ableitung aller Formeln ausreichen, hatte schon F. Chr. Maier, Comm. Ac. Petr. 1727 (1729)[196], S. 29, § 22, behauptet, aber nicht bewiesen. — 594 *Développement*[II 939], 1778, tome II, S. 1778. Vgl. Lacroix, *Traité élémentaire de trigon. rect. et. sphér.*[358], 2. éd. Paris, an VIII (1799/1800), S. 51. — 595 Hist. Mém. Ac. Paris 1783 (1786), S. 305, Cor. II. — 596 Journ. Éc. polyt., cah. 6, 1799, S. 280, in einer Abhandlung *Solutions de quelques problèmes*[415]; Lagranges Werke, ed. Serret[1575], 7, Paris 1877, S. 342. — 597 Gauss' *Werke* IV[IV 1256], S. 401—403. — 598 *Theoria motus corporum caelestium*, Hamburg 1809, Nr. 136; *Werke* 7, Leipzig 1906, S. 176. — 599 *Analytische Trigonometrie*[IV 572], Kap. 6, IX, S. 160 f. — 600 *Lehrbuch der niederen Sphärik*[229]. — 601 1846. *Über eine neue Behandlungsweise der analytischen Sphärik. Werke* II[IV 278], 1—69. 1860. *Entwicklung der Grundformeln der sphärischen Trigonometrie in größtmöglicher Allgemeinheit. Werke* II[IV 278], S. 73—88.

und, mit Hilfe der analytischen Geometrie, O. STOLZ (1871).[602] Volle Klarheit schuf für die moderne sphärische Trigonometrie erst E. STUDY in seinem grundlegenden Werke von 1893.[603]

Graphische Methoden zur Auflösung sphärischer Dreiecke[604] hatten, wie wir schon bemerkten (S. 103—105), die Griechen, Inder und Araber benutzt. Durch JORDANUS NEMORARIUS († 1237?), der eine größere Schrift über das *Planisphaerium* des PTOLEMÄUS schrieb, wurde das Abendland mit ihnen bekannt; JORDANUS projizierte nicht vom Pol auf die Äquatorebene, sondern auf die Tangentialebene des Gegenpols. Die Schrift des PTOLEMÄUS wurde von COMMANDINUS (1558) übersetzt und im Druck herausgegeben,[605] von MAUROLICO (1494—1575, Messina) bearbeitet.[606] CLAVIUS (1537—1602) bevorzugte wiederum die Äquatorialebene; er arbeitete die Methode so systematisch durch, daß er alle sechs Fundamentalfälle des sphärischen Dreiecks erschöpfend behandeln konnte;[607] BOSCOVICH (1711—1787)[608] nahm die älteren Arbeiten wieder auf. CASWELL[609] (um 1685) und besonders DE OPPEL (1746)[610] leiteten die trigonometrischen Hauptsätze, wie Kosinussatz und Sinussatz, durch Aufklappen der körperlichen Ecke, die zum sphärischen Dreieck gehört, in eine Ebene ab. Auch in der Neuzeit wird das Projektionsverfahren wieder in Angriff genommen (G. BELLAVITIS 1851,[611] CHR. WIENER 1884[612]).

B. Die Sphärik.

I. Definitionen. Fachausdrücke.

Eine systematische Behandlung der reinen Sphärik unabhängig von der sphärischen Trigonometrie ist erst am Anfang des neunzehnten Jahrhunderts vorgenommen worden. Den weniger ge-

602 Z. Math. Phys. 16, Leipzig 1871, S. 168—178. — 603 *Sphärische Trigonometrie, orthogonale Substitutionen und elliptische Funktionen*, Leipzig 1893. Vgl. über die Verallgemeinerung des Dreiecksbegriffes J. SOMMER, *Encykl. d. math. Wiss.* III, A B 8, S. 833 ff. — 604 Vgl. ST. HALLER, Bibl. math. 13_3, 1899, S. 71—80; VON BRAUNMÜHL, Bibl. math. 2_3, 1901, S. 106—110. — 605 *Jordani Planisphaerium*, Venetiis 1558. — 606 MAUROLYCUS, *Astrolabii theoria et fabrica* in *Opuscula mathematica*, Venetijs 1575, S. 61—77. — 607 CLAVIUS, *Astrolabium*, Romae 1593. — 608 *Trigonometriae sphericae constructio*, Romae 1737. — 609 WALLIS, Anhang zur Algebra[158]; *Opera* II[1478], 861—880. — 610 *Analysis triangulorum*[II 58], § 58, 76. — 611 *Lezioni di geometria descrittiva*, Padua 1861. — 612 *Lehrbuch der darstellenden Geometrie*, 1, Leipzig 1884 (1906); 2, Leipzig 1887.

lungenen Versuchen von G. F. Pohl (1819)[613] und v. Forstner (1827)[IV 550] folgten die umfassenden Lehrbücher von K. F. Schulz (1828)[73] und Chr. Gudermann (1835),[229] von denen besonders das letztere den Hauptwert auf rein geometrische Herleitungen und Konstruktionen legte.

Die älteste genaue Definition der Kugel (*σφαῖρα*; *sphaera, corpus sphaericum*,[614] *globus*;[615] *rotundum* nach Fink (1583) im Sinne von Kreis und Kugel) ist genetisch; sie verrät durch den Wortlaut: „Die Kugel wird von einem Halbkreise beschrieben, der sich um seinen unverrückten Durchmesser dreht" (Euklid, Elemente XI, Erkl. 14;[616] um 325 v. Chr.) deutlich ihren astronomischen Ursprung. Theodosios aus Bithynien (erste Hälfte des zweiten Jahrh. v. Chr.) bezeichnete dagegen in seiner *Sphärik*[567] (lib. I, Erkl. 1) die Kugel als einen von einer einzigen Oberfläche umschlossenen Körper, dessen Grenzpunkte von einem einzigen, innerhalb des Körpers befindlichen Punkte gleiche Abstände haben.

Diese Definition muß indes älter sein. Wir wissen, daß die Sphärik des Theodosios nur eine Überarbeitung eines voreuklidischen Lehrbuches etwa aus der Mitte des vierten Jahrhunderts v. Chr. ist, dessen Verfasser man in Eudoxos vermutet. Auf dieses scheint sich Aristoteles (384—322 v. Chr.) mit seiner Erklärung *Ἔστι σφαῖρα τὸ ἐκ τοῦ μέσου σχῆμα ἴσον* (die Kugel ist die vom Mittelpunkt aus gleiche Figur)[617] zu beziehen.

Beide Definitionen wurden von den modernen Lehrbüchern aufgenommen.

Das Wort Kugel ist mittelhochdeutsch. Vor seinem Eintritt in die mathematische Sprache (1349, Konrad von Megenburg,[618]

613 *Geometrie der Kugelfläche*, Berlin 1819. — 614 Handschrift des Frater Fridericus (1455—1464)[II 626], ed. Curtze, Bibl. math. 8_2, 1894, S. 111, Z. 13. — 615 *Globus* ist eine Übersetzung Ciceros. Vgl. *De nat. deorum* II, cap. 18, § 47: ... *cum duae formae praestantes sint, ex solidis globus (sic enim σφαῖραν interpretari placet), ex planis circulus aut orbis, qui κύκλος graece dicitur.* — 616 Ed. Heiberg, IV[II 542], S. 4, Z. 21—23: *Σφαῖρά ἐστιν, ὅταν ἡμικυκλίου μενούσης τῆς διαμέτρου περιενεχθὲν τὸ ἡμικύκλιον εἰς τὸ αὐτὸ πάλιν ἀποκατασταθῇ ὅθεν ἤρξατο φέρεσθαι, τὸ περιληφθὲν σχῆμα.* Älteste deutsche Übersetzung der Euklidischen Definition durch Konrad von Megenburg, 1349, Sitzgsber. Ak. Wien, Phil.-hist. Kl. 7, 1851, S. 83: Euclides der meyſter beſchreibt vns was ſpera ſey vnd ſpricht ſpera iſt ain gank (= *Gang*) ainer vmbuart (= Umfahrt, Umlauf) ains halben krayz, die veſt vnd eben ſtat an ire mittelmäzzigen leng vnd die man als lang vmb fuert pis ſie wider kumpt in die ſtät irs anuangs. — 617 Aristoteles, Akademieausgabe[12], II, S. 1033 rechts, Z. 14; ähnlich I, S. 287 links, Z. 9. 618 Sitzgsber. Ak. Wien, Phil.-hist. Kl. 7, 1851, S. 82: An dem erſten well wir ſagen, was spera, oder ain runden gros ſey, was der runden grozz achs ſey. . . .

1625, Dürer[619]) und dann noch oft neben ihm ist *sphaer* oder *speer*[620] zu finden.

Halbkugel und Kugelfläche wird 1670 von J. Chr. Sturm in seiner deutschen Archimedesübersetzung (Vorbericht)[II 535] gebildet.

Die allgemein übliche Bezeichnung „Größter Kreis" findet sich bereits bei Autolykos von Pitane (um 330 v. Chr.): *ὁ μέγιστος κύκλος*.[621] Steiner führte 1827[622] das Wort „Hauptkreis" ein, das von Schulz in seiner *Sphärik* (1828) zugleich mit dem sich von selbst einstellenden „Nebenkreis" sofort benutzt wurde. Weniger glücklich ist die Bezeichnung „Normalkreis", die Pohl 1819[613] einführte. Eine moderne Neuerung soll „Großkreis" sein;[623] jedoch spricht schon Regiomontan (1464) nach arabischen Vorbildern (Al-Ḥabaš Alḥāsib;[16] arab.-lat. Übers. des Menelaos[IV 1316]) von dem *circulus magnus*.[624] Auch in französischen Handbüchern des achtzehnten Jahrhunderts ist *grands cercles, petits cercles*[625] verbreitet. Ph. Naudé (1706), der nach französischem Muster arbeitet, sagt ebenfalls großer Circkel, kleiner Circkel.[626]

Das Wort Parallelkreis geht auf Boëtius (480—524) zurück.[627]

Von Steiner (1827) rührt der Ausdruck Gegenpunkte für die Endpunkte eines Kugeldurchmessers her.[628]

Das Wort Pol (*πόλος*; von *πολεῖν* = drehen) kommt zuerst vor bei Autolykos (um 330 v. Chr.), ist aber bei ihm schon ein so oft benutzter Fachausdruck,[629] daß seine Bildung bedeutend früher anzusetzen ist. Er wird hier nicht nur für die Endpunkte einer Drehungsachse, sondern auch für das sphärische Zentrum eines beliebigen Kugelkreises gebraucht. Eine Definition in diesem Sinne ist bei ihm nicht vorhanden; sie findet sich erst bei Heron (Alexan-

619 Vnderweysung[II 334], A_3, Z. 3 v. u.: Aber kein vollkumenes Korpus ist / das allenthalbē gleicher ist dann ein Kugel. — 620 Vgl. Anm. 618, 638. W. Schmid, Das erst Buch der Geometrie[IV 229], sagt S. 19, Z. 12: Dis corpus wird von den gelertē Sphera / von deutschen ein rechte Kugel genant. — 621 *De sphaera*, ed. Hultsch[IV 478], z. B. S. 8, Z. 5. — 622 J. r. angew. Math. 2, Berlin 1827, S. 46. — 623 Bussler, *Elemente*, Dresden 1897[III 4], I, S. 141. — 624 *De triangulis omnimodis*[II 244], z. B. III, 15. — 625 Rivard, *Élémens*[II 259], 1739, III, 33. — 626 *Gründe der Meßkunst*[IV 189], S. 182. — 627 *Institutiones*[I 320], S. 11, Z. 25: *circuli paralleli.* — 628 S. 45[622]. — 629 *De sphaera* S. 4, Z. 21[II 478].

dria, erstes Jahrhundert v. Chr.)[630] und bei THEODOSIOS.[631] Übrigens wird *πόλος* von den griechischen Mathematikern auch bei anderen Drehpunkten als Fachwort benutzt, wie bei der Konchoide des NIKOMEDES.[632] Im Anschluß an die Alten tritt *polus* als Kugelpol auch bei REGIOMONTAN[633] auf. In neuerer Zeit beschränkt man den Begriff eines Pols auf den sphärischen Mittelpunkt von Hauptkreisen und nennt diese alsdann die Polaren (seit GERGONNE 1812).[634] Da zu einem Hauptkreis zwei Pole (Pol und Gegenpol) gehören, so ist festzusetzen, welcher von beiden zu einer bestimmten Durchlaufungsrichtung des Hauptkreises gehört, etwa der zur Linken befindliche, wodurch dann der zugehörige Richtungssinn der Polaren als positiv zu bezeichnen wäre. Auf diese wichtige Bestimmung wies zum erstenmal GAUSS (1827) in seinen *Disquisitiones generales circa superficies curvas*[635] hin. Ihm schließt sich K. F. SCHULZ (1828)[636] sofort an. Eine Verdeutschung von Pol, etwa durch ‚Wirbel' (KEPLER, 1616[637]) hat sich nicht eingebürgert.

Achse ist ein Lehnwort aus dem Lateinischen (*axis*) und kommt merkwürdigerweise viel früher in mathematisch-astronomischen Schriften vor als das Wort Kugel selbst, so in der durch MEGENBURG in der Mitte des vierzehnten Jahrhunderts hergestellten deutschen Übersetzung der *Sphaera mundi* des SACROBOSCO.[638]

Statt der modernen Benennung sphärisches Zweieck (zuerst bei CRELLE, *Lehrbuch* 1827[639]) empfiehlt BALTZER[640] (1818—1887) *sphärischer Winkel*; LEGENDRE sagt *fuseau* (Spindel).[641]

---

630 Defin. 82; *Opera Heronis* 4, ed. HEIBERG, S. 54, Z. 12 ff.: *Κύκλου δὲ πόλος ἐν σφαίρᾳ λέγεται σημεῖον ἐπὶ τῆς ἐπιφανείας τῆς σφαίρας, ἀφ' οὗ πᾶσαι αἱ προσπίπτουσαι εὐθεῖαι πρὸς τὴν περιφέρειαν ἴσαι ἀλλήλαις εἰσίν* (Pol eines Kreises auf der Kugel heißt ein Oberflächenpunkt der Kugel, von dem aus alle zum Umfang des Kreises gezogenen Geraden untereinander gleich lang sind). — 631 *Sphaerica*[IV 1816], I, Erkl. 5, Nizze[567], S. 1. — 632 EUTOKIOS, *Comm. in lib. II de sphaera et cylindro Archimedis. Opera Archimedis*[17], ed. HEIBERG, III, S. 100, Z. 14 u. ö. — 633 *De triang.*[II 244], Buch III, Satz 4, S. 65 u. ö. Vgl. auch Anm. 638. — 634 GERGONNE, Ann. math. appl., 3, 1812—13, S. 297, letzte Zeile. — 635 § 2, VI, Comm. Gött., VI, 1828; GAUSS' *Werke*[IV 394], Gött. 1873, S. 231. — 636 *Sphärik*[73], I, § 12, S. 18. — 637 1616, Messekunst[I 788], Nr. 38, S. 33: Würbel. — 638 Vgl. Anm. 618; ferner die Übersetzung von CONRADT HEYNFOGEL, gedruckt 1519[I 216], S. 61 IIa, Z. 2 v. u.: Im erstē haubtstuck wöl wir sagē was sphera / od' ein rūde grösse sey / was d'rundē größ gemeiner mittelpūckt sey / was der runde größ achs sey / was des himmels Polus oder spitzs sey / wie vil der spheer sein . . .; DÜRER 1525, Underweysung[II 334], Jiiij verso, Z. 14 v. u.: Lateinisch axem mundi / das ist die ax daran die gantz welt vms get. — 639 II, § 702, S. 836[II 485]. — 640 *Elemente* II, Leipzig 1872[IV 581], Buch 5, § 4, 2 Anm., S. 165. — 641 *Éléments de Géométrie*, 1794[IV 364], Buch 7, def. 9.

Ein Fachwort für sphärisches Dreieck hatte sich nach dem Zeugnis des PAPPOS[642] bereits MENELAOS (um 98 v. Chr.)[643] in *τρίπλευρον* beschafft (noch nicht THEODOSIOS). Es kommt allerdings schon bei EUKLID[644] vor, wo es aber allgemein eine ebene dreiseitige Figur bedeutet; da aber dann EUKLID nur *τρίγωνον* für Dreieck benutzt, war *τρίπλευρον* frei geworden und konnte nun als sphärisches Dreieck spezialisiert werden. In lateinischen Übersetzungen der Sphärik des MENELAOS wird kein Sonderwort verwendet; es heißt *triangulus ex arcubus circulorum magnorum super superficiem sphaerae* (GERHARD VON CREMONA) oder einfacher *triangulus ex arcubus circulorum magnorum* (ǦĀBIRs Astronomie, Übersetzung von GERHARD VON CREMONA[23]); GEORG VON TRAPEZUNT (1396—1485) benutzt in seiner Übersetzung des Almagest *trilaterum* oder *figura trilatera*. Im Kommentar, den GEORG VON PEURBACH (1423—1461) und REGIOMONTAN (1436—1476) zum Almagest des PTOLEMAUS[579] verfaßt haben, tritt an einer Stelle *triangulus sphaeralis* auf,[645] das REGIOMONTAN dann in seinem Dreiecksbuch[II 244] wiederholt gebraucht. Die Bildung *triangulus sphaericus* ist Eigentum JOH. WERNERs (1468 bis 1528);[646] sie erscheint danach bei KOPPERNIKUS (1543),[647] bei THOMAS FINK[648] (1583) und nunmehr häufiger.

Das Wort sphärisch selbst tritt mit dem siebzehnten Jahrhundert in die deutsche Sprache ein (z. B. bei SCHWENTER 1636[649]).

Der Begriff der sphärischen Parallelogramme wird durch EULER (1778) in einer nachgelassenen Abhandlung von 1792 eingeführt.[650] Er versteht darunter ein sphärisches Viereck, das durch eine Diagonale in zwei kongruente Dreiecke zerlegt werden kann. Andere Definitionen geben K. F. SCHULZ (1828)[651] (ein Viereck, dessen Ecken Durchschnitte zweier Gegenkreise mit zwei anderen Gegen-

---

642 PAPPUS VI 1, ed. HULTSCH[18], 2, S. 476, Z. 16—17: *Καλεῖ δὲ τοιοῦτο σχῆμα Μενέλαος ἐν τοῖς σφαιρικοῖς τρίπλευρον.* — 643 Lib. I, def., ed. HALLEY[IV 1316], 1758, S. 1: *Triangulum sphaericum est spatium comprehensum sub arcubus circulorum magnorum in superficie sphaerae.* — 644 I, def. 19, 20[IV 15]. ed. HEIBERG I, S. 6. — 645 Daselbst Buch II, S. 19[IV 355]. Vgl. BJÖRNBO, *Verneri de triangulis sph.*[580], S. 154. — 646 In der Überschrift seines Werkes *De triangulis sphaericis*, dann I, 1, ed. BJÖRNBO[580], S. 2, Z. 4. *Angulus sphaericus* I, def. IV, S. 1. — 647 *De revolutionibus*[IV 997], I, cap. 12, ed. Basileac 1566, S. 12, Z. 12, zuerst *trianguli convexi*, dann Z. 24 *tr. sphaerici.* — 648 XIII[IV 829], 1, S. 336. — 649 Erquickstunden, *Deliciae Physico-mathematicae*, Nürnberg 1636, II. Teil; Aufg. 27, S. 143: So ist nun A B C ein sphaerischer rechtwincklicher Triangel. — 650 Nova Acta Ac. Petrop. 10, 1792 (1797): *Variae speculationes super area triangulorum sphaericorum*, S. 57 (eingereicht am 29. I. 1778). — 651 I[73], S. 115, § 94.

kreisen sind; ein Gegenkreis ist definiert als geometrischer Ort aller Gegenpunkte, die zu den Punkten eines beliebigen Kugelkreises gehören) und CHR. GUDERMANN (1835),[652] der zu diesem Zwecke den Begriff von Parallelen auf einer Kugelfläche einführt. Von SCHULZ und CHR. GUDERMANN wird auch das sphärische Trapez definiert.

Die Definitionen von Kugel, größten Kreisen, Pol usw., die THEODOSIOS gibt, wiederholt MENELAOS nicht. Er beginnt sofort mit dem sphärischen Dreieck und dessen Definitionen. Sie lauten in deutscher Übersetzung:[569]

I. Sphärisches Dreieck ist der durch Bogen von Großkreisen auf der Kugeloberfläche eingeschlossene Flächenteil.

II. Die Bogen, die immer kleiner als ein Halbkreis sind, heißen Schenkel oder Seiten des Dreiecks.

III. Winkel des sphärischen Dreiecks heißen die Winkel, die die Großkreise auf der Kugeloberfläche einschließen.

IV. Diese Winkel werden gleich genannt, wenn die Ebenen der sie einschließenden Bogen gegenseitig von gleicher Neigung sind.

V. Wenn die Ebenen zweier Bogen gegenseitig in größerer Neigung stehen als die Ebenen zweier anderer Bogen, wird der von den ersteren Bogen eingeschlossene Winkel der größere sein.

VI. Wenn die Ebenen der Bogen einen rechten Winkel einschließen, sollen auch die Bogen einen rechten Winkel einschließen.

2. Die Kreise auf der Kugelfläche.

Der Satz, daß jeder ebene Schnitt einer Kugel ein Kreis ist, wurde von AUTOLYKOS (um 330 v. Chr.) benutzt,[653] etwa gleichzeitig von EUKLID (325 v. Chr.) in den *Phaenomena*[654] als besonderer Satz angeführt und von THEODOSIOS (um 55 v. Chr.) ausführlich mit dem Pythagoreischen Lehrsatz bewiesen.[655]

Daß der größte Kreis zwischen zwei Punkten die kürzeste Verbindungslinie ist, suchte JOHANNES WERNER (1468—1528, Nürnberg, Pfarrer) mit elementaren Mitteln, infolgedessen nicht streng, zu beweisen.[656] Auch der Beweis von LEGENDRE im 7. Buch seiner

652 S. 78 ff.[229]. — **653** Ed. HULTSCH[IV 478], S. 5. — **654** Ed. MENGE[565], S. 6, Z. 17 bis 18: *Ἐὰν σφαῖρα ἐπιπέδῳ τμηθῇ, ἡ κοινὴ τομὴ κύκλος ἐστίν.* — **655** I, 1[IV 1816], Übers. von NIZZE, S. 4[567]. — **656** WERNER, *In librum geographiae Cl. Ptolemaei argumenta paraphrases et adnotationes*, Adm. IV, nach VON BRAUNMÜHL, *Gesch.* 1[II 935], S. 134, Anm. 3. In KLÜGELS *Wörterbuch*[II 143], 3, S. 404—405 wird wohl nur irrtümlich von MAGINI gesprochen.

Elemente[IV 354] ist nicht einwandfrei. Streng ging erst C. F. A. JACOBI in den von ihm bearbeiteten *Elementen* von VAN SWINDEN vor.[657]

THEODOSIOS I, 3 zeigte, daß eine Kugel in höchstens einem Punkte von einer Ebene berührt wird; hieran schließt sich bei ihm in I, 4 an, daß der Berührungsradius auf der Tangentialebene senkrecht steht (Umkehrung in I, 5).

Mit Hilfe von I, 1 lehrte THEODOSIOS in I, 2, wie man zu einer gegebenen Kugel den Mittelpunkt wiederfinden kann (ähnlich wie EUKLID III, 1 für den Kreis). Die etwas anders gefaßte Aufgabe, eine Kugel zu finden, die durch vier gegebene Punkte geht, wurde erst von FERMAT (1601—1665, Toulouse) gestellt und gelöst.[658]

Den Pol eines Kugelkreises konstruierte THEODOSIOS I, 21.

Die Eigenschaft einer Geraden, die a) durch den Mittelpunkt der Kugel, b) durch die Mitte eines Schnittkreises, c) senkrecht zu dem Schnittkreis, d) durch den einen Pol des Schnittkreises, e) durch den zweiten Pol des Schnittkreises geht, gestattet die Aufstellung von sieben Einzelsätzen:[659]

	Voraussetzung	Behauptung
1.	*a, b*	*c, d, e*
2.	*a, c,*	*b, d, e*
3.	*a, d* (oder *e*)	*b, c, e* (oder *d*)
4.	*b, c*	*a, d, e*
5.	*b, d* (oder *e*)	*a, c, e* (oder *d*)
6.	*c, d* (oder *e*)	*a, b, e* (oder *d*)
7.	*d, e*	*a, b, c*

Das erste Auftreten dieser Sätze in der erhaltenen Literatur ist folgendes:

1. von AUTOLYKOS nur benutzt beim Beweise seiner prop. 12 (S. 46, 47 ed. HULTSCH); THEODOSIOS, *Sphärik* I, 7 (ohne *d, e*), ergänzt durch einen arabischen Übersetzer des THEODOSIOS;[660] REGIOMONTAN, *De triangulis*[II 244] III, Satz 2 u. 8.
2. von AUTOLYKOS nur benutzt im Beweis der prop. I (S. 4—5); THEODOSIOS, *Sphärik* I, 8 u. I, 1, Folg. 2; REGIOMONTAN III, Satz 1 (ohne *d, e*).
3. hinzugefügt von dem arab. Übersetzer (ohne *b, c*);[661] REGIOMONTAN III, Satz 8 (ohne *c*).

657 *Elemente*[II 942], S. 407. — 658 *De contact. sph.*, Problema, I; *Œuvres*[I 553], I, S. 52—53. — 659 Vgl. NIZZES Übersetzung der *Spharik* des THEODOSIOS[567], S. 134 f. — 660 Ed. NIZZE[567], S. 132, Satz 10[b]. — 661 Daselbst S. 132, Satz 10[a].

4. Theodosios, *Sphärik* I, 2. Folg. (ohne *d, e*); ergänzt von dem arab. Übersetzer; Regiomontan III, Satz 3 (ohne *d, e*).
5. von dem arab. Übersetzer hinzugefügt (ohne *a, e* bzw. *d*)[662] Regiomontan III, S. 8 (ohne *c*).
6. Theodosios, *Sphärik* I, 9 (ohne *a*); Regiomontan III, Satz 4.
7. Theodosios, *Sphärik* I, 10; Regiomontan III, S. 7.

Den vollen Zusammenhang hat erst Clavius 1586[663] erkannt und in einen Satz zusammengefaßt.

Der Satz, daß parallele Schnittkreise dieselbe Achse und dieselben Pole haben, steht zuerst in der *Sphärik* des Theodosios II, 1.[664] Seine Umkehrung ist von Autolykos im Beweis der prop. I verwendet.[665]

Auf die Verschiedenheit in der Größe der Schnittkreise je nach der Größe der Abstände vom Mittelpunkte machte Theodosios in I, 6, A[666] ausdrücklich aufmerksam, nachdem Autolykos prop. 12 stillschweigend schon von dieser Beziehung Gebrauch gemacht hatte.[667] Als besonderen Satz bringt Theodosios die Umkehrung in I, 6, B.[668]

Die Konstruktion, durch zwei gegebene Kugelpunkte einen Hauptkreis zu legen, setzte Autolykos (prop. 6, Beweis)[669] als bekannt voraus; Theodosios, *Sphärik* I, 20,[670] gab ihre genaue Ausführung.

Im Beweise der prop. 10, *De ortibus et occasibus* I,[671] verwandte Autolykos die Eigenschaft zweier Hauptkreise, sich in einem Kugeldurchmesser zu halbieren; es ist dies ein Satz, der erst in Euklids *Phaenomena*[672] und Theodosios' *Sphärik* I, 11 ausdrücklich angeführt wird,[673] bei dem letzteren in I, 12 mit Umkehrung.

Dasselbe Schema von sieben Sätzen, das oben aufgestellt wurde, läßt sich auch für die fünf Bedingungen bilden: a) ein Kugelkreis wird von einem Hauptkreis geschnitten, b) der Kugelkreis steht auf dem Hauptkreis senkrecht, c) der Kugelkreis wird halbiert, d) der Hauptkreis geht durch den einen und e) durch den zweiten Pol des Kugelkreises. 1. findet sich in Euklids *Phaenomena*[674] und Theodosios' *Sphärik* I, 13; 2. in Theodosios' *Sphärik* I, 14; 3. wird von Autolykos im Beweis der prop. V voraus-

662 Daselbst S. 131, Satz 8[b]. — 663 *Theodosii Tripolitae sphaericorum lib. III* 1586[161], theor. 9, II, coroll. S. 16; Clavius, *Opera*[1432], II, S. 11—13. — 664 Nizze[567], S. 32—33. — 665 Ed. Hultsch[IV478], S. 6—7. — 666 Nizze, S. 8. — 667 Ed. Hultsch, S. 46—47. — 668 Nizze, S. 10. — 669 Ed. Hultsch, S. 18—19. — 670 Nizze, S. 28. — 671 Ed. Hultsch, S. 86—87. — 672 *Euklidis Opera* 8, ed. Menge[565], S. 8, Z. 12—13. — 673 Nizze, S. 17. — 674 Ed. Menge[565], S. 18, Z. 26.

gesetzt;[675] er findet sich dann in EUKLIDS *Phaenomena*[676] und THEODOSIOS' *Sphärik* I, 15; 4. und 7. hat der arabische Übersetzer hinzugefügt; 5. und 6. sind auch von CLAVIUS[663] und BARROW[677] nicht ergänzt worden.

Von dem Berühren zweier Kugelkreise, ihren Beziehungen zu dem Hauptkreis, der durch ihre Pole und ihren Berührungspunkt geht, handelt THEODOSIOS' *Sphärik* II, Satz 3—8; einzelne seiner Sätze sind schon bei AUTOLYKOS nachweisbar.

Die Aufgabe, an einen Kugelkreis von einem gegebenen Kugelpunkt aus einen berührenden Hauptkreis zu zeichnen, lösten EUKLID[678] und THEODOSIOS.[679] Vgl. SCHULZ,[73] *Sphärik* I, § 67, S. 85, der auch die Konstruktion einer Tangente an zwei gegebene Kugelkreise durchführt (§ 68, S. 86).

THEODOSIOS, *Sphärik* II, 9[680] beweist, daß, wenn zwei Kugelkreise einander schneiden, der durch ihre Pole gelegte Hauptkreis die einzelnen Kreisabschnitte halbiert. Gekannt hat diesen Satz schon AUTOLYKOS, wie aus dem Beweise prop. 10, *De ortibus et occasibus* I,[681] zu schließen ist. Er wird auch von EUKLID in den *Phaenomena* angegeben.[682]

Schneidet sich eine Schar paralleler Kugelkreise mit einer Schar von Halbkreisen, die durch den Pol der ersteren gehen, so liegen zwischen zwei Kugelkreisen immer gleiche Hauptkreisbogen, zwischen zwei Hauptkreisbogen immer ähnliche Parallelkreisbogen: AUTOLYKOS, prop. II;[683] THEODOSIOS II, 10.[684]

Wird der Bogen eines beliebigen Hauptkreises zwischen zwei Parallelkreisen durch den ihnen parallelen Hauptkreis halbiert, so sind die Parallelkreise gleich: EUKLID, *Phaenomena*;[685] THEODOSIOS II, 17.[686] Bei beiden Autoren ist auch die Umkehrung unmittelbar darauf ausgesprochen.

3. Die sphärischen Dreiecke und Polygone.

MENELAOS (um 98 n. Chr.) hat das Verdienst, die Geometrie des Kugeldreiecks in ganz ähnlicher Weise, wie es in der Planimetrie für das ebene Dreieck geschehen war, angelegt zu haben;

675 Ed. HULTSCH, S. 16, 17. — 676 Ed. MENGE, S. 16, Z. 16. — 677 *Theodosii sphaerica methodo nova illustrata et succincte demonstrata*, Londini 1675. — 678 Ed. MENGE, S. 26, Z. 10. — 679 *Sphärik*, II, 15; NIZZE, S. 52. — 680 NIZZE, S. 40. — 681 Ed. HULTSCH, S. 88—89. — 682 Ed. GREGORIUS[565], S. 564, Z. 5 f. — 683 Ed. HULTSCH, S. 8—9. — 684 NIZZE, S. 41. — 685 Ed. MENGE, S 42, Z. 16 bis 20. — 686 NIZZE, S. 59.

zur Vervollständigung und systematischen Darstellung gelangte aber diese Lehre erst im Anfang des neunzehnten Jahrhunderts, besonders durch die *Sphärik* von K. F. SCHULZ, 1828.[73]

Daß die Summe zweier Seiten größer als die dritte Seite ist, beweist EUKLID in den *Elementen* XI, 20 auf stereometrischem Wege. MENELAOS, *Sphärik* I, prop. V[687] verwendet nur Betrachtungen auf der Kugelfläche.

Daß die Summe dreier Winkel größer als $2R$ ist, findet sich zuerst bei MENELAOS I, prop. XI.[688] MAUROLICO (1494—1575, Messina) fügt in seiner Menelaosübersetzung 1558 hinzu, daß die Summe der Seiten kleiner ist als $4R$.[689] In demselben Buch des MENELAOS sind auch zum erstenmal die Sätze enthalten, daß gleichen Seiten eines sphärischen Dreiecks gleiche Winkel gegenüberliegen (prop. II) und umgekehrt (prop. III), ferner, daß ungleichen Seiten ungleiche Winkel zugeordnet sind, und zwar der größeren Seite auch der größere Winkel (prop. VII, IX).

Die Untersuchung der Größenverhältnisse zwischen Seiten und Winkeln, je nachdem sie spitz, rechtwinklig oder stumpf sind, wird in späteren Bearbeitungen, besonders des sechzehnten Jahrhunderts, übermäßig weit spezialisiert; JOHANNES WERNER (1468 bis 1528, Nürnberg) unterscheidet in seinem Werke *De triangulis sphaericis* etwa 70 Fälle;[690] noch schwülstiger wird das *Opus Palatinum*[302] (1568) von RHAETICUS (1514—1574) unter Benutzung des WERNERschen Werkes verfaßt. Schon bei MENELAOS sind eine ganze Reihe solcher Sätze vorhanden. In prop. X[IV 1316] zeigt er den Zusammenhang zweier Seiten und der Summen der gegenüberliegenden Winkel desselben Dreiecks: wenn $a + b \gtreqless 180^0$, dann ist auch $180^0 - \alpha \lesseqgtr \beta$. Bei der Vergleichung der Stücke zweier sphärischer Dreiecke stellt MENELAOS folgende weitere Sätze auf:

prop. VI. Wenn $c = c_1,\ \alpha = \alpha_1,\ \beta = \beta_1,$ dann $b + c > b_1 + c_1,$

prop. XIX. „ $c = c_1,\ \alpha > \alpha_1,\ \beta < \beta_1,\ \gamma \geqq 90^0,\ \gamma_1 \geqq 90^0,$ dann $a > a_1,\ b > b_1,$

prop. VII. „ $b = b_1,\ c = c_1,\ \alpha > \alpha_1,$ dann $a > a_1,$

„ $b = b_1,\ c = c_1,\ a > a_1,$ dann $\alpha > \alpha_1,$

prop. XVIII. „ $\alpha = \alpha_1,\ \beta = \beta_1,\ \gamma > \gamma_1$ und $a + a_1 \gtreqless 180^0,$ dann $b_1 \gtreqless b,\ c > c_1.$

687 Ed. HALLEY[IV 1316], S. 6. — 688 Ed. HALLEY, S. 11. — 689 BJÖRNBO, *Studien*[IV 1361], S. 20. — 690 Ed. BJÖRNBO[580], S. 177—179.

Die Kongruenz sphärischer Dreiecke. Der Begriff der Kongruenz läßt sich nicht ohne weiteres so, wie er bei den ebenen Figuren gültig ist, auf die sphärischen Figuren übertragen. Ist in ebenen Dreiecken die Anordnung der gleichen Stücke in entgegengesetztem Sinne erfolgt, so kann die Flächengleichheit der beiden erhaltenen Dreiecke leicht erwiesen werden; auch zur Deckung können sie gebracht werden, indem das eine von ihnen umgeklappt und auf das andere gelegt wird. Diese Deckung ist bei sphärischen Dreiecken, deren Stücke in entgegengesetzter Reihenfolge gleich sind, unmöglich, da das eine von ihnen nach dem Umklappen eine entgegengesetzte Krümmung besitzt. Solche Dreiecke findet man, wenn man einem beliebigen Dreieck das durch die Gegenpunkte der Ecken bestimmte Dreieck zuordnet. Die gleichen Betrachtungen gelten für die körperlichen Ecken. LEGENDRE führte daher den neuen Begriff der symmetrischen Kongruenz ein; er nannte zwei solcher Figuren kurz „symmetrisch".[691] Im Altertum ist die Vorstellung der symmetrischen Raumgebilde, die aus gleichen Flächen und Winkeln bestehen, trotzdem aber nicht Kongruenz aufweisen, bereits mehrfach anzutreffen, wie bei EUKLID, ARCHIMEDES.[692] MENELAOS vermeidet stets, von der Gleichheit der Dreiecke zu sprechen; er sagt z. B. nie bei Kongruenzbeweisen, wie es EUKLID zuweilen bei ebenen Dreiecken macht,[693] daß die Dreiecke gleich werden, sondern immer nur, daß, wenn diese oder jene Stücke gleich sind, dann auch gewisse andere gleich sind. Diese vorsichtige Fassung verrät uns aber, daß die Übereinstimmung sphärischer Dreiecke von ihm grundsätzlich als verschieden von der der ebenen erkannt wurde. Bis zur Neuzeit aber wurden strenge Unterscheidungen oft außer acht gelassen. A. v. SEGNER (1741) ist der erste, der auf die Schwierigkeiten solcher Kongruenzbetrachtungen besonders aufmerksam macht.[694]

Ein Beweis für die Flächengleichheit symmetrischer sphärischer Dreiecke erscheint zum erstenmal bei LEGENDRE (1794),[695] der ihn von einem nicht genannten ausländischen Mathematiker erhalten haben will. Verschärft ist die Beweisführung in der dritten Auflage seiner Elemente 1800.[696] Ganz elementar ist der Nachweis,

691 2. Aufl., Paris 1799 IV 364, V, S. 172, Z. 15: *égaux par symétrie ou simplement ... symétriques*; VI, déf. 16, S. 180 und VII, prop. XI, Scholie S. 236; vgl. auch Note I, S. 305. — **692** EUKLID, *Elemente* XI II 542; ARCHIMEDES, *Conoid. et Sphaer.*, 20, ed. HEIBERG I 7, S. 378—386, NIZZE, S. 63—64. — **693** EUKLID I, 4, ed. HEIBERG IV 15, S. 16, Z. 13—14. — **694** KLÜGEL, *Wörterbuch* II 148, 4, 1823, S. 859. — **695** VI IV 364, 21 u. 22; Note VII. — **696** VI, 21, 22, 23.

den CHR. L. GERLING 1813 gibt.[697] Daß ebenso wie in der Ebene (vgl. Bd. IV, S. 151) gleiche sphärische Figuren in kongruente Stücke zerlegt werden können, zeigt 1833 P. GERWIEN.[698]

Die Anzahl der Kongruenzsätze steigt in der sphärischen Trigonometrie auf sechs. In dieser Vollständigkeit[699] sind sie bereits von MENELAOS (um 98 n. Chr.) in dessen Sphärik aufgeführt.[700] Die Fälle S. S. W. und S. W. W. geben bei der Konstruktion zuweilen Doppellösungen, verlangen daher als Kongruenzsätze beschränkende Bestimmungen. Bei S. S. W. bestimmt MENELAOS, daß die dem anderen Seitenpaar gegenüberliegenden Winkel beide entweder spitz oder stumpf sind; für S. W. W. schreibt er vor, daß das andere Paar gegenüberliegender Seiten zusammen nicht gerade 180° ergibt. Der Fall S. W. S. deckt sich, wie ihn MENELAOS hat, mit THEODOSIOS III, 3.[567] Die bei Anwendungen häufig auftretenden Fälle, in denen eines der Stücke 90° ist, erledigt MENELAOS noch besonders. Über die Behandlung der Sphärik durch die Araber sind wir schlecht unterrichtet; es ist zweifelhaft, ob sie über die Wiedergabe der Schrift des MENELAOS hinausgingen. Selbst REGIOMONTAN (1436—1476) hat sich in dem dritten Buche *De triangulis omnimodis*[II 244] der antiken Sphärik auf das engste angeschlossen. In neuerer Zeit erreicht häufig die Darstellung in einzelnen Lehrbüchern nicht einmal die Vollständigkeit des MENELAOS, besonders in betreff der beiden Fälle S. S. W. und W. W. S. So behandelt LEGENDRE in seinen Elementen[IV 354] bei der Sphärik nur die Fälle S. W. S. (lib. VII, prop. 13), W. S. W. (prop. 13), S. S. S. (prop. 14) und W. W. W. (prop. 18) während er im trigonometrischen Teil alle sechs Fälle, auch unter, Berücksichtigung der Doppellösungen, bespricht. Selbst BALTZERs Elemente[701] führen allgemein nicht mehr als die vier Sätze LEGENDREs auf; die Fälle S. S. W. und W. W. S. sind nur für das rechtwinklige Dreieck beigefügt. Die letzteren fehlen gänzlich in dem sehr verbreiteten Leitfaden von SCHELLBACH-MEHLER.[702]

Sehr eingehend hat SCHULZ in seiner Sphärik von 1828[703] die geometrischen Bedingungen untersucht, die bei den Fällen S. S. W.

697 v. ZACHs Monatliche Korrespondenz, 27, Gotha 1813, S. 297. — 698 J. r. ang. Math. 10, 1833, S. 235—240. — 699 Gegen VON BRAUNMÜHL, *Geschichte* 1[II 935], S. 15. — 700 S. W. S. und S. S. S, lib. I, prop. IV; S. S. W., prop. XIII; W. S. W., prop. XIV; S. W. W., prop. XVI; W. W. W., prop. XVII (über die Abkürzungen vgl. Bd. IV, S. 18, Anm. 38. — 701 Bd. II, Buch V, § 4, 11[IV 581], S. 173. — 702 *Hauptsätze der Elementarmathematik*, neubearbeitet von A. SCHULTE-TIGGES, Berlin 1908, S. 192, § 16. — 703 Seine Ansichten entwickelte SCHULZ bereits 1825 in der preisgekrönten Abhandlung: *De casibus ambiguis, qui in resolutione triangulorum sphaericorum occurrunt etc. commentatio*, Halae 1826.

und W. W. S. Eindeutigkeit ergeben, für dreikantige Ecken schon 1827 Crelle.[704] Dem ersteren schloß sich Gudermann (1835)[229] im wesentlichen an. Von den modernen methodischen Schulbüchern dürfte das Lehrbuch von Th. Spieker die beste Fassung gefunden haben.[705]

Vom analytischen Standpunkt aus, allein durch Betrachtung der Formeln, hat Gottfried Heinsius (1709—1769, Leipzig) zuerst systematisch die Doppeldeutigkeit untersucht.[706]

Das Bestehen polarer Beziehungen zwischen je zwei Sätzen der Sphärik, sogar die allgemeine Gültigkeit des Dualitätsprinzips ist schon von Vieta (1540—1603, Paris) in völliger Klarheit erkannt worden. In der oft erwähnten Abhandlung von 1593 [II 849] (vgl. S. 48) benutzte er dieses Gesetz — er nennt es *Ἐναλλαγὴ πλευρογωνική*[707] —, um sich aus den bekannten Sätzen neue Formeln abzuleiten und die sechs Fundamentalfälle in symmetrischer Art durchzuführen. Zugrunde liegt seinen Betrachtungen das sog. Polardreieck, das Schnittdreieck der drei Hauptkreise, deren Pole die Eckpunkte des gegebenen Dreiecks sind.[708] Die überkurze Darstellung, die Vieta für seine Auseinandersetzungen wählte, ist so schwer verständlich, daß seine Zeitgenossen auf diese so wichtige Entdeckung nicht gebührend achteten, ja die Nachwelt — selbst die Gegenwart — gewöhnt ist, die Aufstellung des Polaritätszusammenhangs dem Holländer W. Snellius zuzuschreiben. Dabei war Snellius, der freilich die Eigenschaft des Polardreiecks in recht klarer Weise dargestellt hat (1627),[709] noch nicht einmal der erste, der die Ideen Vietas wiedergab. Bereits Pitiscus (1561—1613) hatte sie in sein Lehrbuch der Trigonometrie (1595, 1600) übernommen[710] und in vollständiger Weise ausgenutzt; aus seinem Werke

704 *Lehrbuch der Elemente* [II 485] II, § 480. — 705 *Die ebene und spharische Trigonometrie*, 3. Aufl. Potsdam 1895, — 706 Acta Erud. 1756, S. 208—225: *Dijudicatio casuum determinatorum et ambiguorum in trigonometria praesertim sphaerica.* — 707 Vieta, *Opera* [II 88], ed. Schooten, S. 422, Z. 1. Vgl. hierzu und zu dem Folgenden: von Braunmühl, *Zur Geschichte des sphärischen Polardreieckes*, Bibl. math. 1898, S. 65—72. — 708 Vieta, *Opera* [II 88], S. 418, IV, Nr. 10: *Si sub apicibus singulis propositi tripleuri sphaerici describantur maximi circuli, tripleurum ita descriptum tripleuri primum propositi lateribus et angulis est reciprocum* (Wenn um die einzelnen Ecken des vorliegenden sphärischen Dreiecks größte Kreise gezeichnet werden, so ist das entstandene Dreieck zu dem zuerst gegebenen in Seiten und Winkeln reziprok). — 709 *Doctrina* [IV 357], III, prop. 8, S. 120—122. — 710 So in der Aufl. von 1595 [IV 837], S. 174 und 1600 [I 229], lib. I, cap. 61, S. 27.

entlehnte 1593 ADRIAN METIUS (1571—1635) das Polardreieck.[711] Auch NEPERS *Descriptio*, die ebenfalls das neue Gesetz anführt,[712] ist früher als die *Doctrina triangulorum* des SNELLIUS erschienen (1614). In der Neuzeit wurde das Dualitätsprinzip erst durch SORLIN (1825) als allgemeines Gesetz der sphärischen Trigonometrie ausdrücklich aufgestellt[713] (vgl. Bd. IV, S. 177).

Es ist noch darauf hinzuweisen, daß VIETA in der Erfassung des Polaritätsgesetzes keinen Vorgänger hat, wohl aber, wenn er auch durchaus unabhängig von einem solchen ist, in der Benutzung des Polardreiecks. Der Perser NAṢĪR EDDĪN ALṬŪSĪ, dessen trigonometrische Schrift[24] so viel hochbedeutende Gedanken enthält, hatte den Fundamentalfall, der die Kenntnis der drei Winkel voraussetzt, in eigenartiger Weise dadurch gelöst,[714] daß er sämtliche Dreiecksseiten über beide Endpunkte hinaus um so viel verlängerte, wie an einem Viertelkreis fehlt. Durch die Endpunkte dieser von je einer Ecke ausgehenden Viertelkreise legte er Hauptkreise, die ein neues Dreieck bilden. Er zeigte dann, daß seine Seiten die Supplemente der gegebenen Winkel und seine Winkel die Supplemente des ursprünglichen Dreiecks sind, demnach der Fundamentalfall W. W. W. auf den Fall S. S. S. zurückgeführt werden kann. Das von NAṢĪR EDDĪN konstruierte Hilfsdreieck ist eben unser Polardreieck. Es wird indes nur in dieser besonderen Aufgabe verwendet, aber nicht in seiner allgemeinen Verwertbarkeit erkannt.

EULER benutzt das Polardreieck in seiner großen Abhandlung von 1753[588] überhaupt nicht, erwähnt es nicht einmal, widmet ihm aber 1781[587] ein besonderes Theorem,[715] ohne aber ein Fachwort dafür zu verwenden. HAESELER (1790)[716] nannte das Dreieck Polartriangel, LEONHARDI (1811)[717] und OHM (1819)[718] Ergänzungsdreieck,

[711] *Doctrinae sphaer. libri V*, Ausgabe von 1632[IV 817], Amsterdam, lib. V, 23, S. 76—77; ferner P. CRÜGER, *Synopsis trigonometriae*[I 231], 1612, cap. III, § 24, S. 28—29. — [712] *Descriptio*[II 73], II, cap. 6, Nr. 11, Edinburgi 1614, S. 55: *In omni triangulo sphaerico mutari possunt latera in angulos et anguli in latera: assumptis tamen prius pro unico quovis angulo et suo subtendente latere suis ad semicirculum reliquis* (In jedem sphärischen Dreieck können die Seiten mit den Winkeln und die Winkel mit den Seiten vertauscht werden, nachdem für einen beliebigen Winkel und seine Gegenseite die Supplemente genommen sind). — [713] Ann. Math. p. appl. 15, 1825, S. 278, 302. [714] VON BRAUNMÜHL, *Gesch.* I[II 935], S. 70. — [715] Acta Ac. Petr. 1779[587], I, S. 78. — [716] *Anfangsgründe*[I 366], III, 1. Abt. S. 35. — [717] *Vorlesungen*[IV 110], II, 3. Abt., § 158. — [718] *Reine Mathematik*[I 331], II, § 58, 2. Anm.

Grunert (1832)[719] Supplementardreieck, Crelle (1833) in der Übersetzung der Legendreschen Elemente[720] Polardreieck.

Von den Sätzen am gleichschenkligen sphärischen Dreieck befindet sich der Basiswinkelsatz mit Umkehrung schon in der Sphärik des Menelaos (um 98 n. Chr.).[721] Die Sätze von der Mittellinie sind erst bei der Wiederaufnahme der sphärischen Geometrie am Anfange des neunzehnten Jahrhunderts hinzugefügt worden, so bei A. von Forstner (1827).[722] Doch fehlt auch hier noch der Satz von dem Lote, das durch die Spitze senkrecht zur Basis gezogen wird.

Auch das sphärische Dreieck besitzt seine merkwürdigen Punkte. Im Altertum wurden sie ebensowenig beachtet wie beim ebenen Dreieck (vgl. Bd. IV, S. 168). Menelaos kannte aber schon den Schnittpunkt der Mittelsenkrechten[723] und den der Winkelhalbierenden.[724] Daß die Höhen durch einen Punkt gehen, wies zuerst W. de Oppel (1746)[725] durch Betrachtung des Netzes nach, das entsteht, wenn man die beiden Seitenflächen der zugehörigen Ecken um ihre Grundkante als Achse in die Ebene der Grundfläche dreht (*rete pyramidale*), später J. J. Querret (1824)[726] durch Rechnung; Gudermann (1835) leitete diese Eigenschaft auf rein geometrischem Wege ab.[727] Für die drei Mittellinien zeigte Schulz (1828) dasselbe, wiederum durch Rechnung.[728] Die Lehre von den Transversalen im sphärischen Dreieck wird weiter ausgeführt durch Carnot (1806),[729] Moebius (1846),[730] Baltzer (1860)[731] und Hesse (1861).[732]

Wie in der Ebene die Spitzen aller flächengleichen Dreiecke mit derselben Grundlinie als geometrischem Ort eine Parallele zur Grundlinie haben, so ergibt sich für die entsprechende Aufgabe auf der Kugel ein ganz bestimmter Nebenkreis. Man pflegt ihn nach seinem Entdecker den Lexellschen Kreis zu nennen. A. J. Lexell (1740—1784, Petersburg) hat seinen Satz 1781 sowohl

719 *Lehrbuch der Math. f. ob. Klassen*[II 1100], III, § 129. — 720 2. Aufl.[IV 364], VII, 10, S. 213. — 721 Lib. I, prop. II u. III. ed. Halley[IV 1316], S. 3. — 722 *Sphar. Geometrie*[IV 550], S. 58. — 723 Lib. III, prop. X, ed. Halley, S. 95/96; Schulz, *Sphärik*[73], I, § 43; Gudermann, *Niedere Sphärik*[229], § 56, S. 39—40. — 724 Lib. III[IV 1316], prop. IX, S. 95. — 725 *Analysis triangulorum*[II 58], II, § 52 bis 54. — 726 Ann. Math. p. appl., 15, Nismes 1824/25, S. 87. — 727 § 68[229], S. 47 ff. — 728 II[73], § 52, S. 125. — 729 *Essai sur les transversales*[IV 1220], S. 86. — 730 *Werke*[IV 278], II, S. 29 f. — 731 *Elemente*[IV 581], II, 3. Aufl. (1870), V, § 15, S. 177. — 732 *Vorlesungen über analytische Geometrie des Raumes* (1. Aufl., Leipzig 1861), 2. Aufl., Leipzig 1869, S. 23—25.

durch Rechnung als auch durch Konstruktion bewiesen.[733] Auf anderem Wege war übrigens EULER schon vorher zu demselben Kreise gelangt (1778).[734] STEINER ergänzte 1827 den LEXELLschen Satz durch die Bemerkung, daß der betreffende Kreis durch die Gegenpunkte der Endpunkte der festen Grundlinie geht.[735] Ähnlich wie in der Ebene lassen sich mit Hilfe dieses Kreises Teilungs- und Verwandlungsaufgaben an gegebenen Figuren vornehmen. Eine Reihe solcher Probleme stellte und löste STEINER (1827) in der eben angeführten Abhandlung; ihm folgen SCHULZ (1828)[736] und GUDERMANN (1835).[737] Nebenkreise überhaupt hatte zuerst D'ALEMBERT in der sphärischen Trigonometrie verwendet.[738]

SORLIN stellte 1824[739] den polaren Satz auf: Die Grundlinien der sphärischen Dreiecke, die in dem Winkel an der Spitze und dem Umfang übereinstimmen, berühren einen gewissen Kreis, der dem gemeinschaftlichen Winkel eingeschrieben ist.

Die Lehre von den sphärischen Parallelogrammen entwickelte EULER in der genannten Abhandlung von 1778;[734] ganz entsprechend den ebenen Sätzen bildete SCHULZ 1828[740] diese Lehre weiter aus.[741]

Den Satz vom Peripheriewinkel, der für die Sphärik etwas von dem ebenen Satz abweicht, spricht SCHULZ zuerst aus.[742]

LEXELL beweist 1782 analytisch,[743] daß in einem sphärischen Kreisviereck (Tangentenviereck) die Summe zweier gegenüberliegender Winkel (Seiten) ebenso groß ist wie die Summe der anderen beiden Winkel (Seiten). Die Umkehrung stellte J. B. DURRANDE 1815—16 auf.[744]

Die Flächenberechnung sphärischer Polygone muß bereits REGIOMONTAN (1436—1476) haben ausführen können. In seinem Briefwechsel[745] stellt er einem zeitgenössischen Mathematiker die Aufgabe, den Flächeninhalt eines sphärischen Dreiecks mit den

733 Acta Ac. Petr. 1, 1781 (1784), S. 112—126: *Solutio problematis geometrici ex doctrina sphaericorum.* — 734 Nova Acta Ac. Petrop. 10, 1792 (1797), § 16 ff., S. 57—62 (eingereicht 29. I. 1778). — 735 J. r. ang. Math. 2, Berlin 1827, S. 45 ff. — 736 I[73], § 78 ff. — 737 § 100 ff.[229]. — 738 Misc. Taur. IV, 1760—69, 2, S. 124—132; dann CH. BOSSUT im 2. Band seines *Traité de calcul différential et de calcul intégral*, Paris 1798, S. 522—531. — 739 Ann. Math. p. appl. 15, Nismes 1825, S. 302. — 740 I[73], § 94 ff., S. 115 ff. — 741 Vgl. A. W. VELTEN, Ztschr. Math. Phys. 41, 1896, S. 332—336. — 742 I[73], S. 94. — 743 Acta Ac. Petrop. 2, 1782, I, S. 29 u 100; STEINER, J. r. ang. Math. 2, 1827, S. 47; SCHULZ[73], I, § 75, Zus. 3 u. 4, S. 96 (geom.) — 744 Ann. Math. p. appl. 6, Nismes 1815—16, S. 49. — 745 *Briefwechsel*[I 308], ed. CURTZE, S. 332.

Seiten 15°, 24°, 34° bei einem Durchmesser der Kugel von 100 zu berechnen. Näheres ist nicht bekannt. In der Literatur erscheint die Flächenberechnung zuerst bei GIRARD († 1633, Niederlande). Seine Hauptschrift *Invention nouvelle en l'algebre* von 1629 enthält den Satz, daß jedes von größten Kreisen gebildete sphärische Polygon so viel Oberflächengrade enthält, als die Summe aller seiner Innenwinkel die Winkelsumme des ebenen Polygons von gleicher Seitenanzahl übertrifft; dabei sei die Oberfläche der Kugel zu 720 Flächengraden angenommen.[746] Für das sphärische Dreieck gibt dieser Satz sofort die uns geläufige Formel:

$$J : 4 r^2 \pi = (\alpha + \beta + \gamma - 180^0) : 720^0.$$

Der beigegebene Beweis, der auf Unendlichkeitsbetrachtungen beruht, ist sicher Eigentum GIRARDS, der Satz selbst aber kommt dem Engländer TH. HARRIOT (1560—1621, Oxford) zu. Dies geht aus einem Briefe, den BRIGGS 1625 an KEPLER richtete, und auch aus den aufgefundenen Manuskripten HARRIOTS, die sogar das Datum der Erfindung (18. IX. 1603) feststellen lassen, hervor.[747] Der einfache moderne Beweis ist von CAVALIERI (1591—1647, Bologna) erdacht und in seinem *Directorium generale uranometricum* von 1632[862] mitgeteilt. In der *Trigonometria plana et sphaerica linearis et logarithmica* (1643) führt er nur den Satz an und bezieht sich für den Beweis auf das ältere Werk.[748] ROBERVAL (eigentlich GILES PERSONNIER, geb. 1602 in Roberval — 1675 Paris) will übrigens die Flächenformel noch einmal entdeckt haben; gelegentlich eines Briefes an HUYGENS aus dem Jahre 1656 betonte er sein Eigentumsrecht und setzte auseinander, wie er ihn bewiesen habe.[749] JAN BROŹEK (1585—1652, Krakau) drückt 1652[750] die Fläche des allgemeinen sphärischen Polygons mittels der Formel aus:

$$\frac{\mu - (n-2)\pi}{4\pi} S,$$

wo μ die Winkelsumme, n die Anzahl der Ecken, S die Kugeloberfläche bedeutet. JOHN CASWELL (um 1685), von dem WALLIS eine für die trigonometrische Symbolik nicht unwichtige Abhandlung seiner Algebra von 1685 anhängt, nennt den sphärischen Exzeß E,

746 Amsterdam 1629[114], Neudruck 1884, Bl. 𝔖 v° ff, S 270'. — 747 Vgl. G. VACCA, *Notizie storiche sulla misura degli angoli solidi e dei poligoni sferici*, Bibl. math. 3_3, 1902, S. 191—197. — 748 *Trigonometria*[132], S. 29, Nr. VII mit Hinweis auf das *Directorium*[862], P. 3, cap. 8. — 749 *Œuvres complètes* de CH. HUYGENS, 1[III 848], Haag 1888, S. 370, Z. 15 u. S. 517—518. — 750 *Apologia pro Aristotele et Euclide etc.*, Danzig 1652; VON BRAUNMÜHL, *Gesch.* 2[II 990], S. 36.

den Inhalt des größten Kugelkreises π, den Inhalt des sphärischen Dreiecks Δ, die Kugeloberfläche G und schreibt daher[751] ganz kurz:

$$2\pi\Delta = EG = 2R\pi E,$$
$$\Delta = RE.$$

GIRARD gebraucht zuerst das Wort *l'excez*[752] und wird dadurch vorbildlich. Seit KLÜGELs *Wörterbuch* (1831)[753] ist Exzeß ein fester Terminus; LEGENDRE (vgl. S. 160) gibt ihm das Zeichen ε. Verdeutschungsversuche, wie *Überschuß* bei IDELER (1828),[754] JACOBI-SWINDEN (1834),[755] übrigens auch bei KLÜGEL selbst (1770),[756] blieben selten.

Dadurch, daß LEGENDRE,[757] GRUNERT[758] und BALTZER[759] als Einheit der Fläche das zweirechtwinklige sphärische Dreieck wählen, das als dritten Winkel die Einheit des Winkelgrades enthält, nimmt der Flächensatz bei ihnen die noch knappere Form an, daß der Dreiecksinhalt gleich dem Winkelüberschuß ist[760] (vgl. auch S. 159 f.).

Eine Reihe von Sätzen, die das Maximum, bzw. Minimum des Flächeninhaltes sphärischer Polygone betreffen, wurden von LEGENDRE in seinen Elementen[IV 354], VII, prop. 26—27 aufgestellt; sie entsprechen genau den Sätzen der Ebene. Die hauptsächlichsten lauten: Ist der Umfang und eine Seite eines Dreiecks gegeben, so ist das gleichschenklige Dreieck mit der gegebenen Basis das größte; unter allen n-Ecken von gleichem Umfange ist das regelmäßige das größte; unter allen unregelmäßigen n-Ecken von gegebenen Seiten ist das einem Kreise eingeschriebene das größte; unter allen sphärischen n-Ecken, deren Seiten bis auf eine gegeben sind, ist das größte dasjenige, das in einen Halbkreis beschrieben werden kann, dessen Durchmesser die eine nicht bestimmte Seite ist, usw.

Die Theorie der Ähnlichkeitspunkte für sphärische Figuren ist von EULER[761] begründet worden. Auch GUDERMANN[762] hat sich diesem Thema zugewandt; so fügte er den Satz hinzu:

---

751 *Algebra*, Anhang[158], S. 15, Z. 37. — 752 Bl.[746] $\mathfrak{G}_8$ v°, Z. 2, 5, 13 v. u., $\mathfrak{H}_1$ v°, Z. 14. — 753 V, S. 239[II 143]. — 754 Übersetzung von LACROIX' *Elementen*[IV 298], S. 228, § 301. — 755 *Elemente*[II 942], S. 434. — 756 *Anal. Trigonometrie*[IV 572], S. 194. — 757 *Elemente* 1794[IV 364], Buch VII, 23. — 758 *Lehrbuch der Math. f. ob. Klassen*, 1832[II 1100], II, § 82. — 759 *Elemente*[IV 581], II, Buch V, § 4, 5, 3. Aufl., S. 168. — 760 Vgl. auch EULER, Mém. Ac. Berl. 9, 1753, S. 256—257. — 761 *Theoria motus corporum solidorum seu rigidorum*, 2. Aufl., Greifswald 1790, § 978 ff., S. 436 ff. — 762 *Niedere Sphärik*[229], § 211, S. 155.

Befinden sich die Ecken eines Dreiecks mit den Ecken eines anderen in drei Hauptbogen, die sich in einem Punkte schneiden, so schneiden sich die entsprechenden Seiten der beiden Dreiecke in drei Punkten, die in einem Hauptbogen liegen.

C. Die sphärische Trigonometrie.

I. Das rechtwinklige Dreieck.

Für die Berechnung am rechtwinkligen Dreieck dienen die sechs Formeln (c Hypotenuse):

1. $\cos c = \cos a \cos b$, 4. $\cos \alpha = \operatorname{tg} b \operatorname{ctg} c$,
2. $\cos c = \operatorname{ctg} \alpha \operatorname{ctg} \beta$, 5. $\sin b = \sin c \sin \beta$,
3. $\cos \alpha = \cos a \sin \beta$, 6. $\sin b = \operatorname{tg} a \operatorname{ctg} \alpha$.

Die älteren griechischen Mathematiker, deren Trigonometrie sich, wie mehrfach erwähnt, nur auf das rechtwinklige Dreieck erstreckte, kannten diese Einzelsätze nicht. auch wenn von der Fassung und Form abgesehen wird. War irgendeine Berechnung nötig, so wurde das allgemeine Transversalentheorem des Menelaos (vgl. S. 14—15, 103, 166) zu Hilfe genommen und dem besonderen Falle angepaßt. Hieraus ergaben sich dann Rechenverfahren, die sich inhaltlich mit einigen der angegebenen Formeln decken. Ptolemäus (zwischen 125 und 151 n. Chr. in Alexandria) ist der älteste Mathematiker, in dessen erhaltenen Schriften wir die Durchführung derartiger Aufgaben finden. Bei Behandlung astronomischer Probleme leitet er Beziehungen ab, die mit den Formeln 1.,[763] 4.,[764] 5.[765] und 6.[766] in Übereinstimmung gebracht werden können. Sätze, die den Formeln 2. und 3. entsprechen, sind nicht bei ihm nachzuweisen, obgleich sie an derselben allgemeinen Transversalenfigur unschwer abzuleiten gewesen wären (vgl. S. 103—104). Die-

763 Z. B. Ptolemäus, *Μαθηματικὴ Σύνταξις*, lib. II, cap. 2, ed. Halma[9], S. 68, ed. Heiberg[I 81], S. 91, ed. Manitius[I 154], S. 61. — 764 Z. B. II, 3, ed. Halma, S. 69—70, ed. Heiberg, S. 92—93, ed. Manitius, S. 62. — 765 Z. B. I, 14, ed. Halma, S. 57, ed. Heiberg, S. 76—77, ed. Manitius, S. 52. — 766 Z. B. I, 16, ed. Halma, S. 60, ed. Heiberg, S. 82, ed. Manitius S. 55.

selben Rechenvorschriften 1.,[767] 4.,[768] 5.,[769] 6.[770] verwendet der arabische Astronom ALBATTĀNĪ († 929). In den Formeln 4. und 6. ist natürlich bei PTOLEMAUS die Tangensfunktion noch durch den Quotienten von Sinus und Kosinus, oder genauer gesagt, der zugehörigen Sehnen, ersetzt; ebenso rechnet ALBATTĀNĪ, obgleich er die Tangensfunktion schon kennt. Grund hierfür dürfte sein, daß seine Tangententafel zu klein war; er teilte den Radius nur in zwölf Einheiten und schritt von 1° zu 1° vorwärts. ALḤABAŠ (770—870?) dürfte der erste sein, der Formel 4.[771] und 6.[772] mit der Tangensfunktion behandelt (vgl. S. 24).[87] Ferner kennt ALBATTĀNĪ, über PTOLEMAUS hinausgehend, am rechtwinkligen Dreieck noch die Beziehung:

$$\frac{\sin a}{\sin \alpha} = \frac{\sin b}{\sin \beta}, \text{[773]}$$

den Sonderfall des Sinussatzes; er folgte hierin übrigens dem ṮĀBIT IBN ḲURRAH (836—901, Bagdad).[774]

Bei anderen Arabern (vgl. S. 105f.) trat an die Stelle des Satzes von MENELAOS die sog. *Regula quatuor quantitatum* (vgl. S. 166—168). Erst aus dieser wurde das dritte Theorem entnommen. Zum erstenmal tritt uns seine Anwendung bei dem Westaraber ǴĀBĪR IBN AFLAḤ (GEBER; † zwischen 1140 und 1150, Sevilla) entgegen;[775] daher bürgerte sich die Bezeichnung GEBERscher Satz dafür ein. Wahrscheinlich ist, daß ǴĀBIR in ṮĀBIT IBN ḲURRAH (836—901, Bagdad) einen Vorgänger hatte. Auch die letzte fehlende Beziehung 2. wird noch von den arabischen Mathematikern aufgestellt, freilich erst am Ausgange dieser Entwicklungsperiode. NAṢĪR EDDĪN (1201 bis 1274, Persien) beherrschte sämtliche sechs Fälle,[24] er gab sogar Beweise, die er aus der Betrachtung des allgemeinen sphärischen Vierseits hernahm. Für die Herleitung der Formel 2. benutzte er im besonderen den schon von ABŪ'LWAFĀ' (940—998, Bagdad), freilich mit weniger Erfolg, verwendeten Tangentensatz (vgl. S. 106 und 168—169).

Neben diesen sechs Hauptformeln werden gelegentlich noch einzelne unwichtigere erwähnt. So kann man aus der Sphärik des MENELAOS[IV 1316] den Satz entnehmen:

$$\frac{\sin(c+b)}{\sin(c-b)} = \frac{1+\cos\alpha}{1-\cos\alpha}, \text{[776]}$$

767 *Opus astronomicum*, ed. NALLINO[IV 354], I, S. 20, 177—178; S. 21, 179α. — 768 S. 21, 179β; 79—80, 257; 81—82, 258—259. — 769 S. 21, 178; 35, 196; 37, 199; 81, 258; 82, 259α; 72, 162; 76, 251. — 770 S. 13—14, 163; 21—22, 180; 27, 188—189β; 32, 195. — 771 S. 163. — 772 S. 189. — 773 S. XLVIII, 181, 183. — 774 H. SUTER, Bibl. math. 7_2, 1893, S. 7. — 775 *Astronomia*[23], Satz XV, S. 13; vgl. VON BRAUNMÜHL, *Gesch.* 1[II 935], S. 82. — 776 Daselbst S. 18.

und der Araber Ibn Jūnus († 1009, Kairo) verwertete die zusammengesetzten Relationen:[777]

$$\cos\alpha = \frac{\cos a \sin b}{\sin c} \quad \text{und} \quad \cos c = \frac{\cos\alpha \cos b}{\sin\beta}.$$

Es dauerte lange, bis die abendländische Trigonometrie den Höhepunkt wieder erreichte, auf dem sich Naṣīr eddīn Alṭūsī schon befunden hatte. Der große Regiomontan (1436—1476) behalf sich mit den Sätzen:

$$\frac{\sin a}{\sin\alpha} = \frac{\sin b}{\sin\beta} = \frac{\sin c}{\sin \text{tot}} \quad (\textit{De triangulis}^{\text{IV}\,244}\ \text{IV, 16, S. 103}),$$

$$\left.\begin{aligned} \frac{\sin\alpha}{\sin \text{tot}} &= \frac{\cos\beta}{\cos b}, \\ \frac{\sin\beta}{\sin \text{tot}} &= \frac{\cos\alpha}{\cos a}, \end{aligned}\right\} \quad (\text{IV, 18, S. 105})$$

$$\frac{\cos c}{\cos a} = \frac{\cos b}{\sin \text{tot}} \quad (\text{IV, 19, S. 107}),$$

also den Formeln 5., 3., 1., und berechnete sich in anderen Fällen immer erst Hilfsgrößen. Ihm folgt Johannes Werner (1468—1528, Nürnberg).[778] Die so vielfach übersehene Formel 2. fand Rhaeticus (1514—1576, Wittenberg) wieder. Da dessen *Opus Palatinum,* in dem sie aufgeführt wird,[779] erst 1596 der Öffentlichkeit im Druck übergeben wurde, so muß er freilich das Vorrecht der ersten Veröffentlichung an Vieta (1540—1603, Paris) abtreten, der im *Canon mathematicus* von 1579[IV 1127] ein Schema von zehn Proportionen zusammenstellte, in dem die betreffende Beziehung enthalten ist. Es läßt sich indes nachweisen, daß Rhaeticus dasselbe Schema schon 1551[780] selbst gefunden hatte. Die zehn Propositionen Vietas reduzierte Stevin (1548—1620, Leiden) auf jene sechs Formeln und zeigte zum erstenmal, daß man hiermit bei der Berechnung des rechtwinkligen Dreiecks stets auszukommen vermag.[781]

Die Gedächtnisregel für die sechs Fundamentalformeln, die wir unter dem Namen Nepers kennen, stammt dem Wortlaut nach nicht von diesem, sondern von Chr. von Wolff (1679—1754, Halle)[782] 1717. Neper (1550—1617) selbst hatte eine etwas

777 Daselbst S. 62. — 778 *De triangulis sphaericis,* ed. Björnbo[580], S. 179—180. — 779 *De triangulis globi cum angulo recto*[802], theor. III, p. 20; vgl. v. Braunmühl, *Gesch.* 1[II 935], S. 217. — 780 von Braunmühl, *Gesch.* 1[II 935], S. 148. — 781 Wiskonstige Gedachteniſſen 1608; lat. Übersetzung von Snellius mit dem Titel *Hypomnemata mathematica.* Vgl. von Braunmühl, *Gesch.* 1[II 935], S. 227. — 782 *Elem. Trigon. Sphaeric.*[II 873], § 100, 108.

schwerfälligere Fassung gewählt,[783] die wahrscheinlich auf ähnliche Bestrebungen N. TORPORLEYS († 1632 in England; längere Zeit Gehilfe VIETAS)[784] und damit wohl auf Ideen VIETAS selbst zurückgeht.[785] CHR. VON WOLFF hat eine Gedächtnisregel auch für schiefwinklige Dreiecke[786] aufgestellt; gleichem Zweck dienende Regeln sind ferner noch von LAMBERT (1765, vgl. S. 149—150),[787] LEGENDRE (1796)[788] und K. F. SCHULZ (1828)[789] bekannt. Aber bereits KÄSTNER (1719—1800, Göttingen)[790] wandte sich energisch gegen diese Hilfsmittel; es sei vorteilhafter, die gewünschten Formeln aus tabellarisierten Zusammenstellungen zu entnehmen, als solche schwülstige, das Gedächtnis unnütz beschwerende Merkregeln zu benutzen, besonders da man sich in der Praxis doch nicht ganz ohne Hilfsbücher, wie etwa die Logarithmentafeln, behelfen könne.

Eine theoretische Untersuchung der Anzahl aller möglichen Berechnungsfälle am rechtwinkligen Dreieck unternahm LAMBERT 1765.[791] Jedes von den fünf Stücken kann, wenn man zwei als gegeben annimmt, in sechsfacher Weise gefunden werden; es gibt also allgemein 30 Fälle. Diese Anzahl erniedrigt sich auf zehn, wenn man es gleichgültig läßt, ob ein bestimmtes Stück gegeben oder gesucht ist, und läßt sich schließlich weiter auf sechs dadurch herunterbringen, daß die Vertauschbarkeit der Katheten und ihrer Gegenwinkel in Betracht gezogen wird.

Nähern sich die gegebenen Stücke 0^0 oder 90^0, so liefern die sechs Hauptformeln unsichere Resultate. A. CAGNOLI (1743—1816; Verona, Mailand) empfiehlt 1786,[792] besonders in dem letzteren Falle, die Tangensfunktion anzuwenden, und stellt entsprechende Formeln auf:

---

783 *Descriptio*[II 971], 1614, lib. II, cap. 4, S. 33. Hier werden die Hypotenuse und die beiden Winkel, nicht die Katheten, durch ihre Komplemente ersetzt; dann lautet die Regel: „Die Tangente irgendeines äußeren Stückes verhält sich zum *Sinus* des inneren wie der *Sinus totus* zur Tangente des anderen äußeren Stückes, und der *Sinus* des Komplementes eines äußeren Stückes verhält sich zum *Sinus* eines inneren wie der *Sinus totus* zum *Sinus* des Komplementes des anderen äußeren Stückes.“ — 784 *Diclides coelometrica*, 1602, vgl. CANTOR 2^2, S. 701. — 785 VON BRAUNMÜHL, *Gesch.* 1[II 935], S. 185. — 786 *Elementa trigonometriae sphaerica*[II 378], § 134. — 787 Geometrische Deutung der NEPERschen Regeln: *Beyträge zum Gebrauch der Mathematik* I, 1765[IV 486], cap. 3, § 11. Den Betrachtungen LAMBERTS liegt unbewußt der Begriff der Gruppe zugrunde. Vgl. VON BRAUNMÜHL, *Gesch.* 2[II 990], S. 130—131. — 788 *Elemente*, Übers. von CRELLE[IV 364], 1833, S. 396 Anm. — 789 *Sphärik*[73], II, S. 46 bis 47. — 790 *Anfangsgründe*, 1. Aufl. 1758[I 259a]; 2. Aufl. von 1764, I, S. 417, Anm. 2. — 791 *Beiträge* I[IV 486], cap. 3, § 7—10. — 792 *Traité de la trigonométrie*[II 59], § 433—437.

$$\operatorname{tg}\frac{\alpha}{2} = \sqrt{\operatorname{tg}\frac{c-b}{2}\operatorname{tg}\frac{c+b}{2}},$$

$$\operatorname{tg}\frac{\alpha}{2} = \sqrt{\frac{\sin(c-b)}{\sin(c+b)}},$$

$$\operatorname{tg}\left(45^0+\frac{\beta}{2}\right) = \sqrt{\frac{\operatorname{tg}\frac{c+b}{2}}{\operatorname{tg}\frac{c-b}{2}}},$$

$$\operatorname{tg}\left(45^0+\frac{c}{2}\right) = \sqrt{\frac{\operatorname{tg}\frac{\beta+b}{2}}{\operatorname{tg}\frac{\beta-b}{2}}},$$

$$\operatorname{tg}\left(45^0+\frac{\alpha}{2}\right) = \sqrt{\frac{\sin(\beta+b)}{\sin(\beta-b)}},$$

$$\operatorname{tg}\left(45^0+\frac{\beta}{2}\right) = \sqrt{\frac{\operatorname{ctg}\frac{\beta+b}{2}}{\operatorname{tg}\frac{\beta-b}{2}}},$$

$$\operatorname{tg}\frac{c}{2} = \sqrt{\frac{\cos(\alpha+\beta)}{\cos(\alpha-\beta)}}.$$

J. H. Lambert hatte in dieser Richtung schon 1778 Versuche gemacht. Er setzte in den Hauptformeln, auch des allgemeinen Dreiecks, $\cos\alpha$ durch $1-2\left(\sin\frac{\alpha}{2}\right)^2$ usw. War α höchstens 2^0, so konnte er statt des Sinus den Bogen nehmen und die Formeln zumeist sehr erheblich vereinfachen.[793]

Als Verallgemeinerung des Pythagoreischen Lehrsatzes am ebenen rechtwinkligen Dreieck findet L'Huilier (1810)[794] für das sphärische Dreieck:

$$\left(\sin\frac{c}{2}\right)^2 = \left(\sin\frac{b}{2}\right)^2\left(\cos\frac{a}{2}\right)^2 + \left(\sin\frac{a}{2}\right)^2\left(\cos\frac{b}{2}\right)^2$$

und K. J. Buzengeiger (1817):[795]

$$(\operatorname{tg} c)^2 = (\operatorname{tg} a)^2 + (\operatorname{tg} b)^2 + (\operatorname{tg} a)^2(\operatorname{tg} b)^2.$$

793 Astronomisches Jahrbuch für das Jahr 1773, Berlin 1776, S. 205—210. — 794 Ann. math. p. appl. 1, Nismes 1810—1811, S. 198. — 795 Ztschr. f. Astronomie 3, Tübingen 1817, S. 199.

2. Das schiefwinklige Dreieck.

a) Der Sinussatz.

Da weder die Griechen noch die Inder eine allgemeine Behandlung schiefwinkliger Dreiecke kannten, ist der Sinussatz:

$$\frac{\sin a}{\sin \alpha} = \frac{\sin b}{\sin \beta} = \frac{\sin c}{\sin \gamma}$$

in ihrer Trigonometrie nicht ausgesprochen. Nur seinen besonderen Fall für das rechtwinklige Dreieck (Formel 5, S. 131) können wir nachweisen.[796] Arabischen Mathematikern des ausgehenden zehnten Jahrhunderts verdankt er erst seine allgemeine Aufstellung. In den Ḥākimitischen Tafeln des Ibn Jūnus († 1009)[797] findet man bei Bestimmung der Ḳibla-Richtung einen Text, der, in unsere Formelsprache übersetzt, sofort den Sinussatz und dann auch den Kosinussatz am allgemeinen sphärischen Dreieck liefert. Als besondere Sätze sind beide nicht ausgesprochen. Doch muß dies für den Sinussatz um diese Zeit erfolgt sein. Der Perser Naṣīr eddīn teilt in seinem Bericht[24] mit, daß Abū'lwafā' (940—998), Alḫoǵendī (um 970; lebte noch 992) und Abū Naṣr († zwischen 1010 und 1020) den Sinussatz gesondert bewiesen haben. Wer der eigentliche Erfinder des Satzes selbst ist, wird kaum festgestellt werden können. Der Beweis des Abū Naṣr ist neuerdings in Übersetzung bekannt geworden;[798] zuerst wurde er am rechtwinkligen Dreieck, dann mit Hilfe einer Höhe im schiefwinkligen ausgeführt. Jedenfalls erkannte man sofort die hohe Bedeutung der neuen Beziehung; sie wurde, da sie imstande war, den bisher im Vordergrunde stehenden Satz des Menelaos zu ersetzen, von den arabischen Mathematikern „Ersatztheorem" genannt. Fast sämtliche späteren Autoren stellten dieses in Gemeinschaft mit der „Regel der vier Größen" (S. 166f.) an die Spitze der sphärischen Trigonometrie. So verfuhren Ǵābir ibn Aflaḥ († zwischen 1140 und 1150; Sevilla)[799] und Naṣīr eddīn (1201—1274, Persien).[24] Bei dem letzteren finden wir die

[796] Betreffs Ptolemäus vgl. Anm. 765; für die Inder ist zu verweisen auf eine astronomische Schrift des vierten oder fünften Jahrhunderts n. Chr., die *Sūrya Siddhānta*, ed. Burgess, cap. II, Vers 28, Journal of the American Oriental Society 6, New Haven 1860, S. 201ff.; vgl. von Braunmühl, *Gesch.* 1 [II 935], S. 41, Anm. 2 und Anm. 47. — [797] C. Schoy, *Gnomonik*[22], S. 37. — [798] H. Suter, Bibl. math. 10_3, 1909—1910, S. 158—159. — [799] *Astronomia*[22], Buch I, Satz 13. *Omnis trianguli ex arcubus circulorum magnorum proportio sinus cuiusque lateris ad sinum arcus anguli, cui subtensum est, est proportio una.*

eben erwähnten historischen Notizen; von den aufgezählten acht Beweisen sind die letzten drei keinem namentlich angeführten Gelehrten zugewiesen und scheinen danach Eigentum NAṢĪR EDDĪNS zu sein.

Aus ǴĀBIRS *Astronomia* schöpfte der deutsche Mathematiker REGIOMONTAN (1436—1476). Während dieser in den ersten Büchern seines epochemachenden Werkes *De triangulis omnimodis*[II 244] selbständig die Resultate seiner Vorgänger bearbeitete, schloß er sich im vierten Buche den Herleitungen ǴĀBIRS fast wörtlich an, ein Zeichen, daß der Verfasser mit der endgültigen Bearbeitung des letzten Teils seiner Trigonometrie nicht fertig geworden ist. Den sphärischen Sinussatz bringt der 17. Satz des vierten Buches:[800] *In omni triangulo non rectangulo sinus laterum ad sinus angulorum eis oppositorum eandem habent proportionem.* Es ist dies die älteste im Abendland auftretende Formulierung. In dem Falle a, b, α bespricht REGIOMONTAN auch die Doppeldeutigkeit,[801] im Falle α, β, a entgeht sie ihm.[802] Durch REGIOMONTAN wurde der sphärische Sinussatz dem Abendland gewonnen; er fehlt nunmehr in keinem trigonometrischen Lehrbuch. Es scheint übrigens, als ob KOPPERNIKUS (1473 Thorn — 1543 Frauenburg) ihn bei seinem Studium des Ptolemäischen Almagestes noch einmal selbständig entdeckt habe. Der Beweis, den er in den *Revolutiones* von 1543[IV 997] (Kap. 14) für das rechtwinklige Dreieck gibt, ist durchaus abweichend von dem REGIOMONTANS. Fest steht auch, daß die Ausarbeitung seiner Trigonometrie bereits erledigt war, als er in den Besitz des 1533 erschienenen Druckbandes der Bücher *De triangulis omnimodis* gelangte. Nachträgliche Zusätze oder Überarbeitungen sind aber gerade in dem ersten Teil der Originalhandschrift nicht vorhanden.[803]

b) Der Kosinussatz.

Wenn auch PTOLEMAUS in seinem *Analemma* den Fall b, c, α nach zeichnerischer Methode in seiner *Syntaxis*[804] mit Hilfe des Menelaossatzes und einer geschickten Verwendung der Deklinationstafeln erfolgreich durchführt, so ist doch die Kenntnis irgendwelcher allgemeinen Formeln bei ihm ausgeschlossen. Auch die Inder kannten gute graphische Methoden, um astronomische Aufgaben

800 *De triangulis*[II 244], S. 104. — **801** Daselbst IV, 29, 30, S. 119—120. — **802** Daselbst IV, 32, S. 120—121. — **803** VON BRAUNMÜHL, *Gesch.* 1[II 935], S. 141—143. — **804** Vgl. BJÖRNBO, *Studien*[IV 1361], S. 86.

aus der sphärischen Trigonometrie in befriedigender Weise durchzuführen; aus diesen Konstruktionsverfahren entnahmen sie Rechenregeln, mit denen sie sich in der Praxis begnügen konnten. Selbständige Ableitung ist nur teilweise anzunehmen; in der Hauptsache liegen griechische, uns unbekannte Quellen vor. Eine solche Regel besaßen sie auch bei der Aufgabe, die Sonnenhöhe zu einer beliebigen Tageszeit aus der Meridionaldistanz, Deklination und Polhöhe zn bestimmen. Führt man in diese Rechenvorschrift nachträglich rein trigonometrische Betrachtungen ein und bezieht sie auf das in der Astronomie die Hauptrolle spielende Pol-Zenit-Dreieck, so kommt man auf eine Formel,[805] zu der wir heute durch einfache Anwendung des Kosinussatzes gelangen. Von dieser tieferen Bedeutung ihrer Regel hatten auch die Inder selbstverständlich keine Ahnung, konnten sie auch gar nicht haben, da sie das zugrunde liegende Dreieck nicht beachteten. Genau das gleiche gilt von einer Aufgabe, die der Araber Albattānī († 929, bei Bagdad) behandelt.[806] Er schreibt für die Bestimmung des Azimutes α der Sonne aus der Deklination δ, der Sonnenhöhe h und der Polhöhe φ einen Berechnungsgang vor, den wir in der heutigen Formelsprache durch

$$\sin(90^0 - \alpha) = \frac{\left(\frac{r \sin(90^0 - \delta)}{\sin(90^0 - \varphi)} - \frac{\sin h \sin \varphi}{\sin(90^0 - \varphi)}\right) r}{\sin(90^0 - h)}$$

wiedergeben können. Die Ableitung fehlt; sie wurde sehr wahrscheinlich auch durch ein Konstruktionsverfahren vorgenommen. Für $r = 1$ ist die angegebene Formel in

$$\cos\delta = \cos(90^0 - h)\cos(90^0 - \varphi) + (\sin 90^0 - h)\sin(90^0 - \varphi)\cos\alpha$$

überzuführen; sie deckt sich also mit dem allgemeinen sphärischen Kosinussatz. Auch in den Ḥākimitischen Tafeln des Ibn Jūnus († 1009) (vgl. S. 136)[797] findet sich eine derartige Stelle (vgl. S. 147)[847a]. Aber weder die Inder noch die Araber sahen, daß hierin ein allgemeineres Theorem der sphärischen Trigonometrie verborgen lag. Selbst in den folgenden Jahrhunderten gelangte die arabische Trigonometrie nicht zu diesem Fortschritt. Nicht einmal bei Naṣīr eddīn (1201—1274) ist der Kosinussatz anzutreffen.

---

805 *Sūrya Siddhānta*, cap. III, Vers 34—36, ed. Burgess[796], S. 259—260; vgl. von Braunmühl, *Gesch.* 1[II 935], S. 40—42. — 806 Albategnius, *De scientia stellarum*[I 214], cap. XI, *De Azimuth*, S. 15[a]; ed. Nallino[IV 354], S. 23, 183—185; vgl. von Braunmühl, *Gesch.* 1[II 935], S. 52 ff.

Erst als Regiomontan (1436—1476) das Werk Albattānīs in die Hände bekam, vollzog sich ein Fortschritt. Dem durchdringenden Scharfsinn des jungen deutschen Mathematikers gelang es, aus den Rechnungen des Arabers die tiefer liegende allgemeine Beziehung zu erkennen und zum erstenmal das wichtige zweite Haupttheorem, den Kosinussatz, auszusprechen. Die Fassung ist freilich außerordentlich unübersichtlich; aus seinem sehr schwülstigen Satzbau[807] läßt sich nur mit Mühe die Proportion:

$$\text{sin vers}\,\alpha : (\text{sin vers}\,a - \text{sin vers}\,(b-c)) = (\sin\text{tot})^2 : \sin b \sin c$$

ablesen. Ersetzt man jedoch die altertümliche Funktion $\text{sin vers}\,x$ durch $1 - \cos x$ und schreibt 1 statt $\sin\text{tot}$, so geht durch

$$\text{sin vers}\,(b-c) = 1 - \cos(b-c) = 1 - \cos b \cdot \cos c - \sin b \sin c$$

die uns wohlbekannte Form:

$$\cos a = \cos b \cos c + \sin b \sin c \cos \alpha$$

hervor. Der Bedeutung seiner Beziehung war sich Regiomontan voll bewußt; er fügte sofort den vier bereits fertiggestellten Büchern *De triangulis* ein fünftes hinzu, an dessen Spitze er den Kosinussatz setzte. Anwendung findet er unmittelbar darauf in der Aufgabe, aus drei Seiten eines Dreiecks einen Winkel zu bestimmen;[808] die zweite Verwertung, aus zwei Seiten und dem eingeschlossenen Winkel die dritte Seite zu berechnen, fehlt indessen. Vielleicht liegt ein Grund für diese unvollständige Ausnutzung darin, daß dieses fünfte Buch überhaupt der letzten Feile entbehrt.

Die neue Formel erregte die Aufmerksamkeit der Zeitgenossen in höchstem Maße. Der Nürnberger Pfarrer und Astronom Johannes Werner (1468—1528) hatte Gelegenheit, den Nachlaß Regiomontans — die fünf Bücher *De triangulis* kamen erst 1533 zum Druck — einzusehen; eine von ihm verfaßte sphärische Trigonometrie (in fünf

807 *De triangulis omnimodis*[II 244], lib. V, prop. 2, S. 127: *In omni triangulo sphaerali ex arcubus circulorum magnorum constante proportio sinus versi anguli cuiuslibet ad differentiam duorum sinuum versorum, quorum unus est lateris eum angulum subtendentis, alius vero differentiae duorum arcuum ipsi angulo circumjacentium est tamquam proportio quadrati sinus recti totius ad id, quod sub sinibus arcuum dicto angulo circumpositorum continetur rectangulum* (In jedem sphärischen Dreieck, das aus Großkreisen besteht, ist das Verhältnis des *Sinus versus* eines beliebigen Winkels [$\text{sin vers}\,\alpha$] zu der Differenz derjenigen zwei *Sinus versus*, deren einer zu der dem Winkel gegenüberliegenden Seite [$\text{sin vers}\,a$], deren anderer zu der Differenz der einschließenden Seiten gehört [$\text{sin vers}\,(b-c)$], ebendasselbe wie das Verhältnis des Quadrats des *Sinus totus* zu dem Rechteck, das aus dem *Sinus* der einschließenden Seiten gebildet wird [$\sin b \sin c$]). — 808 Lib. V, prop. III, S. 129[II 244].

Büchern) ist bis auf die Neuzeit verschollen gewesen. Die seinerzeit zum Druck bestimmte Reinschrift wurde in der vatikanischen Bibliothek jüngst aufgefunden und 1907 im Druck veröffentlicht. WERNER ist weit über REGIOMONTAN hinausgegangen; ihm gelang es, den Kosinussatz so umzuwandeln, daß die Multiplikationen und Divisionen durch Additionen und Subtraktionen ersetzt wurden (prosthaphäretische Methode vgl. Bd. II, S. 167, Bd. IV, S. 62). Er findet β aus a, b, c durch den Proportionssatz, in moderner Formelsprache geschrieben:

$$\frac{\frac{1}{2}[\sin(90^0 - a + c) - \sin(90^0 - c - a)]}{\sin(90^0 - b) - \sin(90^0 - c - a)} = \frac{\sin \mathrm{tot}}{\sin \mathrm{vers}(180 - \beta)}.$$ [809]

Einen zweiten Fortschritt erzielte WERNER dadurch, daß er auch die andere Verwendung des Kosinussatzes fand, die REGIOMONTAN noch nicht gebracht hatte, die Berechnung einer Seite aus den beiden anderen und ihrem eingeschlossenen Winkel. Weitere einschneidende Verbesserungen nahmen TYCHO BRAHE (um 1580) und BÜRGI (1552—1632) vor (vgl. S. 109—110).

Der polare Kosinussatz:

$$\cos\alpha = -\cos\beta\cos\gamma + \sin\beta\sin\gamma\cos a$$

ist der Zeit nach zuerst in den Notizen, die sich TYCHO BRAHE in den achtziger Jahren des sechzehnten Jahrhunderts gesammelt hatte, zu finden. Da in seiner Aufzeichnung aber ein Vorzeichenfehler ($+\cos\beta\cos\gamma\ldots$) gemacht ist, auch jede Ableitung fehlt, liegt die Vermutung nahe, daß seine Kenntnis von anderer Seite kam.[810] Den gleichen Verdacht hat man auch bei PHILIPP VON LANSBERGE (1561—1632), der 1591 ein Lehrbuch, *Triangulorum geometriae libri quatuor,* zu Leiden[I 228] erscheinen ließ. Nachdem der Verfasser den Seitenkosinussatz genau in der Form REGIOMONTANS[811] angeführt hat, stellt er mit durchaus ungenügender Ableitung sofort die zweite Proportion:

$$(\sin \mathrm{tot})^2 : \sin\beta\sin\gamma = \sin \mathrm{vers}\, a : \left[\sin \mathrm{vers}\,\alpha - \sin \mathrm{vers}\left(\beta - (180^0 - \gamma)\right)\right]$$

auf, die den polaren Satz darstellt. Der eigentliche Entdecker ist zweifellos VIETA (1540—1603, Paris). Ihm war der Satz nur ein Ausfluß des allgemeinen Polaritätsprinzips (S. 125), das er zuerst aufgestellt hatte. Seine Resultate, mit deren Mitteilung in Freundeskreisen er vielleicht zu freigebig war, sind erst in der Schrift von

809 *De triangulis sphaericis,* ed. BJÖRNBO[580], S. 183—184. — 810 VON BRAUNMÜHL, *Gesch.* 1[II 935], S. 201. — 811 Lib. IV[I 228], Satz 16, S. 196—197.

1593 *Variorum de rebus mathematicis responsorum lib. VIII*[II 849] veröffentlicht worden; beide Kosinussätze kommen in zweifachem Wortlaut vor, dem die Formeln:

$$\sin b \sin c : (\cos a \mp \cos b \cos c) = r : \cos \alpha,$$

$$\sin \beta \sin \gamma : (\cos \beta \cos \gamma \pm \cos \alpha) = r : \cos a$$ [812]

und

$$\operatorname{cosec} b \operatorname{cosec} c : (\cos \alpha \pm \operatorname{ctg} b \operatorname{ctg} c) = r : \cos a,$$

$$\operatorname{cosec} \beta \operatorname{cosec} \gamma : (\cos a \mp \operatorname{ctg} \beta \operatorname{ctg} \gamma) = r : \cos \alpha$$ [813]

entsprechen. Ableitungen sind nicht beigegeben.

Der erste Beweis des Winkelkosinussatzes begegnet uns in der Trigonometrie des Pitiscus von 1595.[814]

Stevin (1548—1620, Leiden) gibt 1608 den Winkelkosinussatz in einer Regel, die durch die beiden Formeln ausgedrückt werden kann:[815]

$$\sin \alpha \sin \beta : R^2 = [\sin \operatorname{vers}(180^0 - \gamma) - \sin(\alpha - \beta)] : \sin \operatorname{vers}(180^0 - c),$$

$$\sin \alpha \sin \beta : R^2 = \left[\sin \operatorname{vers} \gamma - \sin\left(180^0 - (\alpha + \beta)\right)\right] : \sin \operatorname{vers} c.$$

De Oppel (1720—1769) schreibt 1746[816] die Seitensatzformel:

$$\sin \alpha = \frac{\sqrt{(\sin a)^2 + (\sin b)^2 + (\sin c)^2 - 2 + 2 \cos a \cos b \cos c}}{\sin b \sin c}$$

und ähnlich die Polarformel.

Die Einführung der Logarithmen verlangte andere Umformungen als die Prosthaphäresis; die für S. S. S. und S. W. S. entdeckten Sonderformeln, wie die Halbwinkelsätze, werden später besprochen (S. 152 ff.).

Erwähnenswert ist noch eine Umwandlung, die Euler den Kosinussätzen gegeben hat:

$$\cos a = \tfrac{1}{4} \cos(\alpha - b + c) + \tfrac{1}{4} \cos(\alpha + b - c) - \tfrac{1}{4} \cos(\alpha - b - c) - \tfrac{1}{4} \cos(\alpha + b + c) + \tfrac{1}{2} \cos(b - c) + \tfrac{1}{2} \cos(b + c),$$

und ähnlich:

$$\cos \alpha = \tfrac{1}{4} \cos(a + \beta - \gamma) + \tfrac{1}{4} \cos(a - \beta + \gamma) - \tfrac{1}{4} \cos(a - \beta - \gamma) - \tfrac{1}{4} \cos(a + \beta + \gamma) - \tfrac{1}{2} \cos(\beta - \gamma) - \tfrac{1}{2} \cos(\beta + \gamma).$$ [817]

812 Vieta, *Opera*[II 83], ed. Schooten, Lugd. Bat. 1646, S. 407—408, Nr. XV u. XVI. — 813 Ebendaselbst S. 410 u. 411, Nr. XIX u. XX. — 814 *Trigonometriae pars prima*, S. 172—174; Bearbeitung von 1600, S. 107[IV 837]. — 815 *Hypomnemata mathematica*[781], lat. Übersetzung von Snellius S. 222—223, nach von Braunmühl, *Gesch.* 1[II 935], S. 227. — 816 *Analysis triangulorum*[II 58], II, § 90. — 817 Hist. Mém. Ac. Berlin 1753 (1755), S. 252, 254.

Sie hätte im sechzehnten Jahrhundert, zur Zeit der Prosthaphäresis, großes Aufsehen erregt, besitzt aber heute nur noch formales Interesse. EULER hat auch das Verdienst, die algebraische Symbolik zuerst auf den Kosinussatz übertragen zu haben; seine Formel[203] (vgl. S. 43):

$$\text{cof: anguli } A = \frac{\text{cof: } BC - \text{cof: } AB \cdot \text{cof: } AC}{\text{f} AB \cdot \text{f} AC}$$

wird in einem Zusatz in

$$\text{cof:} BC = \text{cof:} AB \cdot \text{cof:} AC + \text{cof:} A \cdot \text{f} AB \cdot \text{f} AC$$

weiter umgewandelt und unterscheidet sich von der modernen Ausdrucksweise nur unerheblich.

Der einfache Beweis, den die meisten Schulbücher der Gegenwart bringen — Tangenten in A an b und c bis zum Schnittpunkt D, bzw. E mit MB und MC, Berechnung von DE in den beiden Dreiecken DAE und DME mit dem ebenen Kosinussatz —, rührt in dieser Form von LAGRANGE (1799) her.[818] LAGRANGES Figur hatte allerdings schon der Engländer FRANCIS BLAKE (1708 bis 1780) in einem Aufsatze *Spherical Trigonometry reduced to Plane* von 1752 benutzt.[819] Auch EULER zeichnet 1781 zwei Ecktangenten; seine Ableitung ist aber verwickelter als die LAGRANGES.[820]

Um die Kosinussätze für logarithmische Rechnung geeigneter zu machen, griff man zur Einführung von Hilfswinkeln. Folgende Umwandlungen sind von historischem Interesse:

EULER (1753):[821]

$$\cos a = \frac{\cos b \cos (c - \varphi)}{\cos \varphi}, \quad \text{wo} \quad \operatorname{tg} \varphi = \cos \alpha \operatorname{tg} b;$$

LAMBERT (1765):[822]

$$\cos a = 2 \sin b \sin c \sin \frac{\varphi + \alpha}{2} \sin \frac{\varphi - \alpha}{2},$$

$$\text{wo} \quad \left(\sin \frac{\varphi}{2}\right)^2 = \frac{\cos (b - c)}{2 \sin b \sin c},$$

$$\cos \alpha = 2 \sin \beta \sin \gamma \sin \frac{\varphi + \alpha}{2} \sin \frac{\varphi - \alpha}{2},$$

$$\text{wo} \quad \left(\cos \frac{\varphi}{2}\right)^2 = \frac{\cos (\beta - \gamma)}{2 \sin \beta \sin \gamma};$$

818 J. Éc. Polyt. 6, 1799, S. 281. — 819 Phil. Transact. R. Soc. London 47, 1751/52 (1753), S. 444. — 820 Acta Ac. Petrop. 1779[587] (1782),I, S. 72, § 2. — 821 Hist. Mém. Ac. Berlin 9, 1753[588] (1755), S. 252, Cor. 2. — 822 *Beyträge* I[IV 486], 1765, § 76, S. 415—417, 421.

Cagnoli (1786):[823]

$$\sin\frac{a}{2} = \frac{\sin\frac{c-b}{2}}{\cos\varphi}, \qquad \text{wo} \quad (\operatorname{tg}\varphi)^2 = \frac{\sin c \sin b \left(\sin\frac{\alpha}{2}\right)^2}{\left(\sin\frac{c-b}{2}\right)^2};$$

Legendre (1799):[824]

$$\cos a = \frac{\cos b}{\cos\varphi}\cos(c-\varphi), \qquad \text{wo} \quad \operatorname{tg}\varphi = \operatorname{tg} b \cos\alpha;$$

wie Euler; dazu die polare Formel:

$$\cos\alpha = \frac{\cos\beta}{\sin\varphi}\sin(\gamma-\varphi), \qquad \text{wo} \quad \operatorname{ctg}\varphi = \operatorname{tg}\beta\cos a.$$

Die beiden Legendreschen Formeln sind auch für die Fundamentalfälle a, b, α, bzw. α, β, a zu verwerten.

Gauss (1809):[825]

$$\cos a = \frac{\cos b}{\sin\varphi}\sin(\varphi + c), \qquad \text{wo} \quad \operatorname{tg}\varphi = \frac{\operatorname{ctg} b}{\cos\alpha},$$

Delambre (1814):[826]

$$\cos\frac{a}{2} = \frac{\cos\frac{b+c}{2}}{\cos\varphi}, \qquad \text{wo} \quad (\operatorname{tg}\varphi)^2 = \frac{\left(\cos\frac{\alpha}{2}\right)^2 \sin b \sin c}{\cos\frac{c+b}{2}}.$$

c) Der Kotangentensatz.

Die Beziehung, die der sphärische Kotangentensatz ausspricht, wurde zuerst in geometrischer Ableitung durch den Araber Ibn Alhaiṯam (965–1039, Ägypten) gegeben, ohne aber für die Zukunft weiter verwertet zu werden.[827]

Erst Vieta ist der wirkliche Entdecker dieses wichtigen dritten Hauptsatzes der sphärischen Trigonometrie. Die Proportionen:

$$1. \quad (\sin\beta \operatorname{cosec} c) : (\operatorname{ctg} a \mp \cos\beta \operatorname{ctg} c) = 1 : \operatorname{ctg}\alpha,$$

$$2. \quad (\sin b \operatorname{cosec}\gamma) : (\operatorname{ctg}\alpha \pm \cos b \operatorname{ctg}\gamma) = 1 : \operatorname{ctg} a$$ [828]

stimmen im Inhalt mit der Originalfassung Vietas (1593 II 849) getreu überein. Adriaen van Roomen brachte 1609[829] eine unwesentliche Veränderung an, nach der z. B. die erste Formel lauten würde:

$$1 : (\sin c \operatorname{cosec}\beta) = (\operatorname{ctg} a - \cos\beta \operatorname{ctg} c) : \operatorname{ctg}\alpha.$$ [830]

823 *Traité* II 59, chap. 16, § 478, S. 269. — 824 *Élémens* IV 364, 2. Aufl. Paris VIII, S. 442 ff. — 825 *Theoria motus*, Hamburg 1809, Nr. 67; *Werke* 598, 7, S. 80. — 826 *Astronomie théor. et pr.* 355, 1, S. 180. — 827 C. Schoy, Ztschr. d. Deutsch. Morgenländ. Gesellsch. 1921, S. 253. — 828 Vieta, *Opera* II 88, S. 408—410, Nr. XVII u. XVIII. — 829 *Canon triangulorum sphaericorum*, 1609 167. — 830 von Braunmühl, *Gesch.* 1 II 935, S. 229.

Ein Beweis fehlt bei beiden Mathematikern; ihn trug erst SNELLIUS (1581—1626) in seinem hinterlassenen Werke *Doctrinae triangulorum canonicae libri quatuor* von 1627 nach.[831]

VIETA erkennt, daß sechs Fälle des Kotangentensatzes möglich sind. Nr. 2 ist die polare Form zu Nr. 1; aus jeder gehen durch zyklische Vertauschung zwei weitere Formeln hervor. Die moderne Fassung ist:

$$1.\quad \operatorname{ctg} a \sin c = -\operatorname{ctg} \alpha \sin \beta + \cos c \cos \beta\,,$$

$$2.\quad \operatorname{ctg} a \sin b = -\operatorname{ctg} \alpha \sin \gamma + \cos b \cos \gamma\,.$$

Statt der Polarumwandlung ist hierin symmetrische Vertauschung von b und c, bzw. β und γ vorgenommen.

Der erste, der die ältere Proportionsform durch eine Gleichung ersetzte, war DE OPPEL (1746).[832] Wenn von seiner unübersichtlichen Symbolbezeichung abgesehen wird, lautet die Nr. 1 entsprechende Formel bei ihm:

$$\operatorname{ctg} a = \frac{\sin \beta \operatorname{ctg} \alpha}{\sin c} + \cos \gamma \cos c\,;$$

die fünf weiteren Formeln werden beigefügt.

EULER vermied in seiner Abhandlung von 1753[833] die Kotangensfunktion absichtlich und schrieb demnach Nr. 2 folgendermaßen:

$$\sin b \operatorname{tg} \alpha - \sin \gamma \operatorname{tg} a = \cos b \cos \gamma \operatorname{tg} \alpha \operatorname{tg} a\,.$$

Er beachtet hier die symmetrische Vertauschbarkeit nicht, hat daher drei Formeln, holt das Versäumte aber in seiner zweiten großen trigonometrischen Schrift von 1781[834] nach. CAGNOLI (1786)[835] bevorzugt die Form:

$$\operatorname{tg} \alpha = \frac{\sin \beta}{\sin c \operatorname{ctg} \alpha - \cos c \cos \beta} = \frac{\sin \gamma}{\sin b \operatorname{ctg} a - \cos b \cos \gamma}\,,$$

$$\operatorname{tg} a = \frac{\sin c}{\sin \beta \operatorname{ctg} \alpha + \cos \beta \cos c} = \frac{\sin b}{\sin \gamma \operatorname{ctg} \alpha + \cos \gamma \cos b}\,.$$

Mehrfach wird auch die Kotangentenformel durch Einführung eines Hilfswinkels logarithmisch umgewandelt, so von EULER (1753),[836] LAMBERT (1765)[837] und LAGRANGE (1799).[838]

831 Lib. IV[IV 857], prop. V, S. 211 f. — 832 *Analysis triangulorum*[II 58], II, § 394, S. 64. — 833 Hist. Mém. Ac. Berlin 1753[588], S. 242, Nr. IV. — 834 Acta Ac. Petr. 1779 (1782)[587], I, S. 76, § 9. — 835 *Traité*[II 59], Anhang, table VII, Nr. 13, 14 und 31, 32. — 836 Hist. Mém. Ac. Berlin 9, 1753 (1755), S. 252, Cor. 3. — 837 *Beytrage*[IV 486], I, § 85, S. 423. — 838 J. Éc. Polyt., cah. 6, T. II, Paris an VII (1799), S. 287.

EULER:

$$\operatorname{tg}\beta = \frac{\operatorname{tg}\alpha \sin\varphi}{\sin(c-\varphi)}, \qquad \text{wo} \quad \operatorname{tg}\varphi = \cos\alpha \operatorname{tg} b;$$

LAMBERT:

$$\operatorname{ctg}\alpha = \frac{2\sin\frac{\varphi+\gamma}{2}\sin\frac{\varphi-\gamma}{2}\cos b}{\sin\gamma}, \qquad \text{wo} \quad \left(\cos\frac{\varphi}{2}\right)^2 = \frac{(\sin a + b)}{2\sin a \cos b};$$

LAGRANGE:

$$\operatorname{ctg} a = \frac{\operatorname{ctg} b \cos(\gamma-\varphi)}{\cos\varphi}, \qquad \text{wo} \quad \operatorname{tg}\varphi = \frac{\operatorname{ctg}\alpha}{\cos b}.$$

LEGENDRE[839] setzt in die Kotangentenformel 2. $\operatorname{tg}\varphi = \cos b \operatorname{tg}\alpha$ und erhält:

$$\sin(\varphi+\gamma) = \frac{\operatorname{tg} b \sin\varphi}{\operatorname{tg} a}$$

für den Fundamentalfall a, b, α. Die polare Entwicklung dazu für den Fundamentalfall α, β, a ist, wie bei EULER:

$$\sin(c-\varphi) = \frac{\operatorname{tg} b \sin\varphi}{\operatorname{tg}\alpha}$$

für $\operatorname{tg}\varphi = \cos\beta \operatorname{tg} a$.

Die drei Hauptsätze enthalten nur je vier Größen, zwischen denen sie eine Beziehung aussprechen. Eine große Reihe von Formeln ist außerdem noch vorhanden, die die praktische Rechnung erleichtern sollen (vgl. S. 150—165), ferner noch solche, die mehr als vier Größen in einen Zusammenhang bringen. Für die letzteren mögen als Beispiele dienen die Formeln von DE OPPEL (1746):[840]

$$\operatorname{ctg}\frac{a}{2} = \frac{\sin b\cos\gamma - \sin c\cos\beta}{\cos c - \cos b}, \qquad \operatorname{tg}\frac{a}{2} = \frac{\sin b\cos\gamma + \sin c\cos\beta}{\cos c + \cos b},$$

$$\operatorname{tg}\frac{\alpha}{2} = \frac{\sin\beta\cos c - \sin\gamma\cos b}{\cos\gamma - \cos\beta}, \qquad \operatorname{ctg}\frac{\alpha}{2} = \frac{\sin\beta\cos c + \sin\gamma\cos b}{\cos\gamma + \cos\beta};$$

von EULER (1781):[590]

$$\cos\alpha\sin c = \cos a\sin b - \sin a\cos b\cos\gamma,$$
$$\cos\alpha\sin\gamma = \cos a\sin\beta - \cos b\sin\alpha\cos\gamma,$$
$$\cos a\sin\gamma = \cos\alpha\sin\beta + \sin\alpha\cos\beta\cos c$$

und von DELAMBRE (1749—1822, Paris):[841]

$$\sin\beta(\cos\alpha\sin c + \operatorname{ctg} b\cos c) = \sin\alpha\operatorname{ctg} a,$$
$$\sin\gamma(\cos\alpha\sin b + \operatorname{ctg} c\cos b) = \sin\alpha\operatorname{ctg} a.$$

839 *Éléments* IV 334, 2. Aufl., Paris an VIII, S. 442 ff. — 840 *Analysis triangulorum* II 58, II, § 98, S. 70. — 841 Nach SCHULZ, *Sphärik* 73, II, S. 65.

Auch die Beziehung:

$$\frac{\sin\gamma}{\operatorname{tg} b\cos\alpha - \cos\gamma\sin\alpha} = \frac{\operatorname{tg}\alpha\cos\beta + \cos c\sin\beta}{\sin c}$$

ist DELAMBRES Eigentum.[842] Alle sechs Größen verbindet CAGNOLI (1743—1816; Verona, Mailand) durch

$$\sin a\sin b - \cos a\cos b\cos\gamma = \sin\alpha\sin\beta - \cos\alpha\cos\beta\cos c\,,$$ [843]

während LEGENDRE (1794) dies durch

$$1.\quad (\sin\alpha - \sin\beta)\sin c = (\sin a - \sin b)\sin\gamma\,,$$
$$2.\quad (\sin\alpha + \sin\beta)\sin c = (\sin a + \sin b)\sin\gamma\,,$$
$$3.\quad (\cos\alpha + \cos\beta)\sin c = \sin(a + b)(1 - \cos\gamma)\,,$$
$$4.\quad (\cos a + \cos b)\sin\gamma = \sin(\alpha + \beta)(1 + \cos c)$$ [844]

erreicht. Aus 1. bis 3. leitet LEGENDRE die NEPERschen Analogien (vgl. S. 155) ab; die Ausnutzung aller vier Formeln hat GAUSS in seinen Vorlesungen gezeigt.[845] Hierher gehören auch die sogenannten GAUSSschen Formeln (S. 156). Sehr symmetrisch ist die Formel GRUNERTS (1797—1872, Greifswald):[846]

$$\frac{\sin(b-c)}{\sin a}\left(\cos\frac{\alpha}{2}\right)^2 + \frac{\sin(c-a)}{\sin b}\left(\cos\frac{\beta}{2}\right)^2 + \frac{\sin(a-b)}{\sin c}\left(\cos\frac{\gamma}{2}\right)^2 = 0\,.$$

F. W. BESSEL gibt 1855 die Formeln:[847]

$$\begin{aligned}\sin(a-b)\cos(\alpha+\beta+\gamma) &+ \sin(\alpha-\beta)\cos(a+b+\gamma)\\ &= \cos(\beta-b)\sin(\alpha+a+\gamma) - \cos(\alpha-a)\sin(\beta+b+\gamma)\,,\\ \sin(a-b)\sin(\alpha+\beta+\gamma) &- \sin(\alpha-\beta)\sin(a+b+\gamma)\\ &= \cos(\beta-b)\cos(\alpha+a+\gamma) - \cos(\alpha-a)\cos(\beta+b+\gamma)\,.\end{aligned}$$

d) Die Fundamentalfälle.

MENELAOS suchte in der Sphärik die strenge Systematik, die in der Geometrie der Griechen noch heute mustergültig ist, zu befolgen, ohne freilich das Vorbild, das ihm in den Elementen EUKLIDS vorschwebte, zu erreichen.

In der Lehre von der Kongruenz der sphärischen Dreiecke verallgemeinerte er die Euklidische Einteilung (vgl. Bd. IV, S. 75 ff.)

842 *Astronomie théorique et pratique*[355], nach SCHULZ[78], II, S. 67. — 843 *Trigonometria*[II 59], Ausgabe von 1808 (nicht 1786), Nr. 1139, 326; vgl. VON BRAUNMÜHL, *Gesch.* 2[II 990], S. 141. — 844 *Elemente*, Übers. von CRELLE[IV 364], 1833, S. 399. — 845 Nach BALTZER, *Elemente*[IV 581], II, Buch VI, § 5, 10 Anm., 3. Aufl., Leipzig 1870, S. 319 Anm. — 846 Archiv Math. Phys. 20, Greifswald 1855, S. 472—473. — 847 Daselbst S. 355.

und unterschied die sechs Fundamentalfälle: $a \gamma b$, $\alpha c \beta$, $a b \alpha$, $\alpha \beta a$, $a b c$, $\alpha \beta \gamma$.[700] An demselben Einteilungsprinzip hält die moderne Mathematik noch in der Gegenwart fest.

Langsamer entwickelte sich die Systematik in der eigentlichen Dreiecksberechnung. Wie EUKLID hatte MENELAOS die praktische Anwendung der Theorie bei seiner Darstellung übergangen. Zur Zeit der Griechen, wie auch in dem größten Teil der arabischen Periode, ist die rechnende Trigonometrie überhaupt nur Mittel zum Zweck; die Astronomen bedienen sich ihrer ganz gelegentlich, um vorkommende Aufgaben mit ihrer Hilfe zu lösen. Über die vier Fälle $a \gamma \beta$, $a c \beta$, $a b \alpha$, $\alpha \beta a$, deren Durchführung man aus astronomischen Schriften an verschiedenen Stellen zusammensuchen muß, kommt aber PTOLEMAUS nicht hinaus, selten die arabischen Mathematiker bis ǴĀBIR IBN AFLAḤ. Das vereinzelte Auftreten von Rechnungen, in denen man hinterher den Fall a, b, c erkennen kann (z. B. bei ALBATTĀNĪ, siehe S. 138),[847a] ändert an dieser Behauptung nichts, da den Bearbeitern das zugrundeliegende Dreieck entgangen war.

Eine systematische Bearbeitung erfuhr die sphärische Trigonometrie erst am Ende der arabischen Periode durch den Perser NAṢĪR EDDĪN ALṬŪSĪ (1201—1274). Es ist natürlich, daß dieser nach dem Vorbild der Alten die Gruppierung in die sechs Fälle des MENELAOS wählte. Der Fall α, β, γ findet sich bei ihm zum erstenmal; jedoch entgeht ihm noch die Zweideutigkeit für a, b, α und α, β, a.[848] Unabhängig von NAṢĪR EDDĪN gelangte im Abendlande REGIOMONTAN (1436—1476) zu derselben Vollständigkeit, beachtete aber auch die Zweideutigkeit wenigstens in dem Falle a, b, α.[849] KOPPERNIKUS (1473—1543), der in selbständigem Studium die Trigonometrie des PTOLEMÄUS auszubauen begonnen hatte,[IV 997] schloß sich der Einteilung REGIOMONTANs an, nachdem er dessen Buch *De triangulis* kennen gelernt hatte. Zu vier Hauptgruppen faßten RHAETICUS (1514—1576) und sein Mitarbeiter und Nachfolger OTHO (um 1550—1605) die sphärische Trigonometrie des schiefwinkligen Dreiecks zusammen. RHAETICUS hatte seinem großen Tabellenwerk, dem *Opus Palatinum* (1569 zum großen Teil vollendet, 1596 gedruckt),[302] eine umfangreiche Behandlung der gesamten Dreieckslehre angeschlossen. Dem rechtwinkligen sphärischen Dreieck sind vier Bücher gewidmet, die 140 Folioseiten füllen.[850] Die sechs Haupt-

847a Auch bei ALḤABAS, IBN JŪNUS[797], ALBĪRŪNĪ. Vgl. C. SCHOY, Isis, 13, S. 65. — 848 VON BRAUNMÜHL, *Gesch.* 1[II 935], S. 69. — 849 *De triangulis*[II 244], lib. IV, prop. 28 $a \gamma b$, 29—30 $a b \alpha$ (2 Dreiecke), 31 $\alpha c \beta$, 32 $\alpha \beta a$, 33 $\alpha \beta \gamma$, 34 $a b c$. — 850 *Opus Palatinum*[302], *De triangulis globi cum angulo recto.*

gleichungen (S. 131 f.) sind in 40 Proportionen zerspalten; für die praktische Ausführung werden rund 130 Regeln gegeben. Es folgen fünf weitere Bücher über das schiefwinklige Dreieck, deren Verfasser OTHO ist.[851] Buch 1 enthält die allgemeine Einteilung der Dreiecke in zehn Formen, Buch 2—5 die wirkliche Berechnung, und zwar führt jedes dieser letzteren eine Grundaufgabe durch; im zweiten Buch werden zwei Seiten und ein Winkel, im dritten eine Seite und zwei Winkel, im vierten die drei Seiten und im fünften die drei Winkel als gegeben angenommen. Die Art der Darstellung ist eine unglaublich breite und weitschweifige; zahllose Einzelfälle werden nach allen nur möglichen Richtungen hin untersucht, ihre Erörterung erschwert durch Mangel an Übersichtlichkeit das Verständnis außerordentlich. Die Aufgabe, aus der Hypotenuse und einem spitzen Winkel die übrigen Stücke zu berechnen, beansprucht z. B. nicht weniger als 66 Folioseiten. Die Zweideutigkeit der allgemeinen Fälle a, b, α und α, β, a ist eingehend besprochen und zwar in dieser Vollständigkeit zum erstenmal.

Einen großen Fortschritt in der Systematik stellt VIETAS (1540 bis 1603, franz. Staatsbeamter) Behandlungsart der schiefwinkligen Dreiecke dar, die uns sein *Variorum de rebus mathematicis responsorum liber VIII*[II 849] vorführt. Die Anzahl und die Art der Fundamentalfälle ist dieselbe wie bei MENELAOS und REGIOMONTAN. Aber schon ihre Reihenfolge ist geändert[852] und beruht auf dem von VIETA zuerst entdeckten Gesetz der Polarität (vgl. S. 125). Noch viel mehr zeigt die spezielle Durchführung diese wichtige Wechselbeziehung. Auf fünf Seiten werden — freilich ohne Ableitung — die Lehrsätze zusammengestellt, mit denen alle Dreiecksaufgaben gelöst werden können; jedem Satz wird sofort das polare Theorem angeschlossen. Zum Teil sind diese Sätze sogar von VIETA erst neu aufgefunden (Kotangentenformel), zum Teil verrät ihre kurze klare Fassung seine hohe Begabung für Systematik und Methodik.

VIETAS Trigonometrie wurde für die späteren Mathematiker vorbildlich und ist es eigentlich noch heute. In fast allen besseren Lehrbüchern sind seine Andeutungen nur weiter ausgeführt oder zum wenigsten eingehend verwertet.

---

851 *De triangulis globi sine angulo recto libri quinque.* Vgl. VON BRAUNMÜHL, *Gesch.* 1[II 935], S. 212 ff. — 852 Originalausgabe, Turonis 1593[II 849], S. 35—39. *Opera*, ed. SCHOOTEN[II 88], S. 407—412: $a\,b\,c$, prop. XV; $\alpha\,\beta\,\gamma$, prop. XVI; $a\,\gamma\,b$, prop. XVII (gesucht α), prop. XIX (gesucht c); $a\,c\,\beta$, prop. XVIII (gesucht a), prop. XX (gesucht γ); $a\,b\,\alpha$ und $\alpha\,\beta\,a$, prop. XXI.

Eine theoretische Untersuchung über die Art und Anzahl der Fundamentalfälle stellte im achtzehnten Jahrhundert LAMBERT (1728 bis 1777, Berlin) an, und er kam dabei zu einer etwas abweichenden Gruppierung.[853] In 60 fach verschiedener Art und Weise könne man von den sechs Dreiecksstücken (Seiten a, b, c — Winkel α, β, γ) drei als bekannt und eins als unbekannt annehmen; diese Anzahl sinke auf 15, wenn man von dem Unterschied „Bekannt" und „Unbekannt" absehe, und schließlich auf die vier Gruppen $a\,\alpha\,b\,c$, $\alpha\,a\,\beta\,\gamma$, $a\,\alpha\,b\,\gamma$, $a\,\alpha\,b\,\beta$, wenn man allein auf die Ordnung, in der die Stücke in dem Dreieck aufeinanderfolgen, achte, den Unterschied aber zwischen Seiten und Winkeln beibehalte. Aus diesen vier Hauptgruppen ergeben sich zwölf Einzelaufgaben, indem der Reihe nach die einzelnen Stücke als gesucht angenommen werden. Das Schema LAMBERTS ist das folgende:

I.	$a\,\alpha\,b\,c$,	gesucht	1. α,
			2. a,
			3. b oder c;
II.	$\alpha\,a\,\beta\,\gamma$,	gesucht	4. a,
			5. α,
			6. β oder γ;
III.	$a\,\alpha\,b\,\gamma$,	gesucht	7. a,
			8. α,
			9. b,
			10. γ;
IV.	$a\,\alpha\,b\,\beta$,	gesucht	11. a oder b,
			12. α oder β.

Auch die Durchführung dieser Aufgaben in der LAMBERTschen Schrift verdient noch jetzt Beachtung. Zunächst stellt er für I—IV, ohne Rücksicht auf praktisch-logarithmische Anwendbarkeit, die bekannten Hauptbeziehungen auf. Dann geht er zu Umwandlungen über, die das logarithmische Rechnen erleichtern sollen. Für 11. und 12. ist eine geeignete Formel im Sinussatz bereits vorhanden, bei 1. und 4. verweist er auf die NEPERschen Formeln (vgl. S. 152—154), die $\sin\frac{\alpha}{2}$, $\cos\frac{\alpha}{2}$, $\sin\frac{a}{2}$, $\cos\frac{a}{2}$ aus den drei Seiten, bzw. Winkeln in einfachster Weise zu berechnen gestatten. Die fehlenden acht Aufgaben sucht LAMBERT[854] einheitlich zu behandeln. Er zieht eine Höhe und entwickelt nun eine für alle acht Fälle gültige Regel, die aus der

853 *Beyträge* I[IV 486], cap. 3, § 36 ff., S. 390 ff. — 854 Daselbst § 70 ff.

Figur für irgendeines dieser Beispiele eine brauchbare Rechenformel abzulesen gestattet, eine Regel, die in ihrer Verwertbarkeit der NEPERschen Gedächtnisregel für das rechtwinklige Dreieck ähnlich ist (vgl. S. 133).

Dieser LAMBERTschen Einteilung folgte nur KLÜGEL in seiner *Analytischen Trigonometrie* von 1770.[IV 572] Etwa ein Jahrzehnt vor LAMBERT (1753)[588] hatte EULER die sphärische Trigonometrie in Arbeit genommen und dabei die antike Gruppierung nach MENELAOS zugrunde gelegt. Doch sonderte auch er zwölf Einzelfälle ab, die sich mit denen LAMBERTS zur Deckung bringen lassen.

					bei LAMBERT
I.	1.	abc	gesucht	α,	Nr. 1
II.	2.	$\alpha\beta\gamma$	„	a,	„ 4
III.	3.	$a\gamma b$	„	c,	„ 2
	4.		„	α und β,	„ 8
IV.	5.	$\alpha c\beta$	„	γ,	„ 5
	6.		„	a und b,	„ 7
V.	7.	$ab\alpha$	„	β,	„ 12
	8.		„	γ,	„ 10
	9.		„	c,	„ 3
VI.	10.	$\alpha\beta a$	„	b,	„ 11
	11.		„	c,	„ 9
	12.		„	γ	„ 6

An EULER halten sich VON WOLFF[855] (ohne Erörterung der zweideutigen Fälle) und KASTNER[856] (mit Beachtung der Mehrdeutigkeit). Durch diese beiden Elementarwerke, die zu großer Verbreitung gelangten, erwarb sich die alte Einteilung in sechs Hauptfälle allgemeines Bürgerrecht und ist auch jetzt noch die allein gebräuchliche. Eine fernere Umordnung, die VON SEGNER[II 1091] in seinen Anfangsgründen allein in Hinsicht auf die Unbekannte aufstellt, hat überhaupt keine Nachahmung gefunden.

Sonderformeln für einzelne Fundamentalfälle.

1. Fundamentalfall a, b, c, bzw. α, β, γ.

Die Lösung der Fälle a, b, c und α, β, γ wird auch dadurch möglich, daß man das Dreieck durch eine Höhe in zwei rechtwinklige Dreiecke zerlegt. Fällt man die Höhe von A aus und

---

855 *Anfangsgrunde*[I 15, IV 352], Aufl. v. 1750, III, S. 1106—1120. — 856 *Anfangsgrunde*[259a], Aufl. v. 1764, I, S. 412.

bezeichnet die Projektionen von b und c mit p und q, die Teile des Winkels α entsprechend mit α_1 und α_2, so gilt z. B. die Beziehung:

$$1. \qquad \sin\alpha_2 : \cos\beta = \sin\alpha_1 : \cos\gamma,$$

die schon REGIOMONTAN (1436—1476) kannte und verwertete.[857] Ist α, β, γ bekannt, so kann er hieraus das Verhältnis von $\sin\alpha_1$ und $\sin\alpha_2$ berechnen. Wie man aber aus dem Verhältnis der Sinus zweier Winkel, deren Summe gegeben ist, die Winkel selbst findet, hatte REGIOMONTAN schon bei PTOLEMAUS[858] gelernt. Für den Dreiseitenfall nutzt NEPER (1614)[859] die bei ihm zum erstenmal auftretende Formel:

$$2. \qquad \operatorname{tg}\frac{b+c}{2}\operatorname{tg}\frac{b-c}{2} = \operatorname{tg}\frac{p+q}{2}\operatorname{tg}\frac{p-q}{2}$$

aus, die leicht logarithmisch behandelt werden kann. Sie wird von seinen Nachfolgern oft wiederholt. NEPER beweist sie durch senkrechte Projektion und zeigt dabei ihren Zusammenhang mit der Formel (vgl. Bd. IV, S. 147):

$$(b+c)(b-c) = (p+q)(p-q),$$

die in der ebenen Trigonometrie eine gleich wichtige Rolle spielt. Beide Formeln sind leider — trotz ihrer guten Verwendbarkeit — aus den neueren Schulbüchern verschwunden. GIRARD (1626)[860] bringt die weiteren Sätze:

$$3. \qquad \cos c : \cos q = \cos b : \cos p,$$

$$4. \qquad \operatorname{cosec} c : \sin\beta = \operatorname{cosec} b : \sin\gamma,$$

$$5. \qquad \sin q : \operatorname{ctg}\beta = \sin p : \operatorname{ctg}\gamma;$$

NORWOOD (1631)[861] hat noch:

$$6. \qquad \operatorname{ctg} c : \cos\alpha_2 = \operatorname{ctg} b : \cos\alpha_1,$$

und CAVALIERI (1632):[862]

$$7. \qquad \operatorname{tg} q : \operatorname{tg}\alpha_2 = \operatorname{tg} p : \operatorname{tg}\alpha_1.$$

Die Beziehungen 5. und 7. hat man in neuerer Zeit bei dem Perser NAṢĪR EDDĪN (1201—1274)[863] nachgewiesen, der aber keinen Zusammenhang mit den abendländischen Mathematikern hatte. Die

857 *De triangulis* II 244, IV, 20. — 858 Ed. HALMA 9, I, S. 52 ff.; ed. HEIBERG I 81, S. 70 ff. — 859 *Descriptio* II 971, S. 49, prop. 6. — 860 *Tables des sinus* . . ., holländ. Ausg. v. 1629 168, Sign. K_9 v°. — 861 *Trigonometria* I 233, S. 42. — 862 *Directorium generale uranometricum*, Bologna 1632, S. 242; vgl. v. BRAUNMÜHL, *Gesch.* 2 II 990, S. 35. — 863 VON BRAUNMÜHL, *Gesch.* 1 II 935, S. 68.

nachstehenden Formeln leitet, wie aus einer Mitteilung von Caswell am Ende der lateinischen Übersetzung seiner Trigonometrie hervorgeht, der Engländer Thomas Baker (1625—1690)[864] in einem nachgelassenen Manuskript auf analytischem Wege her:

$$\sin(b+c):\sin(b-c) = \operatorname{ctg}\frac{\alpha_1+\alpha_2}{2} : \operatorname{tg}\frac{\alpha_1-\alpha_2}{2},$$

$$\operatorname{tg}\frac{b+c}{2} : \operatorname{tg}\frac{b-c}{2} = \operatorname{tg}\frac{\beta+\gamma}{2} : \operatorname{tg}\frac{\beta-\gamma}{2},$$

$$\operatorname{ctg}\frac{\alpha_1+\alpha_2}{2} : \operatorname{ctg}\frac{\beta+\gamma}{2} = \operatorname{tg}\frac{\beta-\gamma}{2} : \operatorname{tg}\frac{\alpha_1-\alpha_2}{2}.$$

Durch die Formel von Ozanam (1640—1717; Lyon, Paris):

$$\frac{\cos\beta+\cos\gamma}{\cos\beta-\cos\gamma} = \frac{\operatorname{tg}\frac{\alpha}{2}}{\operatorname{tg}\frac{\alpha_1-\alpha_2}{2}}$$

läßt sich $\alpha_1 - \alpha_2$, d. h. α_1 und α_2 getrennt, dann b und c berechnen. Dadurch wird also der Polarkosinussatz ersetzt.[865]

Die Umwandlung des Kosinussatzes zu

$$1. \quad \sin\frac{\alpha}{2} = \sqrt{\frac{\sin(s-b)\sin(s-c)}{\sin b \sin c}},$$

$$2. \quad \cos\frac{\alpha}{2} = \sqrt{\frac{\sin s \sin(s-a)}{\sin b \sin c}}$$

gelang dem schottischen Gutsbesitzer John Neper von Merchiston (1550—1617), dem Erfinder des logarithmischen Rechnens. Die Formeln finden sich in seiner *Descriptio* von 1614, lib. II, cap. 6, 3 u. 4 und sind in logarithmischer Form ausgesprochen.[866]

---

864 Wallis, *Opera*[1478], 2, S. 877—879[158]. — 865 *Cours de mathématiques*[323], II, 1693; *Traité de Trigonométrie* III, Probl. VII, S. 140. — 866 *Descriptio*, Ausg. v. 1614[II 971], S. 48: 3. *In triangulis sphaericis primo summa ex logarithmis crurum subducta a summa ex logarithmis aggregati et differentiae semibasis et semidifferentiae crurum, relinquit duplum logarithmi dimidii anguli verticalis.* In sphärischen Dreiecken gibt erstens die Summe aus den Logarithmen der *Sinus* der Schenkel [log sin b + log sin c], subtrahiert von der Summe aus den Logarithmen der *Sinus* der Summe bzw. der Differenz, die aus der halben Basis und der halben Differenz der Schenkel zu bilden sind:

$$\left[\log\sin\left(\frac{a}{2}+\frac{b-c}{2}\right) + \log\sin\left(\frac{a}{2}-\frac{b-c}{2}\right)\right],$$

als Rest den doppelten *Logarithmus* des *Sinus* vom halben Winkel an der Spitze $\left[2\log\sin\frac{\alpha}{2}\right]$, d. i.:

Den Beweis deutet Neper nur an; ausführlich gibt ihn Gellibrand (1597—1637, London) in der *Trigonometria britannica* von 1633,[867] die eine Bearbeitung und Ergänzung einer nachgelassenen Schrift von Briggs ist. Hier tritt auch noch als dritte Formel hinzu:[868]

$$3. \quad \operatorname{tg}\frac{\alpha}{2} = \sqrt{\frac{\sin(s-b)\sin(s-c)}{\sin s \sin(s-a)}}\,.$$

Einen völlig ausreichenden Beweis für 1. und 2. brachten erst J. Hume (1636)[869] und Cavalieri (1591? — 1647, Bologna).[870] Formel 3. wird noch mehrfach abgeleitet, so von Caswell (um 1690),[871] der sie durch rein algebraische Umformungen aus dem Seitenkosinussatz erhielt und schließlich in der uns etwas hieroglyphisch vorkommenden Form schrieb:

$$S:\zeta - m: \times S:\zeta - n \cdot S:\zeta \times S:\zeta - B::Rq \cdot \tau q \tfrac{1}{2} \text{Ang.}$$

oder modern:

$$\sin(\zeta - m)\sin(\zeta - n) : \sin\zeta\sin(\zeta - B) = r^2 : \left(\operatorname{ctg}\frac{\alpha}{2}\right)^2,$$

wo m, n, B die drei Seiten, ζ (vgl. S. 46) die halbe Seitensumme, die Doppelpunkte Klammern bedeuten; dann gibt sie Deparcieux (1741) in der Doppelformel:[872]

$$\sin s : \sin(s-c) = \sin(s-b)\sin(s-a) : x^2,$$

$$\sin(s-a) : r = x : \operatorname{tg}\frac{\alpha}{2}\,.$$

$$\left[\log\sin\left(\frac{a}{2} + \frac{b-c}{2}\right) + \log\sin\left(\frac{a}{2} - \frac{b-c}{2}\right)\right] - (\log\sin b + \log\sin c) = 2\log\sin\frac{\alpha}{2}$$

oder

$$\sin(s-c)\sin(s-b) : \sin b \sin c = \left(\sin\frac{\alpha}{2}\right)^2.$$

4. *Secundo, Summa ex logarithmis crurum subducta a summa ex logarithmis aggregati et differentiae semibasis et semiaggregati crurum relinquit duplum antilogarithmi dimidii anguli verticalis,* d. i.

$$\left[\log\sin\left(\frac{b+c}{2} + \frac{a}{2}\right) + \log\sin\left(\frac{b+c}{2} - \frac{a}{2}\right)\right] - (\log\sin b + \log\sin c) = 2\log\cos\frac{a}{2}\,.$$

Betreffs der Bedeutung von *Logarithmus* und *Antilogarithmus* bei Neper vgl. Bd. II, S. 207. — **867** *Trigonometria*[II 995], S. 82, propositio. — **868** Daselbst S. 107, Aliter 3. — **869** *Traité de la trigonométrie*, Paris 1836, prop. 117 u. 120, S. 140f. u. 144f. — **870** *Directorium*[862]; vgl. von Braunmühl, *Gesch.* 2[II 990], S. 35. — **871** Wallis, *Opera* II[1478], S. 875, Z. 5[158, IV 39]. — **872** *Nouveaux traités de trigonométrie rectiligne et sphérique* 1741; vgl. von Braunmühl, *Gesch.* 2[II 990], S. 90.

Andere Ableitungen für alle drei Formeln gibt EULER (1553).[873] LAMBERT führt 1765 Nr. 3 nicht an, stellt dafür aber eine neue Beziehung auf:

$$4.\quad \sin \alpha = \frac{2}{\sin b \cdot \sin c} \sqrt{\sin s \sin (s-a) \sin (s-b) \sin (s-c)}\,.$$ [874]

Die polaren Formeln:

$$1\text{a.}\quad \sin \frac{a}{2} = \sqrt{\frac{-\cos \sigma \cos (\sigma - \alpha)}{\sin \beta \sin \gamma}},$$

$$2\text{a.}\quad \cos \frac{a}{2} = \sqrt{\frac{\cos (\sigma - \beta) \cos (\sigma - \gamma)}{\sin \beta \sin \gamma}},$$

$$3\text{a.}\quad \operatorname{tg} \frac{a}{2} = \sqrt{\frac{-\cos \sigma \cos (\sigma - \alpha)}{\cos (\sigma - \beta) \cos (\sigma - \gamma)}},$$

$$4\text{a.}\quad \sin a = \frac{2}{\sin \beta \sin \gamma} \sqrt{\cos \sigma \cos (\sigma - \alpha) \cos (\sigma - \beta) \cos (\sigma - \gamma)}$$

kennt NEPER noch nicht. Nr. 2a. findet KEPLER 1625;[875] 1a. wird von EULER 1753,[876] 3a. von LAMBERT 1765[877] hinzugefügt. Die Lehrbücher des siebzehnten Jahrhunderts und spätere betrachten den Fall α, β, γ immer nur anhangsweise zum Fall a, b, c, indem sie sofort zum Supplementardreieck übergehen. Unter Verwendung der Formel 1. rechnen sie dabei genau nach der Formel 2a.[878]

Über die Verwendung der Symbole s und σ vgl. S. 46, 159 f.

Die Formeln 3. und 3a. wurden von LEXELL (1740—1784, Petersburg) auf ein Viereck erweitert, das einem Nebenkreis eingeschrieben ist.[879]

2. Fundamentalfall α, c, β, bzw. a, γ, b.

Die Formeln:

$$5.\quad \operatorname{tg} \frac{a+b}{2} = \frac{\cos \frac{\alpha - \beta}{2}}{\cos \frac{\alpha + \beta}{2}} \operatorname{tg} \frac{c}{2}, \qquad 5\text{a.}\quad \operatorname{tg} \frac{\alpha + \beta}{2} = \frac{\cos \frac{a-b}{2}}{\cos \frac{a+b}{2}} \operatorname{ctg} \frac{\gamma}{2},$$

$$6.\quad \operatorname{tg} \frac{a-b}{2} = \frac{\sin \frac{\alpha - \beta}{2}}{\sin \frac{\alpha + \beta}{2}} \operatorname{tg} \frac{c}{2}, \qquad 6\text{a.}\quad \operatorname{tg} \frac{\alpha - \beta}{2} = \frac{\sin \frac{a-b}{2}}{\sin \frac{a+b}{2}} \operatorname{ctg} \frac{\gamma}{2}$$

---

873 Hist. Mém. Ac. Berlin 9, 1753 (1755), S. 244—245. — 874 *Beyträge* I[IV 486], cap. 3, § 61, S. 406. — 875 *Supplementum chiliadis logarithmorum* cap. VII[II 988]. *Opera*[I 171], ed. FRISCH, VII, S. 364—365, Nr. XII. — 876 S. 248—250, § 46 bis 49[873]. — 877 *Beyträge*[IV 486], I, cap. 3, § 61, S. 406. — 878 So bei KRESA, *Analysis speciosa*[194], 1720, S. 302 unter Berufung auf JOHN HARRIS, *Lexicon echnicum*, London 1704, Tit. *Trigonometry Spherical.* Def. 2, propr. 14. — 879 Acta Ac. Petropol. VI, Teil I, 1782 (1786), S. 89 bzw. 102.

sind unter dem Namen der NEPERschen Analogien bekannt. Diese Bezeichnung ist indes nicht völlig berechtigt. NEPER teilte in seiner *Constructio* von 1619 nur 5. und 6. mit, aber auch diese noch in etwas abweichender Form. Seinem Wortlaute[880] entsprechen, wenn wir von der logarithmischen Einkleidung absehen, die Gleichungen:

$$\frac{\sin\frac{\alpha+\beta}{2}\sin(\alpha-\beta)\operatorname{tg}\frac{c}{2}}{\sin(\alpha+\beta)\sin\frac{\alpha-\beta}{2}}=\operatorname{tg}\frac{a+b}{2},$$

$$\frac{\sin\frac{\alpha-\beta}{2}\operatorname{tg}\frac{c}{2}}{\sin\frac{\alpha+\beta}{2}}=\operatorname{tg}\frac{a-b}{2}.$$

BRIGGS (1556—1630) vereinfachte in den *Adnotationes* zur *Constructio*[881] die erste NEPERsche Formel zu

$$\frac{\cos\frac{\alpha-\beta}{2}}{\cos\frac{\alpha+\beta}{2}}\operatorname{tg}\frac{c}{2}=\operatorname{tg}\frac{a+b}{2}$$

und fügte die beiden Polarformeln 5a. und 6a. hinzu. Weder NEPER noch BRIGGS geben Beweise. Alle vier Formeln bringen GELLIBRAND in der *Trigonometria britannica* von 1633[882] und PETER CRUGER 1634 in der *Praxis trigonometriae logarithmicae.*[883] Die ersten vollständigen und zwar geometrischen Beweise für 5. und 6. verdankt man OUGHTRED 1657,[884] den ersten algebraischen JOHN CASWELL[885] (vor 1685). W. JONES schreibt 1706[886] die Sätze 6a. und 5a. in der charakteristischen Form:

$$\text{s}, \tfrac{1}{2}z, \text{cr} : \text{s}, \tfrac{1}{2}d, \text{cr} :: \text{ct}, \tfrac{1}{2}\angle : \text{t}, \tfrac{1}{2}d, \angle\, s,$$

$$\text{cs}, \tfrac{1}{2}z, \text{cr} : \text{cs}\,\tfrac{1}{2}d, \text{cr} :: \text{ct}, \tfrac{1}{2}\angle : \text{t}, \tfrac{1}{2}z\,\angle\, s,$$

---

880 Ausg. v. 1620, Lugd.[II 980], S. 56. Die wörtliche Übersetzung liefert:

$$\log\sin\frac{\alpha+\beta}{2}+\log\sin(\alpha-\beta)+\log\operatorname{tg}\frac{c}{2}-\log\sin(\alpha+\beta)-\log\sin\frac{\alpha-\beta}{2}=\log\operatorname{tg}x,$$

$$\log\sin\frac{\alpha-\beta}{2}+\log\operatorname{tg}\frac{c}{2}-\log\sin\frac{\alpha+\beta}{2}=\log\operatorname{tg}y,$$

woraus a und b sich durch $a = x + y$, $b = x - y$ ergeben. — 881 Daselbst S. 61. Vgl. VON BRAUNMÜHL, Bibl. math., 1_3, 1900, S. 272. — 882 S. 98 bis 105[II 995]. — 883 *Praxis trig.*[II 992], S. 40—43. — 884 *Trigonometria*[II 91], S. 26f. — 885 Anhang[158] zu WALLIS' *Algebra*[1478], 1685; *Opera* II[1478], S. 877—879. — 886 *Synopsis*[II 57], S. 281, Z. 16, 17.

wobei s, cs, t, ct Symbole für sin, cos, tang, ctg, z, d Abkürzungen für Summe und Differenz sind, cr den Genetiv *crurum* (= der Schenkel) bedeutet. Die englische Proportionsform $a:b::c:d$ ist aus Bd. III, S. 11 f. bekannt. CASWELLS ältere Form (1685):

$$\mathrm{S}\,\tfrac{1}{2}\,Z\,\mathrm{cr}.\,\mathrm{S}\,\tfrac{1}{2}\,X\,\mathrm{cr} :: \tau\,\tfrac{1}{2}\,P.\,\mathrm{T}\,\tfrac{1}{2}\,X \angle\,\angle\ \mathrm{baf.},$$

$$\sum\tfrac{1}{2}\,Z\,\mathrm{cr}\sum\tfrac{1}{2}\,X\,\mathrm{cr} :: \tau\,\tfrac{1}{2}\,P.\,\mathrm{T}\,\tfrac{1}{2}\,Z \angle\,\angle\ \mathrm{baf.}$$ [887]

ist noch nicht ganz von dem vorgelegten Dreieck mit der Spitze P losgelöst. Bei EULER (1753)[888] werden die vier Formeln wiederum anders abgeleitet.

Die Bezeichnung NEPERsche Analogien findet sich erst seit A. R. MAUDUIT, 1765 (*les analogies de Neper*).[889] Im allgemeinen werden sie nur selten, auch von den größeren Lehrbüchern des achtzehnten Jahrhunderts aufgenommen, wie von A. CAGNOLI in seinen *Traité de trigonométrie* von 1786.[890] Erst im neunzehnten Jahrhundert erscheinen sie häufiger.

Die NEPERschen Analogien sind den GAUSSschen Formeln:

$$7.\qquad \cos\frac{\alpha+\beta}{2}\cos\frac{c}{2} = \cos\frac{a+b}{2}\sin\frac{\gamma}{2},$$

$$8.\qquad \cos\frac{\alpha-\beta}{2}\sin\frac{c}{2} = \sin\frac{a+b}{2}\sin\frac{\gamma}{2},$$

$$9.\qquad \sin\frac{\alpha+\beta}{2}\cos\frac{c}{2} = \cos\frac{a-b}{2}\cos\frac{\gamma}{2},$$

$$10.\qquad \sin\frac{\alpha-\beta}{2}\sin\frac{c}{2} = \sin\frac{a-b}{2}\cos\frac{\gamma}{2}$$

untergeordnet. Auch hier ist die Namengebung unrichtig. Die Formeln 7.—10. wurden unmittelbar hintereinander dreimal als neu veröffentlicht; gerade die Veröffentlichung durch GAUSS (1809)[891] ist aber die letzte. DELAMBRE ging ihm 1807,[892] MOLLWEIDE 1808[893] voraus. Auf die Richtigstellung der Priorität macht schon 1826 v. MÜNCHOW[894] aufmerksam. Die falsche Bezeichnung GAUSSsche

887 WALLIS II[158], S. 878, Z. 6—7 v. u. — 888 Hist. Mém. Ac. Berlin 9, 1753 (1755), § 41—44, S. 245—247 u. § 50—54, S. 250—251. — 889 *Principes d'astronomie sphérique*[65], S. 76. — 890 *Traité de trigonométrie*[II 59], Chap. 16, § 474 f., Table IX. 891 *Theoria motus corporum coelestium*, Hamburg 1809, art. 54. *Werke*[593], 7. Übers. von HAASE, Hannover 1865, S. 63. — 892 *Conn. des temps pour l'an 1809, publiée par le bureau des longitudes*, Paris 1807, S. 445. — 893 Monatl. Corr. Erd- und Himmelsk. 18, 1808, Novemberheft, S. 398 ff. — 894 *Grundlehren*[II 485], S. 159: *Gauß hat sich ihrer mit vielem Vorteil in seiner Theoria motus corp. coel. bedient und deshalb dort auf sie, als auf solche, die den Lehrbüchern der Trigonometrie noch fehlten, besonders aufmerksam gemacht. Seitdem kommen sie häufig unter dem Namen der*

Formeln war damals also bereits üblich. Weitere Ableitungen sind bekannt von SERVOIS (1811/12),[895] GERGONNE (1812/13),[896] GUDERMANN (1835, geometrischer Beweis),[897] ESSEN (1856).[898]

DELAMBRE gibt an der oben erwähnten Stelle auch die beiden Formeln:

$$\sin b \cos \frac{\alpha + \gamma}{2} \cos \frac{\alpha - \gamma}{2} = \sin (a + c) \left(\sin \frac{\beta}{2}\right)^2,$$

$$\sin b \sin \frac{\gamma - \alpha}{2} \sin \frac{\gamma + \alpha}{2} = \sin (c - a) \left(\cos \frac{\beta}{2}\right)^2.$$

CRELLE stellt in seinem bekannten Lehrbuch (II, 1827) noch die Gleichungen auf:[899]

$$\frac{\cos(\sigma - \gamma)}{\cos(\sigma - \alpha)} = \frac{\operatorname{tg} \frac{c}{2}}{\operatorname{tg} \frac{a}{2}}, \qquad \frac{\cos \sigma}{(\cos \sigma - \gamma)} = - \operatorname{tg} \frac{a}{2} \operatorname{tg} \frac{b}{2},$$

$$\frac{\sin(s - c)}{\sin(s - a)} = \frac{\operatorname{tg} \frac{\alpha}{2}}{\operatorname{tg} \frac{\gamma}{2}}, \qquad \frac{\sin(\beta - c)}{\sin \beta} = \operatorname{tg} \frac{\alpha}{2} \operatorname{tg} \frac{\beta}{2}.$$

C. A. BRETSCHNEIDER findet 1835:[900]

$$\sin a \cos \frac{\beta}{2} \cos \frac{\gamma}{2} = \sin s \sin \frac{\alpha}{2},$$

$$\sin a \sin \frac{\beta}{2} \sin \frac{\gamma}{2} = \sin (s - a) \sin \frac{\alpha}{2},$$

$$\sin a \cos \frac{\beta}{2} \sin \frac{\gamma}{2} = \sin (s - b) \cos \frac{\alpha}{2},$$

$$\sin a \sin \frac{\beta}{2} \cos \frac{\gamma}{2} = \sin (s - c) \cos \frac{\alpha}{2},$$

$$\sin \alpha \sin \frac{b}{2} \sin \frac{c}{2} = \sin (\sigma - 90^0) \cos \frac{a}{2},$$

$$\sin \alpha \cos \frac{b}{2} \cos \frac{c}{2} = \sin (\sigma - \alpha - 90^0) \cos \frac{a}{2},$$

$$\sin \alpha \sin \frac{b}{2} \cos \frac{c}{2} = \sin (\sigma - \beta - 90^0) \sin \frac{a}{2},$$

$$\sin \alpha \cos \frac{b}{2} \sin \frac{c}{2} = \sin (\sigma - \gamma - 90^0) \sin \frac{a}{2}.$$

Gaußschen Formeln vor. . . . Beide haben sie auch ein Jahr früher bekannt gemacht; Delambre ohne Beweis und, wie er selbst sagt, ohne sie für sehr nützlich zu halten; Mollweide mit einem Beweise und mit der Erinnerung, daß sie dem System der Trigonometrie noch fehlten. Mollweides Bekanntmachung scheint aber ganz übersehen worden zu sein. — **895** Ann. math. p. appl., Nismes 2, 1811—12, S. 86 ff. — **896** Daselbst, 3, S. 351. — **897** *Sphärik*[229], § 144 bis 147, S. 96—99. — **898** Archiv Math. Phys. 27, 1856, S. 38. — **899** CRELLE, *Lehrbuch*[II 185], II, 1827, § 749, S. 920. — **900** J. r. ang. Math. 13, 1835, S. 91.

Die Formeln 5.—6a. ergeben sich durch Division aus 7.—10. Dabei sind aber noch zwei weitere Kombinationen möglich:

$$11.\quad \frac{\cos\frac{\alpha-\beta}{2}}{\sin\frac{\alpha+\beta}{2}}\operatorname{ctg}\frac{\gamma}{2}=\frac{\sin\frac{a+b}{2}}{\cos\frac{a-b}{2}}\operatorname{ctg}\frac{c}{2},$$

$$12.\quad \frac{\cos\frac{\alpha+\beta}{2}}{\sin\frac{\alpha-\beta}{2}}\operatorname{ctg}\frac{\gamma}{2}=\frac{\cos\frac{a+b}{2}}{\sin\frac{a-b}{2}}=\operatorname{tg}\frac{c}{2}\,.$$

10. tritt zuerst in der Sphärik von A. Burg (1797—1882, Wien),[901] 12. bei Delambre auf.[901] Zu derselben Gruppe gehört noch die Doppelformel von Servois (1811)[902]:

$$\frac{\sin\frac{a\pm b}{2}\cos\frac{a\mp b}{2}}{\sin\frac{\alpha\pm\beta}{2}\cos\frac{\alpha\mp\beta}{2}}=\frac{\sin c}{\sin\gamma}\,.$$

Nach Lambert (1765)[903] ist ferner:

$$13.\quad \cos c=2\sin a\sin b\sin\frac{\varphi+\gamma}{2}\sin\frac{\varphi-\gamma}{2},$$

wo:

$$\sin\frac{\varphi}{2}=\sqrt{\frac{\cos(a-b)}{2\sin a\sin b}},$$

und entsprechend:[904]

$$14.\quad \cos\gamma=2\sin\alpha\sin\beta\sin\frac{\varphi+c}{2}\sin\frac{c-\varphi}{2},$$

mit

$$\cos\frac{\varphi}{2}=\sqrt{\frac{\cos(\alpha-\beta)}{2\sin\alpha\sin\beta}}\,.$$

Zu 13. gehören noch die Formeln Lamberts:[905]

$$13\text{a.}\quad \operatorname{ctg}\alpha=\frac{2\sin\frac{\varphi+\gamma}{2}\sin\frac{\varphi-\gamma}{2}\cos b}{\sin c},$$

mit

$$\cos\frac{\varphi}{2}=\sqrt{\frac{\sin(a+b)}{2\cos b\sin a}}\,.$$

901 Nach Schulz, *Sphärik*[78], II, S. 82. — 902 Ann. math. pur. appl. 2, 1811 bis 1812, S. 88. — 903 *Beyträge*[IV 486], I, cap. 3, § 76. — 904 Daselbst § 83. — 905 Daselbst § 85.

Gerade diese Formeln haben eine gute Verwendbarkeit in gewissen besonderen Aufgaben der rechnenden Astronomie gefunden. Für den Fall, daß die auftretenden Radikanden größer als Eins sind, gibt LAMBERT allgemeinere, aber umständlichere Gleichungen.

EULER (1753)[906] setzt in dem Fall a, γ, b:

$$\operatorname{tg} u = \cos\gamma \operatorname{tg} a$$

und erhält:

$$\cos c = \frac{\cos a \cos(b-u)}{\cos u},$$

$$\operatorname{tg}\alpha = \frac{\operatorname{tg}\gamma \sin u}{\sin(b-u)}.$$

e) Der Inhalt und Umfang des sphärischen Dreiecks.

Über die Geschichte der allgemeinen Flächenformel wurde S. 128—130 berichtet. EULER (1707—1783) versuchte den Inhalt unmittelbar aus den drei Seiten zu berechnen, gelangte aber zu wenig handlichen Beziehungen,[907] wie:

$$\operatorname{tg}\frac{\varepsilon}{2} = \frac{\sqrt{1-\cos a^2 - \cos b^2 - \cos c^2 + 2\cos a \cos b \cos c}}{1+\cos a + \cos b + \cos c},$$

$$\cos\frac{\varepsilon}{2} = \frac{1+\cos a+\cos b+\cos c}{4\cos\frac{a}{2}\cos\frac{b}{2}\cos\frac{c}{2}},$$

deren erstere allerdings für $\gamma = 90^0$ sich vereinfachen läßt zu

$$\operatorname{tg}\frac{\varepsilon}{2} = \operatorname{tg}\frac{a}{2}\operatorname{tg}\frac{b}{2}.$$

Logarithmisch auch wenig geeignet ist die Formel von J. P. DE GUA (1783):

$$\operatorname{ctg}\frac{\varepsilon}{2} = \operatorname{ctg}\frac{c}{2}\operatorname{ctg}\frac{a}{2}\operatorname{cosec}\beta + \operatorname{ctg}\beta.$$[908]

Wirklich brauchbare Formeln aufzustellen, glückte erst LEXELL (1740—1784, Petersburg) und L'HUILIER (1752—1833, Paris). Der erstere gibt 1782:[909]

$$\cos\sigma = \frac{\sqrt{\sin s \sin(s-a)\sin(s-b)\sin(s-c)}}{2\cos\frac{a}{2}\cos\frac{b}{2}\cos\frac{c}{2}},$$

906 Probl. VIII [588]. — 907 Acta Ac. Petropol. 2, 1778 (1781), *De mensura angulorum solidorum*, § 7 ff., S. 35—45. — 908 Hist. Mém. math. phys. Ac. Paris 1783 (1786), S. 361. — 909 Acta Ac. Petrop. 6, 1782 (1786), S. 68 ff. (Für σ gebraucht LEXELL S.)

wenn

$$\sigma = \frac{\alpha + \beta + \gamma}{2} \quad \text{und} \quad s = \frac{a + b + c}{2}$$

gesetzt wird. Die Formel soll von CAGNOLI stammen.[910]

Hieraus läßt sich der Inhalt J berechnen, da (vgl. S. 129):

$$J : 4 r^2 \pi = (2\sigma - 180^0) : 720^0 .$$

Übrigens leitete LEXELL an gleicher Stelle auch:

$$\cos(\sigma - \alpha) = \frac{\sqrt{\sin s \sin(s-a) \sin(s-b) \sin(s-c)}}{2 \cos \frac{a}{2} \sin \frac{b}{2} \sin \frac{c}{2}} \quad \text{usw.}$$

ab.

Die von LEGENDRE bewiesene Formel:

$$\operatorname{tg} \frac{\varepsilon}{4} = \sqrt{\operatorname{tg} \frac{s}{2} \operatorname{tg} \frac{s-a}{2} \operatorname{tg} \frac{s-b}{2} \operatorname{tg} \frac{s-c}{2}}$$

stammt nach seiner eigenen Mitteilung von L'HUILIER.[911] Bei LEGENDRE findet sich an der angeführten Stelle für ε der Buchstabe s,[912] den er noch nicht als Symbol der halben Seitensumme verwendete; in der fünften Anmerkung zur Trigonometrie erscheint jedoch schon ε als Zeichen des Exzesses.[913]

SORLIN[914] (1824) fügt später hinzu:

$$\sin \frac{\varepsilon}{4} = \sqrt{\frac{\sin \frac{s}{2} \sin \frac{s-a}{2} \sin \frac{s-b}{2} \sin \frac{s-c}{2}}{\cos \frac{a}{2} \cos \frac{b}{2} \cos \frac{c}{2}}},$$

$$\cos \frac{\varepsilon}{4} = \sqrt{\frac{\cos \frac{s}{2} \cos \frac{s-a}{2} \cos \frac{s-b}{2} \cos \frac{s-c}{2}}{\cos \frac{a}{2} \cos \frac{b}{2} \cos \frac{c}{2}}}$$

und

$$\operatorname{tg}\left(\frac{\alpha}{2} - \frac{\varepsilon}{4}\right) = \sqrt{\operatorname{ctg} \frac{s}{2} \operatorname{ctg} \frac{s-a}{2} \operatorname{ctg} \frac{s-b}{2} \operatorname{ctg} \frac{s-c}{2}} \quad \text{usw.}$$

910 CRELLE, *Lehrbuch* II[II 485], 1827, § 744, S. 911 u. — 911 *Éléments*[IV 864], Anm. 10, Aufg. 1, Übers. v. CRELLE, S. 318. — 912 Nach dem Vorgange EULERS; vgl. Acta Ac. Petrop. 2, 1778, S. 35. — 913 CRELLES Übersetzung[IV 864], S. 418. — 914 Ann. math. p. appl. 15, 1824 und 1825, S. 291.

Diese ergänzte J. A. SERRET[915] durch

$$\operatorname{ctg}\frac{s}{2} = \sqrt{\operatorname{ctg}\frac{\varepsilon}{4}\operatorname{tg}\left(\frac{\alpha}{2}-\frac{\varepsilon}{4}\right)\operatorname{tg}\left(\frac{\beta}{2}-\frac{\varepsilon}{4}\right)\operatorname{tg}\left(\frac{\gamma}{2}-\frac{\varepsilon}{4}\right)} \quad \text{usw.}$$

Zu erwähnen sind noch die Formeln:

$$\sin\frac{a}{2}\cos\frac{b}{2}\sin\gamma = \sin\frac{c}{2}\cos(\sigma-\alpha),$$

$$\cos\frac{a}{2}\sin\frac{b}{2}\sin\gamma = \sin\frac{c}{2}\cos(\sigma-\beta),$$

$$\cos\frac{a}{2}\cos\frac{b}{2}\sin\gamma = \cos\frac{c}{2}\cos(\sigma-\gamma),$$

$$\sin\frac{a}{2}\sin\frac{b}{2}\sin\gamma = -\cos\frac{c}{2}\cos\sigma,$$

die ebenfalls von SORLIN stammen.[916] Die durch Division zu erhaltenden Formeln:

$$\operatorname{tg}\frac{a}{2}\operatorname{tg}\frac{c}{2} = \frac{\cos\sigma}{\cos(\sigma-\gamma)} \quad \text{usw.},$$

$$\operatorname{tg}\frac{a}{2}\operatorname{ctg}\frac{c}{2} = \frac{\cos(\sigma-\alpha)}{\cos(\sigma-\alpha)} \quad \text{usw.}$$

teilte CRELLE 1827[917] mit, ebenso die polaren:

$$\operatorname{ctg}\frac{\alpha}{2}\operatorname{ctg}\frac{\beta}{2} = \frac{\sin s}{\sin(s-c)} \quad \text{usw.},$$

$$\operatorname{ctg}\frac{a}{2}\operatorname{tg}\frac{\gamma}{2} = \frac{\sin(s-a)}{\sin(s-c)} \quad \text{usw.}$$

In GAUSS' Nachlaß fand man noch folgende Gruppen vermerkt:[918]

$$\sin\alpha\sin b\sin c = \sin\beta\sin c\sin a = \sin\gamma\sin a\sin b,$$

$$= -4\cos\sigma\cos\frac{a}{2}\cos\frac{b}{2}\cos\frac{c}{2} = 4\cos(\sigma-\alpha)\cos\frac{a}{2}\sin\frac{b}{2}\sin\frac{c}{2},$$

$$= 4\cos(\sigma-\beta)\sin\frac{a}{2}\cos\frac{b}{2}\sin\frac{c}{2} = 4\cos(\sigma-\gamma)\sin\frac{a}{2}\sin\frac{b}{2}\cos\frac{c}{2},$$

$$= 4\operatorname{ctg}r\sin\frac{a}{2}\sin\frac{b}{2}\sin\frac{c}{2} = 4\cos r\sin\alpha'\sin\frac{b}{2}\sin\frac{c}{2} \quad \text{usw.},$$

wo α' der Winkel des ebenen Dreiecks mit denselben Eckpunkten ist.

---

915 SERRET, *Traité de trigonométrie*, 4. Aufl., Paris 1868, S. 160—161 (nach VON BRAUNMÜHL, *Gesch.* $2^{\text{II}\,990}$, S. 196 Anm., im *Traité*, 2. Aufl. 1857 noch nicht vorhanden). — 916 Ann math. p. appl. 15, 1824 und 1825, S. 288. — 917 *Lehrb. d. Elem.*$^{\text{II}\,486}$, II, § 749. — 918 *Werke*, $\text{IV}^{\text{IV}\,394}$, S. 405.

Für den Fall a, γ, b stellte EULER[919] die Formel auf:

$$-\operatorname{tg}\sigma = \frac{\operatorname{ctg}\frac{a}{2}\operatorname{ctg}\frac{b}{2} + \cos\gamma}{\sin\gamma}.$$

Den Ausdrücken für die halbe Winkelsumme entsprechen ähnlich gebaute Formeln für die halbe Seitensumme. Auch diese verdankt man der rechnerischen Gewandtheit LEXELLS. Er bewies,[920] daß:

$$\sin s = \frac{\sqrt{-\cos\sigma\cos(\sigma-\alpha)\cos(\sigma-\beta)\cos(\sigma-\gamma)}}{2\sin\frac{\alpha}{2}\sin\frac{\beta}{2}\sin\frac{\gamma}{2}},$$

$$\sin(s-a) = \frac{\sqrt{-\cos\sigma\cos(\sigma-\alpha)\cos(\sigma-\beta)\cos(\sigma-\gamma)}}{2\sin\frac{\alpha}{2}\cos\frac{\beta}{2}\cos\frac{\gamma}{2}} \quad \text{usw.}$$

f) Sätze und Formeln für andere Dreiecksstücke.

Die Eigenschaft einer Winkelhalbierenden, die Gegenseite so zu schneiden, daß sich die Sinus der Abschnitte wie die Sinus der anliegenden Seiten verhalten, kannte bereits MENELAOS VON ALEXANDRIA (um 98 n. Chr.);[921] ihm entlehnte REGIOMONTAN (*De triangulis*, 1462—63) den Satz.[922] Auch die Umkehrung, wie die Übertragung auf den Außenwinkel, wurde von MENELAOS bewiesen.[923]

Der auf das Kugeldreieck übertragene Satz: „Die Halbierungslinien des Innen- und Außenwinkels stehen aufeinander senkrecht; ihre Schnittpunkte bilden auf der Gegenseite mit ihren Endpunkten harmonische Punkte“ geht mit seiner doppelten Umkehrung inhaltlich ebenfalls auf MENELAOS III, 8 zurück.[923]

In III, 9 und III, 10 beweist MENELAOS, daß die drei Halbierungslinien und die drei Höhen durch einen Punkt gehen.

Den dem Winkelhalbierungssatz entsprechenden Polarsatz für die Seitenhalbierenden stellte erst SCHULZ in seiner Sphärik von 1828 auf.[924]

919 Nach BALTZER, *Elemente*[IV 581], II, Buch VI, § 5, Nr. 14, 3. Aufl., Leipzig 1870, S. 325. — 920 Acta Ac. Petrop. 6, I, 1782 (1786), S. 70. — 921 *Sphärik*, lib. III, prop. VI, ed. HALLEY[IV 1316], S. 91. — 922 Lib. V, prop. VII, S. 131[II 244]. — 923 Ed. HALLEY[IV 1316], S. 93—95. — 924 *Sphärik*[79], II, 121.

Auf J. J. QUERRET (1822) geht die Formel für die Seitenhalbierende t_c zurück:[925]

$$\cos t_c = \frac{\cos\frac{a+b}{2}\cos\frac{a-b}{2}}{\cos\frac{c}{2}}.$$

Für die Winkelhalbierenden w_α, w_β, w_γ und die Seitenhalbierenden t_a, t_b, t_c leitete GUDERMANN 1835 ab:[926]

$$\cos a + \cos b = 2\cos\frac{c}{2}\cos t_c,$$

$$\cos\alpha + \cos\beta = 2\cos\frac{\gamma}{2}\cos w_\gamma.$$

Für die Höhe h_a, die mit den benachbarten Seiten b und c die Winkel (h_a, b) und (h_a, c) bildet, bewies REGIOMONTAN zuerst die Proportion:[927]

$$\frac{\sin(h_a, b)}{\sin(h_a, c)} = \frac{\cos\gamma}{\cos\beta}.$$

Weder bei REGIOMONTAN noch bei MENELAOS ist der Satz vorhanden, daß sich die Sinus zweier Höhen umgekehrt wie die Sinus der zugehörigen Seiten verhalten. Ihn leitete erst in neuerer Zeit (1746) DE OPPEL ab.[928] Dieser Satz hat in Verbindung mit seinem polaren Theorem eine analytisch sehr feine Verwendung gefunden. Beteiligt sind hieran außer DE OPPEL noch LEXELL (1782)[929] und LAGRANGE (1799).[930] Übersichtlich ist die Zusammenfassung der älteren Arbeiten in BALTZERS Elementen.[931] Es ist danach:

$$\sin a \sin h_a = \sin b \sin h_b = \sin c \sin h_c = d,$$

$$\sin\alpha \sin h_a = \sin\beta \sin h_b = \sin\gamma \sin h_c = \delta.$$

GUDERMANN (1835) fügte hinzu:[932]

$$d = \sin a \sin b \sin\gamma,$$

$$\delta = \sin\alpha \sin\beta \sin c \quad \text{usw.}$$

925 Ann. math. p. appl. 15, 1824 u. 1825, S. 294. — 926 *Niedere Sphärik*[229], § 400, S. 334. — 927 *De triangulis*[II 244], lib. IV, prop. XX, S. 108. — 928 *Analysis triangulorum*[II 58], II, § 101; vgl. auch J. A GRUNERT, Arch. Math. Phys. 22, 1854, S. 478—480. — 929 Acta Ac. Petrop. 6, Teil I, 1782 (1786). — 930 J. Éc. polyt. 6, T. II, 1799, S. 270 ff. — 931 *Elemente*[IV 581], II, Buch VI, § 5, Nr. 11 f., 3. Aufl., Leipzig 1870, S. 322 ff. — 932 GUDERMANN, *Niedere Sphärik*[229], § 124, Zus. 1 und 2.

Diese Größen d und δ gestatten die Fortführung des Sinussatzes:

$$\frac{\sin a}{\sin \alpha} = \frac{\sin b}{\sin \beta} = \frac{\sin c}{\sin \gamma} = \frac{d}{\delta}\,.$$

d (δ beachtete er nicht) nannte DE OPPEL Amplitude und schrieb dafür A;[933] er entwickelte die Formeln:

$$\begin{aligned} d &= \sin a \sin b \sin \gamma\,, \\ &= (\sin c)^2 \sin\alpha \sin \gamma\,, \\ &= \sqrt{(\sin a)^2 + (\sin b)^2 + (\sin c)^2 - 2 + 2 \cos a \cos b \cos c}\,, \\ &= \frac{(\sin \alpha)^2 + (\sin \beta)^2 + (\sin \gamma)^2 - 2 - 2 \cos \alpha \cos \beta \cos \gamma}{\sin \alpha \sin \beta \sin \gamma}\,. \end{aligned}$$

Später (v. STAUDT, 1842) wurde d *Sinus der Raumecke* gegenannt,[934] also δ *Sinus der Polarecke.*

Bessere Formeln wurden von LEXELL berechnet:

$$d = \sqrt{4 \sin s \sin (s - a) \sin (s - b) \sin (s - c)}\,,$$

$$\delta = \sqrt{-4 \cos \sigma \cos (\sigma - \alpha) \cos (\sigma - \beta) \cos (\sigma - \gamma)}\,.\text{[935]}$$

Mittels der d und δ gelang LEXELL auch die Bildung von Ausdrücken für die Radien r und ϱ des umgeschriebenen und eingeschriebenen Kreises:

$$\operatorname{ctg} r = \frac{d}{4 \sin \frac{a}{2} \sin \frac{b}{2} \sin \frac{c}{2}}\,,\text{[936]} \qquad \operatorname{tg} \varrho = \frac{\delta}{4 \cos \frac{\alpha}{2} \cos \frac{\beta}{2} \cos \frac{\gamma}{2}}\text{[937]}$$

oder auch:

$$\operatorname{tg} r = \sqrt{\frac{-\cos \sigma}{\cos (\sigma - \alpha) \cos (\sigma - \beta) \cos (\sigma - \gamma)}}\,,\text{[938]}$$

$$\operatorname{tg} \varrho = \sqrt{\frac{\sin (s - a) \sin (s - b) \sin (s - c)}{\sin s}}\,,\text{[939]}$$

woraus die Relation fließt:

$$\operatorname{tg} r \operatorname{tg} \varrho = \frac{2 \sin \frac{a}{2} \sin \frac{b}{2} \sin \frac{c}{2}}{\sin s} = \frac{-\cos \sigma}{2 \cos \frac{\alpha}{2} \cos \frac{\beta}{2} \cos \frac{\gamma}{2}}\text{[940]}$$

und ähnlich für $\operatorname{tg} r \operatorname{ctg} \varrho$. Den ersten Ausdruck für $\operatorname{ctg} r$ scheint LEGENDRE noch einmal selbständig gefunden zu haben.[941]

933 *Analysis triangulorum*[II 58], II, § 106. — 934 J. r. ang. Math. 24, 1842, S. 255. — 935 S. 68 u. 70[929]. — 936 S. 72, § 18. — 937 S. 77, § 24. — 938 S. 73, § 20. — 939 S. 75, § 22. — 940 S. 78, § 26—27. — 941 *Éléments*[IV 364], Note X, Aufgabe 2, auch J. Éc. Polyt. 6, 1799, S. 274.

Sorlin (1824) gibt noch:

$$4 \operatorname{tg} \varrho \operatorname{tg} \varrho_a \operatorname{tg} \varrho_b \operatorname{tg} \varrho_c = d^2$$ [942]

und F. Unferdinger (1858), der $H_1 = \sqrt{\operatorname{tg} \varrho \operatorname{tg} \varrho_a \operatorname{tg} \varrho_b \operatorname{tg} \varrho_c}$ setzt ($d = 2 H_1$):

$$\operatorname{tg} \varrho = \frac{H_1}{\sin s}, \qquad \operatorname{tg} \varrho_a = \frac{H_1}{\sin (s-a)} \quad \text{usw.}$$

$$\operatorname{tg} r = \frac{2 \sin \frac{a}{2} \sin \frac{b}{2} \sin \frac{c}{2}}{H_1} = \frac{1}{2} (\operatorname{ctg} \varrho_a + \operatorname{ctg} \varrho_b + \operatorname{ctg} \varrho_c - \operatorname{ctg} \varrho).$$ [943]

Übrigens setzte schon Regiomontan in seinem Werke *De triangulis*[944] ein Verfahren auseinander, wie man den Radius des umgeschriebenen Kreises aus den drei Seiten berechnen könne. An anderem Orte[945] stellte er eine Aufgabe über die Berechnung des Radius vom umgeschriebenen und eingeschriebenen Kreise.

Die Höhen selbst lassen sich durch die obigen Formeln leicht berechnen. Logarithmisch weniger geeignete Ausdrücke, zwölf an der Zahl, hatte de Oppel 1746 gegeben;[946] ihnen fügte 1765 Lambert hinzu:[947]

$$\cos h = \frac{\cos c \sqrt{(\cos b)^2 + (\cos c)^2 - 2 \cos b \cos c \cos a}}{\cos b - \cos c \cos a},$$

$$\operatorname{ctg} h = \frac{\sqrt{(\operatorname{ctg} b)^2 + (\operatorname{ctg} c)^2 - 2 \operatorname{ctg} b \operatorname{ctg} c \cos \alpha}}{\sin \alpha}.$$

Ihren Hauptwert erlangt nach Lambert die letztere Formel dadurch, daß man ein ebenes Hilfsdreieck mit den Seiten b', c' und dem Winkel α' von der Größe:

$$b' = \operatorname{ctg} b, \qquad c' = \operatorname{ctg} c, \qquad \alpha' = \alpha$$

annehmen und dann setzen kann:

$$\operatorname{ctg} h = \frac{a'}{\sin \alpha}.$$

Von den Transversalensätzen sind hier besonders die für das Altertum und die Zeit der Araber so wichtigen Relationen: 1. der Satz des Menelaos, 2. die Regeln von den vier Größen und 3. das Tangententheorem, zu nennen.

942 Ann. math. p. appl. 15, Nismes 1824—25, S. 299. — 943 Arch. Math. Phys. 29_1, 1858, S. 238. — 944 *De triangulis* II 244, lib. V, S. 15. — 945 *Briefwechsel* I 308, ed. Curtze S. 332, n und p. — 946 *Analysis triangulorum* II 58, II, § 102, S. 73. — 947 *Beyträge* I IV 486, cap. 3, § 68, S. 411.

Der Satz des MENELAOS erscheint in der erhaltenen Literatur zum erstenmal in seiner Sphärik[IV 1316, V 569] als zusammengesetzte Proportion (vgl. S. 14, 132). Die Vermutung, daß HIPPARCH diesen Satz schon kannte, ist nicht ohne weiteres zurückzuweisen. Die Figur 7 kann, modern gesprochen, vierfach als Dreieck aufgefaßt werden, das durch eine Transversale geschnitten wird:

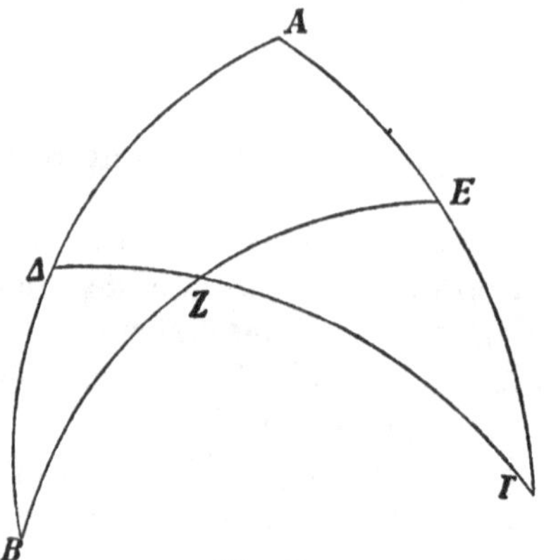

Fig. 7.

a) $A\Delta\Gamma$ geschnitten von BZE,
b) ABE „ „ $\Delta Z\Gamma$,
c) ΔZB „ „ $AE\Gamma$,
d) $EZ\Gamma$ „ „ $A\Delta B$.

Hiervon sind a) und b) symmetrisch, ebenso c) und d). Wenn sich also MENELAOS (III, 1) auf a) und d) beschränkt und nur die folgenden zwei Beziehungen des PTOLEMÄUS aufstellt und beweist:

$$\frac{\text{Sehne}(2\cdot\Gamma E)}{\text{Sehne}(2\cdot EA)} = \frac{\text{Sehne}(2\cdot\Gamma Z)}{\text{Sehne}(2\cdot Z\Delta)}\cdot\frac{\text{Sehne}(2\cdot\Delta B)}{\text{Sehne}(2\cdot BA)},$$

$$\frac{\text{Sehne}(2\cdot\Gamma A)}{\text{Sehne}(2\cdot EA)} = \frac{\text{Sehne}(2\cdot\Gamma\Delta)}{\text{Sehne}(2\cdot Z\Delta)}\cdot\frac{\text{Sehne}(2\cdot ZB)}{\text{Sehne}(2\cdot BE)},$$

so beherrscht er doch den Satz in voller Allgemeinheit. PTOLEMÄUS[948] übernahm die erste Fassung mit Beweis, die zweite ohne Beweis.[949] THEON[950] VON ALEXANDRIA (zweite Hälfte des vierten Jahrhunderts) holt nicht nur diesen Beweis nach, sondern gibt noch andere Sonderfälle, die sich aber auf die beiden Hauptsätze zurückführen lassen. Bei dem Araber ṮĀBIT IBN ḲURRAH (836—901, Bagdad) erreichen diese Einzelfälle sogar die Zahl 18.[951]

Die Regel von den vier Größen wird von den Arabern angewendet, wenn zwei größte Kreise $P'Q'$ und PQ (Schnittpunkt A)

948 PTOLEMÄUS, *Μαθηματικῆς συντάξεως α'* ed. HALMA[9], lib. I, cap. 11, S. 54—55, ed. HEIBERG[181], S. 74—75. Der Satz daselbst S. 74, Z. 15—19: *Λέγω δὴ ὅτι ὁ τῆς ὑπὸ τὴν διπλῆν τῆς ΓΕ περιφερείας πρὸς τὴν ὑπὸ τὴν διπλῆν τῆς ΕΑ λόγος συνῆπται ἔκ τε τοῦ τῆς ὑπὸ τὴν διπλῆν τῆς ΓΖ πρὸς τὴν ὑπὸ τὴν διπλῆν τῆς ΖΔ καὶ τοῦ τῆς ὑπὸ τὴν διπλῆν τῆς ΔΒ πρὸς τὴν ὑπὸ τὴν διπλῆν τῆς ΒΑ.* Ed. MANITIUS S. 49. — 949 Ed. HALMA, S. 55 letzter Absatz, ed. HEIBERG, S. 76, Z. 3—9, ed. MANITIUS S. 51. — 950 THEON, ed. HALMA[1368], S. 241. — 951 Vgl. VON BRAUNMÜHL, *Gesch.* 1[II 985], S. 46; BJÖRNBO, *Studien*[IV 1861], S. 92.

zwei andere größte Kreise PP' und QQ' schneiden und zwar der eine von ihnen (etwa APQ) die beiden anderen unter einem rechten Winkel;[952] sie lautet alsdann:

$\sin PP' : \sin QQ' = \sin AP : \sin AQ'$ (bei ABU'LWAFĀ', 940—998)[953]

oder

$\sin AP : \sin PQ = \sin AP' : \sin P'Q'$ (bei ǴĀBIR IBN AFLAḤ, um 1085).

Es wurde darauf aufmerksam gemacht (S. 106, 132), daß bei den Arabern diese Proportion den Satz des MENELAOS aus seiner wichtigen Stellung in der sphärischen Trigonometrie verdrängte. Wenig

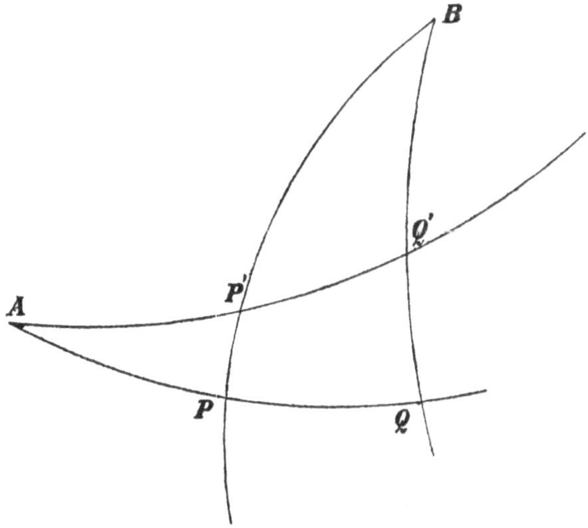

Fig. 8.

bekannt ist, daß auch diese Beziehung schon von MENELAOS, sogar in viel allgemeinerem Sinne, ausgesprochen worden war. Im Buch III prop. II[954] beweist nämlich MENELAOS, daß, wenn zwei sphärische Dreiecke ABC und $A'B'C'$ in je zwei Winkeln übereinstimmen, in denen das eine Winkelpaar auch aus Supplementwinkeln bestehen kann, dann die Sinus der gegenüberliegenden Seiten proportional

952 Vgl. HANKEL[I 194], S. 280; VON BRAUNMÜHL, *Gesch.* 1[II 935], S. 58. Literaturangabe bei BJÖRNBO, Abh. Gesch. 24, 1907, S. 180, Satz 11. — 953 Bereits ALNAIRĪZĪ († 922/23) hat die Regel der vier Größen und das Tangententheorem verwendet; vgl. C. SCHOY, *Über die Richtung der Qibla*, Stzber. Bayr. Ak. Wiss. 1922, S. 58; *Über den Gnomonschatten und die Schattentafeln der arabischen Astronomie*, Hannover 1923, S. 20. — 954 Ed. HALLEY[IV 1316], S. 86—87; vgl. VON BRAUNMÜHL, *Gesch.* 1[II 935], S. 17.

sind. Die Regel der vier Größen ergibt sich, wenn man diesen Satz auf die Dreiecke APP' und AQQ' anwendet, die in dem Winkel APP' und AQQ' ($= 90^0$) übereinstimmen, während sie den Winkel A gemeinsam haben.

Es fällt auf, daß PTOLEMÄUS in verschiedenen Beispielen, in denen Satz III, 2 des MENELAOS unmittelbar angewendet werden konnte, dennoch Satz III, 1 benutzt; er erschwert sich dadurch selbst das Rechnen, da er statt sechsmaligen Aufschlagens in der Sehnentabelle mit viermaligem hätte auskommen können.[955] Vielleicht greift PTOLEMÄUS hierbei auf ältere Quellen zurück, die die Erleichterung, die in III, 2 liegt, noch nicht kannten. Man kann vermuten, daß die ältere Vorlage HIPPARCH ist und also dieser schon, wie oben bereits angedeutet wurde, den Satz III, 1 kannte. Hierfür würde auch die abweichende äußere Form sprechen, in der ihn MENELAOS vorführt, ohne *πρότασις* (vgl. Bd. IV, S. 35), ohne Formulierung als Dreieckssatz, wie es bei ihm sonst üblich ist.

Auch der dritte erwähnte Satz, das Tangententheorem, das ABŪ'LWAFĀ' an derselben Figur 8 ausspricht:

$$\operatorname{tg} PP' : \operatorname{tg} QQ' = \sin AP : \sin AQ$$

und in seiner vollen Bedeutung für die sphärische Trigonometrie ausnutzt (vgl. S. 106, 132), ist ein besonderer Fall eines Satzes, den bereits MENELAOS bewiesen hatte. Prop. III des dritten Buches seiner Sphärik[956] handelt von zwei rechtwinkligen Dreiecken, die in noch einem Winkelpaare übereinstimmen, etwa den Dreiecken APP' und AQQ'. B sei der Pol des Hauptkreises AQ; durch B muß dann auch die Verlängerung von QQ' hindurchgehen. Prop. III besagt nun, daß unter diesen Bedingungen die Proportion gilt:

$$\frac{\sin QQ'}{\sin QA} = \frac{\sin PP'}{\sin PA} \cdot \frac{\sin BQ'}{\sin BP'}.$$

Ersetzt man hier BQ' und BP' durch die Komplemente $Q'Q$ und $P'P$, so kann man diesen Satz fortführen zu

$$\frac{\sin QQ'}{\sin QA} = \frac{\sin PP'}{\sin PA} \cdot \frac{\cos QQ'}{\cos PP'},$$

955 *Syntaxis*, I, cap. 14; II, cap. 3 und 11 nach BJÖRNBO, *Studien* IV 1361, S. 93. — 956 Ed. HALLEY IV 1316, S. 87—88; vgl. VON BRAUNMÜHL, *Gesch.* 1 II 985, S. 17—18.

oder mit Umstellung:

$$\frac{\sin PA}{\sin QA} = \frac{\sin PP'}{\cos PP'} \frac{\cos QQ'}{\sin QQ'},$$

d. h.:

$$\sin PA : \sin QA = \operatorname{tg} PP' : \operatorname{tg} QQ',$$

wie ABŪ'LWAFĀ' behauptete.

Auch diesen Satz III, 3 des MENELAOS vermeidet PTOLEMÄUS und geht stets auf III, 1 zurück;[957] allerdings hätte seine Benutzung keine Erleichterung gegeben, solange die Tangensfunktion noch nicht eingeführt war.

Im Beweise des Satzes III, 5 setzt MENELAOS die Gleichheit zweier Sinusdoppelverhältnisse:

$$\frac{\sin BL}{\sin LG} \frac{\sin GK}{\sin KB} = \frac{\sin HN}{\sin NS} \frac{\sin SM}{\sin MH}$$

als bekannt voraus. Der Beweis wäre durch mehrmalige Anwendung von III, 1 zu führen. Satz und Beweis dürften auch auf HIPPARCH[958] zurückgehen. Dieser wird sich dabei, wenn man weiter schließen darf, auf den entsprechenden ebenen Satz, der in den verloren gegangenen Porismen EUKLIDs gestanden haben muß, gestützt haben. Der Satz der Projektivität der Doppelverhältnisse auf der Kugel wurde erst im Anfang des neunzehnten Jahrhunderts (GUDERMANN, 1835)[959] wiedergefunden. In der Zwischenzeit war der Satz völlig verschwunden. Die Herleitungen des MENELAOS sind so knapp und dunkel gehalten, daß es seinen Bearbeitern, selbst einem Manne wie REGIOMONTAN, nicht gelang, sie zu verstehen.[960]

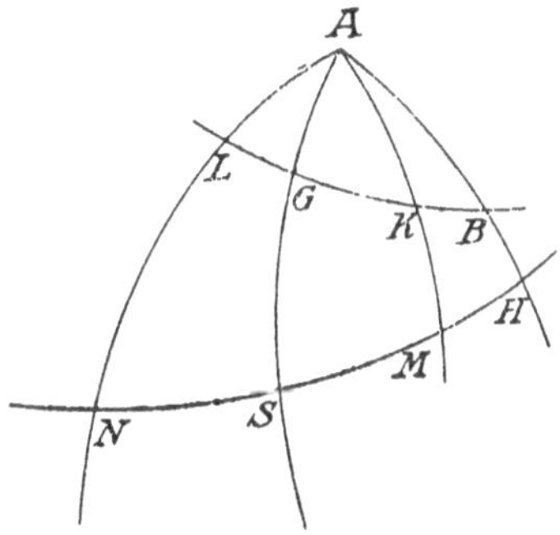

Fig. 9.

Den Satz des CEVA (vgl. Bd. IV, S. 173) übertrug DE OPPEL 1746 auf sphärische Dreiecke.[961].

LEXELL stellte 1782[962] auch einen sphärischen Satz für ein Sehnenviereck auf, der dem Ptolemäischen Satze der Ebene entspricht, und berechnete die Winkel und die Winkelsumme eines sphärischen Sehnenvierecks aus den Seiten. Auch den Apollonischen Satz verallgemeinert er.

[957] Beispiele I, 16, II, 3; VIII, 5 nach BJÖRNBO, *Studien*[IV 1361], S. 94. — [958] Vgl. aber HOPPE[I 189], S. 375 ff. — [959] *Lehrbuch der niederen Sphärik*[229], § 184—185, S. 130 f. — [960] BJÖRNBO, *Studien*[IV 1361], S. 96 ff. — [961] *Analysis triangulorum*[II 58], II, § 135, S. 76, Z. 13 ff. — [962] Acta Ac. Petrop. 6, Pars I, 1782 (1786), S. 58 f.

Wie diese letzteren Sätze sphärische Verallgemeinerungen der planimetrischen Sätze, die beim Schneiden gerader Linien auftreten, sind (vgl. Bd. IV, S. 157—158, 172—173), so können auch die Sätze von den sich schneidenden Sehnen und Tangenten (vgl. Bd. IV, S. 160—161) für die entsprechenden Hauptkreise auf der Kugeloberfläche erweitert werden. Sind von einem Punkte S Hauptkreise gezogen, die einen beliebigen Kreis in A und A', bzw. B und B' usw. treffen, so ist, nach LEXELL (1782):[963]

$$\operatorname{tg}\frac{SA}{2}\operatorname{tg}\frac{SA'}{2}=\operatorname{tg}\frac{SB}{2}\operatorname{tg}\frac{SB'}{2}=\ldots=\text{const.}$$

Den Wert dieses konstanten Produktes nannte J. STEINER 1827 die sphärische Potenz des Punktes S in bezug auf diesen Kreis.[964] Den zugehörigen Polarsatz:

$$\frac{\operatorname{tg}\frac{(s\,a)}{2}}{\operatorname{tg}\frac{(s\,a')}{2}}=\frac{\operatorname{tg}\frac{(s\,b)}{2}}{\operatorname{tg}\frac{(s\,b')}{2}}=\ldots=\text{const.}$$

hat erst GUDERMANN 1835[229] aufgestellt. Er gilt, wenn von den Punkten eines Hauptkreises s an einen gegebenen Kreis der Kugel die sphärischen Tangenten a und a', b und b' usw. gezogen werden.

g) Die Beziehungen zwischen dem ebenen und dem sphärischen Dreieck.

Als Satz von LEGENDRE ist bekannt, daß man bei sphärischen Dreiecken, deren Seiten im Verhältnis zum Kugelradius sehr klein sind, die planimetrischen Formeln verwenden darf, nachdem jeder Winkel um ein Drittel des sphärischen Exzesses vermindert ist. Diese Regel ist aber älter; sie wurde bereits vor der Mitte des achtzehnten Jahrhunderts in der geodätischen Praxis angewendet. So verfuhr bereits 1740 CH. M. DE LA CONDAMINE nach dieser Methode, als er das zur Gradmessung auf der Expedition nach Peru gewonnene Material rechnerisch bearbeitete.[965] LEGENDRE und LAGRANGE verdankt man die mathematische Begründung des nur induktiv gefundenen Satzes.[966] CRELLE bemerkte in seiner

963 Acta Ac. Petrop. 6, Teil I, 1782 (1786), S. 65. — 964 J. r. ang. Math. 2, Berlin 1827, S. 59 Anm. — 965 Vgl. R. WOLF, *Handbuch*[I 163], II, § 421, Anm. f. — 966 Hist. Mém. math. phys. Ac. Paris 30, 1787 (1789), *Sur les opérations trigonométriques dont les résultats dépendent de la figure de la terre*, S. 338. Vgl. auch LEGENDRES *Éléments* (1. Ausgabe, Paris 1794)[IV 364], 5. Anhang zur

Übersetzung der Elemente LEGENDRES[IV 354], daß ihm bei ungleichen Seiten des Dreiecks ein gleichmäßiges Verteilen des Exzesses auf die drei Winkel unrichtig erschiene, und schlug demgemäß eine Verteilung im Verhältnis der gegenüberliegenden Seiten vor. Durch BESSEL (1784—1846, Königsberg)[967] wurden noch genauere Formeln aufgestellt, zugleich aber auch gezeigt, daß das LEGENDREsche Verfahren für Dreiecke auf der Erdoberfläche genügt, falls ihre Seitenlänge weniger als 185 km beträgt.

Den Winkel α' des Sehnendreiecks ABC berechnet CAGNOLI (1786) aus den sphärischen Dreiecksstücken durch

$$\cos\alpha' = \cos\alpha\cos\frac{b}{2}\cos\frac{c}{2} + \sin\frac{b}{2}\sin\frac{c}{2}$$ [968]

und GAUSS (1816) mit

$$\cos\alpha' = \cos\frac{a}{2}\cos\left(\alpha - \frac{\varepsilon}{2}\right),$$ [969]

wo $\varepsilon = \alpha + \beta + \gamma - 180^0$.

EULER macht 1753[588] darauf aufmerksam, daß, wenn der Radius der Kugel unendlich groß wird, das sphärische Dreieck in ein ebenes übergeht. Die Durchführung dieses Gedankens unternahm 1765 LAMBERT.[970] Er setzte in den sphärischen Formeln für die Sinus die Argumente selbst. Für die Kosinus nahm er 1 an, falls sie als Faktoren vorkommen; erscheinen sie aber ohne weiteren goniometrischen Faktor oder in Verbindung mit den Quadraten der Sinus, so setzte er:

$$\cos\alpha = 1 - \frac{\alpha^2}{2}; \qquad \cos\beta = 1 - \frac{\beta^2}{2} \quad \text{usw.},$$

unter Vernachlässigung der höheren Potenzen des Argumentes.

Gleichzeitig mit LAMBERT, wahrscheinlich auf dieselbe Anregung durch EULER hin, leitete auch A. R. MAUDUIT (1731—1815) in seinen

Trigonometrie, Übersetz. v. CRELLE, Berlin 1833, S. 416 ff.; ferner die einleitende Abhandlung LEGENDRES zu DELAMBRES *Méthodes analytiques pour la détermination d'un arc du méridien*, Paris an VII (1799), S. 13 und LAGRANGE, J. École polyt. 6, 1798/99, S. 293 ff., LAGRANGE, *Œuvres*, éd. SERRET, 7[1575], Paris 1877, S. 356 ff. — **967** Nach R. WOLF, *Handbuch*[1163], I, S. 233. Genauere Formeln hat auch K. B. BUZENGEIGER gegeben, Bd. 6 der Zeitschrift für Astronomie und verwandte Wissenschaften, Tübingen 1818, S. 264—270; vgl. A. M. NELL, *Zur höheren Geodäsie*, Ztschr. Math. Phys. 19, 1874, S. 324 ff. — **968** *Traité*[II 59], cap. XVIII, § 511, S. 293. — **969** *Werke* VIII, Leipzig 1900, S. 291. — **970** *Beyträge*[IV 486], I, cap. 3, § 64, S. 408.

Principes d'astronomie sphérique (1765)[971] einige Formeln der ebenen Trigonometrie aus der sphärischen ab. Später kam EULER (1778) selbst noch einmal auf das gleiche Thema zu sprechen.[972]

Anhang: Trigonometrische Tafeln.

Über die Sehnentafeln HIPPARCHs und ihre Neubearbeitung durch MENELAOS ist nichts bekannt als jener dürftige Bericht des THEON.[6] Die älteste uns erhaltene Tafel befindet sich am Schluß des neunten Kapitels im ersten Buch der *Σύνταξις μαθηματική*, die den Astronomen PTOLEMÄUS (beobachtet zwischen 125 und 151 n. Chr. in Alexandria) zum Verfasser hat. Die Vortrefflichkeit und Genauigkeit seiner Tabelle mag schnell ältere Aufzeichnungen verdrängt haben, wie es ihr auch beschieden war, weit bis ins fünfzehnte Jahrhundert hinein im Abendlande die führende Stellung zu behalten. Die Art der Berechnung ist S. 15 auseinandergesetzt. Um die Einrichtung klar zu machen, fügen wir eine Probe (mit Übersetzung) bei:

ΚΑΝΟΝΙΟΝ ΤΩΝ ΕΝ ΚΥΚΛΩ ΕΥΘΕΙΩΝ								
ΠΕΡΙΦΕΡΕΙΩΝ		*ΕΥΘΕΙΩΝ*			*ΕΞΗΚΟΣΤΩΝ*			
Μοιρῶν		*Μ.*	*Π.*	*Δ.*	*Μ.*	*Π.*	*Δ.*	*Τ.*
κϑ	ο	λ	β	μδ	ο	α	ο	μη
κϑ	ς″	λ	λγ	η	ο	α	ο	μδ
λ	ο	λα	γ	λ	ο	α	ο	μ
λ	ς″	λα	λγ	ν	ο	α	ο	λε
λα	ο	λβ	δ	ζ	ο	α	ο	λα
λα	ς″	λβ	λδ	κβ	ο	α	ο	κζ
λβ	ο	λγ	δ	λε	ο	α	ο	κβ
λβ	ς″	λγ	λδ	μς	ο	α	ο	ιζ
λγ	ο	λδ	δ	νε	ο	α	ο	ιβ

Tafel der Sehnen im Kreise								
Bogen		Sehnen			Sechzigstel			
Grade	Min.	Teile des Durchm.	Erste Unterteile	Zweite Unterteile	Teile des Durchm.	Erste Unterteile	Zweite Unterteile	Dritte Unterteile
29	0	30	2	44	0	1	0	48
29	30	30	33	8	0	1	0	44
30	0	31	3	30	0	1	0	40
30	30	31	33	50	0	1	0	35
31	0	32	4	7	0	1	0	31
31	30	32	34	22	0	1	0	27
32	0	33	4	35	0	1	0	22
32	30	33	34	46	0	1	0	17
33	0	34	4	55	0	1	0	12

971 Préface[65], S. VIII, ferner S. 75—76 Scholie, S. 83 Scholie. — 972 Acta Ac. Petropol. 2, 1778 (1781), § 14. Vgl. auch LAGRANGE, J. École. polyt. 6, 1799, S. 291 ff.

Der Durchmesser ist hier gleich 120^{μ} gesetzt (vgl. S. 13). Die Differenz zwischen den Sehnen von 29^0 ($= 30^{\mu}\,2'\,44''$) und $29^0\,30'$ ($= 30^{\mu}\,33'\,8''$) beträgt $30'\,24''$; auf eine Bogenminute käme danach der dreißigste Teil, d. i. $1'\,0''\,48'''$. Diese Größe ist rechts daneben unter der Überschrift „Sechzigstel" beigefügt, so daß die Tafel ein Ablesen von 1′ zu 1′ gestattet. Das im Urtext auftretende Zeichen *o* ist keine Null, sondern der Anfangsbuchstabe von οὐδέν (= nichts). Nachrechnungen mit modernen Hilfsmitteln haben eine Genauigkeit von sechs Dezimalen ergeben, die nur bei einigen sich auf fünf verringert. Diese Genauigkeit hat sie zu einem ständig gebrauchten Hilfsmittel gemacht, das den Untergang der griechischen Mathematik überdauerte, ja eine Verfeinerung erst in sehr viel späterer, anspruchsvollerer Zeit erforderlich machte.

Die älteren indischen Mathematiker hatten sich Tabellen von kleinerem Umfang konstruiert, wahrscheinlich unter Ausnutzung griechischer Quellen. Āryabhaṭa (geb. 476 n. Chr.) gibt eine Zusammenstellung mit einem Intervall von $3^0\,45'$ (vgl. S. 17);[45] die Genauigkeit reicht bei weitem nicht an den *Canon* des Ptolemäus heran. Ihr Wert lag in einer ganz anderen, den Indern durchaus eigentümlichen Richtung: die indische Tabelle konnte auswendig gelernt oder, besser gesagt, durch eine Gedächtnisregel im Falle des Bedarfs sofort von neuem entworfen werden. Wir sahen in der Geschichte des Rechnens, daß bei den Indern das Kopfrechnen die Hauptrolle spielte und die zum Rechnen nötigen Hilfsmittel auf ein Minimum beschränkt wurden. Das gleiche Prinzip tritt uns hier entgegen. Der indische Mathematiker hat seine trigonometrische Tafel stets gebrauchsfertig im Kopf. Die Formel, in Reimversen angegeben, hat die ziemlich zusammengesetzte Gestalt:

$$\sin\big((n+1)\alpha\big) = \sin n\alpha + \Big[\sin n\alpha - \sin\big((n-1)\alpha\big)\Big] - \frac{\sin n\alpha}{\sin\alpha}$$

$$\alpha = 225' = \sin\alpha\,,$$

ist aber in der Praxis leichter zu verwenden, als es den Anschein hat. — Eine verfeinerte Tafel Bhāskaras (geb. 1114) schreitet von Grad zu Grad fort (vgl. S. 17).

Die älteren indischen Sinustabellen kamen um 773 n. Chr. (vgl. S. 18) zur Kenntnis der Araber, von 800 ab wurden diesen auch die Werke des Ptolemäus und Euklid in Übersetzungen zugänglich. Bald begnügten sich die arabischen Mathematiker nicht mehr mit dem Studium der ihnen überlieferten Wissenschaft, sondern begannen selbständig vorzugehen. ALBATTĀNĪ († 929; bei Bagdad) unternahm keine Neuberechnung der Ptolemäischen Tafeln, sondern beschränkte sich, um eine Sinustafel zu erhalten, seiner eigenen Angabe nach[973] darauf, die Ptolemäischen Sehnen zu halbieren. *Partes proportionales* fügt er nicht bei. Auch dadurch ist er weniger scharf, daß er, um den Abstand von $\frac{1}{2}^0$ zu $\frac{1}{2}^0$ zu haben, jeden zweiten Ptolemäischen Wert ausläßt.[974] ALḤABAŠ (770—870?) gibt neben seiner Sinustafel ($r = 60^p$) die ältesten uns bekannten Tangens- ($r = 60^p$) und Kotangenstafeln ($r = 1^p$), die beiden letzteren von Grad zu Grad (vgl. S. 24) fortschreitend, auch eine kleine unvollständige Kosekantentafel mit $r = 1^p$ (vgl. S. 29). Bei ALBATTĀNĪ († 929) findet sich eine Kotangententafel für $r = 12$ (vgl. S. 24).[975] Erheblich vergrößert wurde die Genauigkeit der Tabellenwerte durch ABŪ'LWAFĀ' (940—998, Bagdad), der ein neues Verfahren ersann,[976] um den $\sin \frac{1}{2}^0$:

$$\sin 30' = 0^p\ 31'\ 24''\ 55'''\ 54^{IV}\ 55^{V} = 0{,}0087265373$$

(in Sexagesimalbrüchen, statt $0^p 31' 24'' 55''' 54^{IV} 0^{V} 17^{VI} = 0{,}0087265355$) bis auf Quarten genau zu erhalten; in Dezimalbruchform umgerechnet, weist sein Wert erst in der neunten Dezimalstelle eine Abweichung auf. Die Tafel selbst schritt von 15′ zu 15′ vorwärts, r war gleich 60 (vgl. S. 20); in gleichem Maße wurde auch eine Tangenten- und Kotangententafel von ihm hergestellt.[977] IBN JŪNUS († 1009, Kairo) verkleinerte bei derselben Genauigkeit die Intervalle auf 10′.[978] Die durch seinen fürstlichen Gönner ALḤĀKIM (996—1021) eifrig geförderten Tafeln spielten als Ḥākimitische Tafeln eine bedeutende Rolle in der arabischen Astronomie. Das zehnte Kapitel dieses astronomischen Werkes (*zīǧ*) handelt von der Berechnung des Sinus.[979] IBN JŪNUS findet aus $\sin 18^0$ durch fortgesetztes Halbieren den $\sin 1\frac{1}{8}^0$, ebenso aus $\sin 15^0$ den $\sin \frac{15}{16}^0$. Aus beiden schließt er durch die Verhältnisse der Bogen $1\frac{1}{8} : 1$ und $1 : \frac{15}{16}$ auf $\sin 1^0$. Die sich ergebenden Werte von $\sin 1^0$ unterscheiden sich nur um $5''' 6^{IV}$. Da sich die Differenzen der Bogen

973 *Opus astronomicum*, ed. NALLINO[IV 354], I, S. 10, Z. 33. — 974 Daselbst II, S. 55. — 975 VON BRAUNMÜHL, *Gesch.* 1[II 935], S. 51. — 976 WOEPCKE, *Recherches sur l'histoire des sciences math. chez les orientaux*, Paris 1860, S. 26. Extrait Nr. 2 du Journal Asiatique de l'année t. XV, 1860, daselbst S. 297—303. VON BRAUNMÜHL, *Gesch.* 1[II 935], S. 57. — 977 DELAMBRE, *Histoire de l'astronomie du moyen-âge*[119], S. 158. — 978 HANKEL[I 134], S. 288—289. — 979 Die dankenswerte Übersetzung von C. SCHOY (Essen) nach der Leidener arab. Hdschr. 143 war dem Verfasser im Manuskript zugänglich. Vgl. Isis V (2), S. 364 ff.

$1\frac{1}{8} - 1$ und $1 - \frac{15}{16}$ wie $2:1$ verhalten, so verteilt er $5''' 6^{IV}$ in diesem Verhältnis auf die beiden Werte von sin 1^0 und erhält den genaueren Wert sin $1^0 = 1^p\, 2'\, 49''\, 43'''\, 28^{IV}$. Durch eine weitere sinnreiche Korrektur aus der Berechnung von sin 2^0 durch sin $(3^0 - 1^0)$ und sin $(2 \cdot 1^0)$ findet er schließlich sin $1^0 = 1^p\, 2'\, 49''\, 43'''\, 4^{IV}$, einen Wert, der in Dezimalbruchform $= 0{,}017452397120$ (statt $1^p\, 2'\, 49''\, 43'''\, 11^{IV}\, 14^{V}\, 44^{VI} = 0{,}017452406437$) ist, also eine Genauigkeit von einer Einheit in der siebenten Stelle hat. In der Berliner Staatsbibliothek (Handschrift LANDSBERG, 1038) befindet sich eine noch umfangreichere Sinustafel von IBN JŪNUS, die die Sinuswerte sogar von 1″ zu 1″ enthält und bei Dezimalbruchumrechnung Abweichung in der siebenten Dezimalen um höchstens eine Einheit aufweist.[979a] Eine Tangententafel von IBN JŪNUS, von 1′ zu 1′ fortschreitend, soll noch im Escorial (Nr. 924), bisher unbearbeitet, liegen. Das elfte Kapitel der Ḥākimitischen Tafeln enthält eine große Kotangententafel.[979b] ALBĪRŪNĪs Tangenstafel (mit $r = 1$) schreitet nur von 1^0 zu 1^0 fort. Neu ist bei ihm für Auffindung der Zwischenwerte eine Interpolationsvorschrift, die sich mit $f(x) = f(x_0) + \Delta x[\Delta x \cdot \Delta_2 + \Delta_1]$ deckt, wo Δ_1, Δ_2 die ersten, bzw. zweiten Differenzen sind.[55] Für seine Sinustafeln berechnet ALBĪRŪNĪ als Grundwert sin 1^0 sogar bis auf Quinten genau (vgl. S. 20). Im fünfzehnten Jahrhundert nahm die muslimische Mathematik noch einmal unter ULŪĠ BEG (1393—1449, Samarkand)[980] einen letzten Aufschwung. Nach weiter vervollkommneten Methoden (Berechnung von sin 1^0 aus sin 3^0 durch näherungsweise Lösung der kubischen Winkeldreiteilungs-Gleichung, nach Vorgang von ALBĪRŪNĪ[980a]) wurden Sinustafeln hergestellt, in denen die Werte für alle Minuten (mit $r = 60$) aufgeführt werden. Von sin 88^0 an werden noch die Quinten angegeben; z. B. ist:

$$\sin 89^0 = 59^p\, 59'\, 27''\, 6'''\, 7^{IV}\, 45^{V} = 0{,}99984769516$$

und hat erst in der zwölften Stelle eine Einheit zuviel (genau $= 0{,}99984769515$). Die neu berechneten Tangententafeln schritten zwischen 0^0 und 45^0 von Minute zu Minute, von 45^0 zu 90^0 in je 5 Minuten vorwärts. Es gibt z. B.:

$$\text{tg}\, 1^0 = 1^p\, 2'\, 50''\, 17'''\, 38^{IV} = 0{,}017455065$$

(statt 0,017455064). Bei den Kotangenten begnügte man sich mit einem Abstand von einem Grade. ĠIJĀṮ EDDĪN ALKĀŠĪ († 1436) ist

979a Isis V (2), S. 394 f.[979]. — 979b C. SCHOY, *Gnomonik*[22], S. 12—17. — 980 VON BRAUNMÜHL, *Gesch.* 1[II 935], S. 72ff. — 980a Isis V (2), S. 384 Anm.[979].

der letzte der muslimischen Mathematiker, der eine Neuberechnung vornahm; aus $\sin 3^0$ findet er durch die Dreiteilungsgleichung $\sin 1^0 = 1^p\, 2'\, 49''\, 43'''\, 11^{IV}\, 14^{V}\, 44^{VI}\, 16^{VII}\, 26^{VIII}\, 17^{IX}$,[981] einen Wert, der erst in der achtzehnten Dezimalstelle abweicht.

Auch die Westaraber beteiligten sich an der Verbesserung der dem Astronomen unentbehrlichen Tabellen. Die Toledanischen Tafeln, die unter Leitung ALZARḲĀLĪs (um 1080) entstanden,[982] erfreuten sich sehr großer Verbreitung, erreichten aber nicht die Genauigkeit derjenigen ABŪ'LWAFĀ's und seiner Nachfolger. Ein marokkanischer Gelehrter des dreizehnten Jahrhunderts, ABŪ'-LḤASAN 'ALĪ, stellte neben einer Sinustafel ($r = 60$; 15′ zu 15′) eine solche für den Sinus versus und den Arcus sinus her; auch eine Arcus tangens- und Arcus cotangens-Tabelle ($r = 60$) wurde seiner Tangententafel ($r = 60$, 1^0 zu 1^0) angeschlossen.[983] Die erste geht von $85^0\, 14'$ bis $4^0\, 54'$, die zweite von 1^0 bis 60^0. Es fällt auf, daß ABŪ'LḤASAN selbst selten mit der Tangensfunktion rechnet;[87] er spricht, wenn die Tangensfunktion vorkommt, meistens von dem Verhältnis des Sinus zum Kosinus.[984]

Von diesen reichen wissenschaftlichen Schätzen, an denen noch eine große Anzahl uns kaum dem Namen nach bekannter arabischer Gelehrter gearbeitet hatte, zehrte das Abendland die nächsten Jahrhunderte. PLATO VON TIVOLI (Anfang des zwölften Jahrhunderts; Barcelona), GERHARD VON CREMONA (1114—1187, Toledo) u. a. übertrugen mit emsigem Fleiße die arabischen Schriften ins Lateinische. Der *Liber embadorum* des jüdischen Gelehrten ABRAHAM BAR CHIJJA (Anfang des zwölften Jahrhunderts; SAVASORDA genannt), der 1145 von PLATO übersetzt wurde, enthält vielleicht die älteste Sehnentafel, die in einem lateinisch geschriebenen Werke nachweisbar ist.[985] Sie ist eigentlich eine Arcussehnentafel, da neben die Sehnen 1, 2, 3 ... 28 (also $r = 14$) die zugehörigen Bogen in sexagesimalem Längenmaß bis auf Sekunden beigesetzt sind. Der Halbkreis, der der Sehne 28 ($= 2r$) entspricht, ist zu 44 Einheiten angenommen, so daß bei $\pi = \frac{22}{7}$ die Maßzahlen des Durchmessers und des Halbkreises gleich groß sind. Ein ähnliches Maßverhältnis benutzt LEONARDO VON PISA (1220, *Geometria practica*[986] in seiner Sehnentabelle, in der er dem

981 Brieflich von C. SCHOY. Vgl. auch ALBATTĀNĪ, *Opus astronomicum*, ed. NALLINO[IV 354], I, S. 154. L. A. SÉDILLOT, *Prolégomènes des Tables astronomiques d'Oloug-Beg*, Paris 1853, S. 77 f.; H. HANKEL[I 134], S. 290 ff. — 982 VON BRAUNMÜHL, *Gesch.* 1[II 935], S. 77 ff. — 983 Daselbst S. 84. — 984 Brieflich von C. SCHOY. — 985 In der Euklidübersetzung des ATELHARD VON BATH 1120 ist indes schon eine Sinustafel enthalten[IV 682]. — 986 Ed. BONCOMPAGNI[I 469], S. 96.

Durchmesser 42, dem Halbkreis 66 Teile gibt. Die Alfonsinischen Tafeln (bearbeitet von 1262—1272 im Auftrage ALFONS' X. von Castilien, Venedig 1492 gedruckt) schöpfen ganz aus westarabischen Quellen, die wiederum auf ALBATTĀNĪ und PTOLEMÄUS zurückzuführen scheinen, ohne die Genauigkeit der besseren ostarabischen Tafeln (ABU'LWAFĀ') zu erreichen. Eifriges Studium widmete die abendländische Astronomie den Schriften ALZARḲĀLĪs. Bekannt ist eine Schrift über die *Canones* des ALZARḲĀLĪ, die den Arzt GUILELMUS ANGLICUS (um 1231) zum Verfasser hat,[987] ferner ein anonymes Manuskript (Münchner Bibliothek) aus dem dreizehnten Jahrhundert, die beide die Berechnung der Sinus nach ALZARḲĀLĪ behandeln. Hervorzuheben ist in dem letzteren bei einer Sinustafel die gelegentliche Verwendung eines Durchmessers von 300 Minuten, den auch ALZARḲĀLĪ einmal benutzt hatte.[988] Auch die Sinus- ($r = 60^0$, $\frac{1}{2}^0$ zu $\frac{1}{2}^0$) und Tangenstafel ($r = 12$; 1^0 zu 1^0) des JOHANNES DE LINERIIS (um 1320, Paris) sind von demselben arabischen Gelehrten abhängig.[989] Neu ist die Hinzufügung einer *Tabula proportionis,* die die Interpolation vereinfachen soll. Selbständige Leistungen finden wir bei dem Südfranzosen LEVI BEN GERSON (LEO ISRAELITA DE BALNEOLIS, † 1344, Avignon); er ist der erste, der wiederum eine eigene Berechnung einer neuen Sinustafel unternahm ($r = 60$, $15'$ zu $15'$, Sinus in Minuten und Sekunden).[990] Durch fortgesetztes Halbieren findet er $\sin(15' + \frac{1}{128}{}^0)$ und $\sin(15' - \frac{1}{64}{}^0)$, woraus er

$$\sin 15' = 0^0\ 15'\ 42''\ 28'''\ 12^{IV}\ 27^{V}$$

berechnet. Bis nach England drang im vierzehnten Jahrhundert arabische Trigonometrie, wie aus den erhaltenen, wenn auch noch nicht näher untersuchten Schriften *Quadripartitum de sinibus demonstratis* u. a.[990a] des RICHARD VON WALLINGFORD (1292?—1335, Oxford), *De chorda recta et umbra* des JOHANNES MAUDITH (um 1340, Oxford) und den *Tabulae chordarum*, sowie den *Calculationes chordarum* des SIMON BREDON (um 1380) zu schließen ist.[991]

Eine gänzliche Neuschöpfung des trigonometrischen Zahlenmaterials, dessen vorhandene Schärfe den erhöhten Anforderungen

987 M. CURTZE, Bibl. math., 1_3, 1900, S. 347 ff. — 988 Daselbst S. 354. — 989 Daselbst S. 390 ff. — 990 Vgl. Auszug seiner Schrift *De sinubus, chordis et arcubus* von M. CURTZE, Bibl. math. 12_2, 1898, S. 97 ff; Bibl. math. 1_3, 1900, S. 372 ff.; VON BRAUNMÜHL, *Gesch.* $1^{II\,935}$, S. 103 ff. — 990a Vgl. J. D. BOND, Isis 4, Brüssel 1922, S. 295—323, 459—465. — 991 CANTOR, 2^2, S. 111; VON BRAUNMÜHL, Gesch. $1^{II\,935}$, S. 108 f.

nicht mehr genügte — die Kenntnis der großen arabischen Tafeln war verschollen —, ging von den Gelehrten der Wiener Universität im fünfzehnten Jahrhundert aus. Mit dem Plane, neue Tafeln anzufertigen, beschäftigte sich bereits JOHANNES VON GEMUNDEN (um 1380—1442, Wien); er entwarf die Grundzüge[992] einer Neuberechnung unter Annahme eines Radius von 600 000. Seinem Plane schloß sich GEORG VON PEURBACH (1423—1461, Wien), der Nachfolger in der Professur, nicht nur an,[993] sondern er übernahm auch die wirkliche Durchführung[994] unter Benutzung der Methoden des PTOLEMÄUS und ALZARḲĀLĪ. Wesentliche Unterstützung fand er durch seinen hochbegabten Schüler, den jungen REGIOMONTAN (1436 bis 1476). Lag PEURBACHs Rechnungen ein Radius von $r = 600000$ zugrunde, so erhöhte REGIOMONTAN die Genauigkeit auf $r = 6000000$. Dem 1541 gedruckten *Tractatus*[993] des ersteren sind auch nicht die eigenen Tafeln, sondern die genaueren seines Schülers beigefügt.

G m̃	30 Sinus	portio unius 2̃ 10	31 Sinus	portio unius 2̃ 10	32 Sinus	portio unius 2̃ 10	33 Sinus	portio unius 2̃ 10	34 Sinus	Portio unius secundi 10
0	3000000	25 2	3090229	24 9	3179915	24 7	3267834	24 4	3355158	24 1
1	3001511		3091725		3180995		3269297		3356604	
2	3003022		3093221		3182475		3270760		3358050	
3	3004533		3094716		3183954		3272223		3359496	
4	3006044		3096211		3185433		3273686		3360942	

Diese Sinustafel,[995] aus der eine Probe mitgeteilt sei, besaß ein Intervall von einer Minute und gestattete durch beigefügte Proportionalteile auch das Bestimmen der gesuchten Sinus von Sekunde zu Sekunde; ihrer Anordnung nach war sie eine Tafel doppelten Eingangs, in dem der ersten Horizontalzeile die Grade, der linken Randspalte die Minuten zu entnehmen sind. In der Schreibart der Proportionalteile, die nur bei eintretender Veränderung hinzugefügt wird, ist die Dezimalbruchform, z. B. 25 2, wenn auch ohne Komma, zum erstenmal benutzt. Die bessere Verwendbarkeit der Dezimalbrüche war REGIOMONTAN im Laufe seiner

992 *Johannis de Gemunden de sinibus, chordis et arcubus*; vgl. VON BRAUNMÜHL, *Gesch.* 1[II 935], S. 110. — 993 *Tractatus Georgii Purbachii super Propositiones Ptolemaei de sinibus et chordis*, gedruckt erst 1541, Nürnberg[IV 355]. — 994 Vgl. PFLEIDERER, *Eb. Trigon.*[II 1121], S. 21—22, Anm. b. — 995 Eine abgekürzte Tafel für $r = 60000$ hatte REGIOMONTAN als Anhang seines Lehrbuches *De triangulis omnimodis*[II 244] hergestellt. Sie findet sich aber nicht hier (1533), sondern unter den *Tabulae directionum profectio-*

Rechnungen immer klarer geworden, und er scheute sich nicht, in späteren Jahren noch einmal an die Arbeit zu gehen, um in strenger Durchführung seiner Idee eine neue Tafel mit rein dezimalem Durchmesser, $r = 10^7$, als Maßstab seiner Sinuswerte zusammenzustellen. Auch diese Tafel ist dem *Tractatus Purbachii* von 1541[993] angehängt. Nicht viel später ist die Abfassung einer T a n g e n t e n t a b e l l e ($r = 10^5$, von 1^0 zu 1^0), *Tabula foecunda*, anzusetzen, deren Wichtigkeit Regiomontan aus dem fortgesetzten Studium arabischer Schriften erkannt hatte. Wir wissen, daß sie seit vielen Jahrhunderten die erste neu berechnete Tabelle ist, für das Abendland überhaupt die älteste (vgl. S. 25—26). Veröffentlicht wurde sie ebenfalls, erst nach dem Tode Regiomontans, in den *Tabulae directionum profectionumque* von 1490.[105] Ihre Anordnung ist die folgende:

G	Numerus	G	Numerus	G	Numerus
0	00 000	31	60 086	61	180 402
1	1 745	32	62 486	62	188 075
2	3 492	33	64 940	63	196 263
3	5 240	34	67 452	64	205 034
4	6 992	35	70 022	65	214 450
5	8 748	36	72 654	66	224 607
6	10 511	37	75 356	67	235 583
.	.	.	.	.	.

numque, die bereits 1490[105] in Druck gekommen waren. Regiomontan erkannte demnach schon den Wert fünfstelliger Tafeln, zu denen erst das neunzehnte Jahrhundert wieder zurückkehrte. Auch die später neu aufgenommene Übung (vgl. Bd. II, S. 190, 194), sich wiederholende Ziffern im Druck zu sparen, ist in dieser Tabelle zum erstenmal verwertet. Eine Probe lautet:

G	30		31		32		33		34		35	
m̃	ptes		ptes		ptes		ptes		ptes		ptes	
1	30 015		30 917	249	31 809		32 692		33 566		34 428	238
2	30		42		24		32 707		80		43	
3	45		47		39		22		94		57	
4	30 060		30 962		31 854		36		33 609		71	
5	75		77		69		32 751		23		86	
6	90		92		83	246	66		38		34 500	
7	30 105		31 006		98		80		33 652		14	
.	.		.		.		.		.		.	

Der Drucklegung der dekadischen Sinustafel (1541) REGIOMONTANS griff APIANUS (1495—1552, Ingolstadt) vor, indem er einen Auszug nebst Angabe der Berechnungsmethode sowohl seiner *Introductio geographica*[149] von 1533 als auch dem *Instrumentum sinuum seu primi mobilis* (Nürnberg 1534) beifügte. Daß er den Namen des eigentlichen Verfassers verschwieg, zog ihm sofort den Vorwurf des Plagiates zu.[996] Die späte Veröffentlichung der großen Tafel REGIOMONTANS war auch der Grund, daß auch NIKOLAUS KOPPERNIKUS (1473 Thorn — 1543 Frauenburg), in Unkenntnis der schon geleisteten Arbeit, sich an die gleiche Riesenaufgabe machte; seinem großen Werke *De revolutionibus orbium coelestium* (Nürnberg 1543; vollendet schon 1530) ist eine Sinustafel für $r = 10^5$ mit einem Intervall von 10′ zu 10′ beigegeben.[997] Ein Jahr früher hatte sein jüngerer Mitarbeiter RHAETICUS (1514—1576, Wittenberg) die trigonometrischen Kapitel 13 und 14 des ersten Buches der *Revolutiones*, sicherlich nach eingeholter Einwilligung, als besondere Schrift[998] drucken lassen; ihr ist eine von RHAETICUS selbst berechnete Sinustafel größerer Genauigkeit ($r = 10^7$, 1′ zu 1′) angeschlossen. In dieser Tafel ist zum erstenmal der Komplementwinkel am Fuße der Seiten mit rechts am Rand angegebenen Minuten aufgeführt, so daß eine unmittelbare Ablesung des $\cos\alpha$ ermöglicht wird.[999] KOPPERNIKUS hat ferner das Verdienst, eine erste Sekantentabelle ($r = 10^4$) zusammengestellt zu haben (vgl. S. 29); sie ist von ihm in seinem Handexemplar der *Tabulae directionum* REGIOMONTANS[105] der *Tabula foecunda* handschriftlich beigefügt.

Der Ruhm, das genaueste und umfangreichste Tabellenwerk der Zeit verfaßt zu haben, gebührt RHAETICUS. Während eines mehrjährigen Aufenthaltes bei KOPPERNIKUS (1539—1542) lernte er die Forschungen und Gedanken des Meisters kennen; von ihm erhielt er gewiß viel Anregung zu seinen neuen Tafeln, sowohl was An-

---

996 *Tractatus Purbachii*[IV 355], Vorwort, Rückseite A_1, Z. 21 ff. — 997 Am Ende des XII Kap. im I. Buch, Originalausgabe, Norimbergae 1543[IV 997], Bl. 15 v° bis 19 v°. Die Differenzen sind nur dann beigedruckt, wenn sich ihr Wert ändert. Vom 18. Grad ab werden ihre Einerziffern ständig angegeben, die höheren Stellen wie auch die beiden ersten Ziffern der Sinuswerte sind nicht jedesmal wiederholt. — 998 *De lateribus et angulis triangulorum tum planorum rectilineorum, tum sphaericorum, libellus eruditiss. et utiliss. — scriptus a clariss. et doctiss. viro D. Nicolao Copernico Toruniensi. Additus est canon semissium subtensarum rectarum linearum in circulo.* Viteb. 1542. — 999 CANTOR, 2², S. 474.

fertigung als auch was Anordnung betrifft. Den ersten Abschluß seiner mühsamen Rechnungen bildet der *Canon doctrinae triangulorum* (Leipzig 1551).[1000] Zum erstenmal treten uns hier alle sechs trigonometrischen Funktionen gleichmäßig in Tabellen entgegen; die Gleichwertigkeit der Sekans- und Tangensfunktion mit dem Sinus ist vollständig anerkannt. Sehen wir von den eigenartigen Benennungen dieser Funktionen, die er in den Überschriften verwendet, ab (vgl. S. 19), so enthält die Tafel sechs Spalten in drei Gruppen mit den siebenstelligen Funktionswerten $\sin\alpha$ und $\cos\alpha$, $\sec\alpha$ und $\operatorname{tg}\alpha$, $\operatorname{cosec}\alpha$ und $\operatorname{ctg}\alpha$; jeder Funktionskolonne ist eine Differenzenkolonne rechts nebengesetzt. Die Grad-, Minuten- und Sekundenbezeichnung (10″ zu 10″) steigt am linken Rand von oben nach unten, die komplementäre Winkelbezeichnung am rechten Rand von unten nach oben; wie in den modernen Tabellen erstreckt sich daher der Winkelbereich nur von 0° bis 45°. Angeschlossen hat Rhaeticus seinem *Canon* einen *Dialogus de canone doctrinae triangulorum*, in dem er seinen Ansichten über die Behandlung der Trigonometrie kurz Ausdruck gibt.

Rhaeticus' Arbeit war für die Zeitgenossen von wesentlichem Einflusse und führte der jungen Wissenschaft eine größere Anzahl von Anhängern und Bearbeitern zu. Für eine Neuausgabe der *Tabulae directionum* Regiomontans berechnete sein Universitätskollege Erasmus Reinhold (1511—1543) eine große Tangententabelle ($r = 10^7$, 1′ zu 1′; beim letzten Grad sogar von 10″ zu 10″); sie erschien 1554, nach seinem Tode.[1001] Der Italiener F. Maurolico (1494—1575, Messina) hing seiner Sphärik (1558) eine eigene Sinustabelle, aber auch eine solche für die Sekanten an, diese unter dem Namen *Tabula benefica.*[1002] Der bedeutendste unter allen ist Franciscus Vieta (1540—1603, Paris). Die Anordnung in seiner Tafel *Canon mathematicus seu ad Triangula cum Adpendicibus* (Lutet. 1579; Druck 1571 begonnen)[IV 1127] ist fast identisch mit der, die Rhaeticus gewählt hatte, aber die Berechnung eine durchaus selbständige ($r = 10^5$, 1′ zu 1′); sie ist begründet auf eine sehr feine Auswertung des $\sin 1'$, den er auf 13 Stellen, 0,0002908882046, angibt. Vier Jahre später erschien Finks (1561—1656, Kopenhagen)

1000 Vgl. die Beschreibung von K. Hunrath, Ztschr. Math. Phys. 44, Suppl., 1899, S. 210 ff.[54] — 1001 *Liber tabularum directionum, discentibus prima elementa astronomiae utilissimus. His insertus est Canon fecundus ad singula scrupula quadrantis propagatus. . . .* Tubingae 1553 nach Pfleiderer, *Eb. Trigon.*[II 1121], S. 134, Anm. e. — 1002 Maurolycus, *Sphaerica*[IV 825], Anhang, Bl. 66 r⁰. Beschreibung der Tafel Bl. 60 r⁰—61 r⁰.

weit verbreitetes Lehrbuch der Trigonometrie *Geometria rotundi*,[IV 829] das auch Tafeln enthält (Sinus, Tangens, Sekans, 1′ zu 1′, $r = 10^7$), aber freilich darin einen Rückschritt zeigt, daß die einzelnen Funktionen in getrennten Tabellen zusammengestellt werden und auch der Vorteil einer komplementären Winkelablesung nicht beachtet ist. Dennoch sind Finks Tafeln später mehrfach wieder abgedruckt worden, so 1586 von Clavius,[162] 1600 von Pitiscus,[I 229] bei denen dieser Mangel dann zum Teil wieder ausgeglichen wurde. Weiter ist Maginis (1555—1617, Padua) *Trigonometrie*[1003] anzuführen, die sehr sorgfältig berechnete siebenstellige Sinus-, Tangens- und Sekanstafeln für 1′ zu 1′ gibt. Größere Schärfe suchte Burgi (1552—1632) in seinen Sinustafeln zu erzielen;[1004] mit außerordentlicher Gewissenhaftigkeit hatte er, nach dem Bericht seines Schwagers Bramer, einen Kanon hergestellt, dessen Werte von 2″ zu 2″ fortschritten und bis zur letzten Stelle genau waren. Zur Vollendung hatte Bürgi sein mühseliges Werk zwar gebracht, zum Drucke aber gelangte es nie. Was aus dem Manuskript, dessen Erscheinen die Zeitgenossen mit Spannung erwarteten,[1005] geworden ist, weiß man nicht. Schuld an dem Aufgeben der Drucklegung scheint die Veröffentlichung des *Opus Palatinum*[302] im Jahre 1596 gewesen zu sein. Mit dem 1551 erschienenen kleinen Kanon hatte Rhaeticus seine Aufgabe noch nicht für beendet angesehen. In bewunderungswürdiger Ausdauer waren von ihm, zum Teil von angenommenen Rechnern unter seiner Leitung, erweiterte Berechnungen vorgenommen worden. Die Haupttabelle der Sinus und Kosinus wurde auf 15 Dezimalstellen durchgeführt für ein Intervall von je 10 Sekunden; aus ihr konnten die Wertreihen der übrigen Funktionen nach bekannten Beziehungen berechnet werden. Schließlich wurden sämtliche Werte auf 10 Dezimalstellen abgerundet. Um 1569 war das große Werk in der Hauptsache vollendet, zugleich mit einer eingehenden Theorie der Dreieckslehre. Dem endgültigen Druck entstanden in der Beschaffung der ungeheuren Kosten für die technische Ausführung des Riesenwerkes zunächst unüberwindliche Hindernisse. Rhaeticus starb darüber und setzte seinen Gehilfen Otho (1550 bis 1605) zum Erben seines wissenschaftlichen Nachlasses ein. Diesem gelang es endlich, in Friedrich IV. von der Pfalz einen freigebigen Gönner zu finden, dessen finanzielle Hilfe die Voll-

---

1003 *De planis triangulis liber unicus* . . . 1592[154], S. 65—108. — 1004 Vgl. von Braunmühl, *Gesch.* 1[II 985], S. 204 ff. — 1005 Daselbst S. 209, Anm. 3.

endung des Werkes ermöglichte. Ihm zu Ehren wurde es *Opus Palatinum* genannt.

Die Genauigkeit der hier zusammenstellten Werte ist anzuerkennen; neuere Untersuchungen[1006] haben indes immer noch 5 ‰ Fehler in den Größen für $\sin\alpha$, $\cos\alpha$, $\operatorname{tg}\alpha$, $\sec\alpha$ festgestellt; als ziemlich fehlerhaft ergaben sich die Kotangens- und Kosekansreihen. Die Fehler in der ersten Gruppe häuften sich besonders bei den ersten Graden bedenklich und machten, da die Zeitgenossen dies bald erkannten, Revisionen des *Opus Palatinum* nötig. In Bartholomaus Pitiscus (1561—1613; Kaplan bei Friedrich IV.) fand sich ein unermüdlicher Rechner, der dieser ebenso dringlichen wie umfangreichen Aufgabe gewachsen war. Die Durchsicht der von Rhaeticus hinterlassenen Papiere brachte noch eine fertige Sinustafel für $r = 10^{15}$ und für ein Intervall von 10″ mit den drei ersten Differenzenreihen, eine solche für die Sinus bis 2° von Sekunde zu Sekunde und den Anfang einer Tangenstabelle ($r = 10^{15}$, 10″ zu 10″) an das Tageslicht. Überdies berechnete Pitiscus die Sinuswerte für sämtliche Minuten von 1° bis 7° noch einmal selbst, und zwar auf 20 bis 25 Dezimalen. Auf Grund dieses Materials übergab Pitiscus 1613 unter dem Titel *Thesaurus mathematicus*[1007] seine verbesserten Tafeln der Öffentlichkeit. Den Hauptinhalt bildet (S. 2—271) eine Sinus- und Kosinustafel von 0° bis 45°, deren Werte 15 stellig von 10″ zu 10″ mit ersten, zweiten und dritten Differenzen angegeben sind; hinzugefügt werden (Teil II, S. 2—61) die in Sekunden fortschreitenden Sinus für den ersten und den letzten Grad in 15 Stellen (Teil III und IV, S. 3—15), die Hauptsinuswerte 60°, 30°, 10°, 2°, 1°, 20′, 10′, 2′, 1′; 20″, 10″, 2″ usw. auf 25 Stellen und die Sinus und Kosinus für die ersten 34 Minuten von 20″ zu 20″ auf 22 Dezimalstellen. Die Differenzen werden bei den letzten bis zur fünften angegeben.

Der Thesaurus des Pitiscus wurde das Fundamentalwerk für die Zukunft. Wenn auch noch immer 3 ‰ Fehler hinterher angemerkt wurden,[1006] so ist doch durch die große Stellenzahl die Genauigkeit außerordentlich hoch, und durch die Anführung der höheren Differenzen wird die Kontrolle erheblich erleichtert.

Spätere Neuberechnungen, die stets im Zusammenhang mit logarithmischen Tafeln vorgenommen wurden, waren durch bessere

1006 Gernerth, Ztschr. f. d. österr. Gymnasien, 14, Wien 1863, *Bemerkungen über altere und neuere mathematische Tafeln*, S. 414 ff. — 1007 *Thesaurus mathematicus sive Canon Sinuum ad radium 1.00000.00000.00000*, Frankfurt 1613.

Methoden, insbesondere durch Auffindung stark konvergierender Reihen, mit weniger Umständlichkeit verbunden als jene ausführlicher besprochenen älteren Zusammenstellungen. Is. NEWTON (1642 bis 1727) ist der erste, der Anweisungen gibt, wie trigonometrische Tafeln mit Hilfte der Reihen berechnet werden können.[1008] Mehrere scharfsinnige Methoden stellt ABRAHAM SHARP (1651—1742) auf und führt mit ihnen seine umfangreichen überaus fleißigen Rechnungen aus.[1009] Auch EULER geht in seiner *Introductio* 1748 auf die Theorie der Tafelberechnung ein.[1010] Das an Umfang und Genauigkeit größte Neuberechnungswerk der Neuzeit wurde 1794 nach der französischen Revolution in Angriff genommen. Die wissenschaftliche Leitung lag unter dem Vorsitz von RICHE DE PRONY in den Händen der Mathematiker DELAMBRE und LEGENDRE. Zugrunde gelegt ist die Dezimalteilung des Winkels. Die natürlichen Sinus sind bis auf 25 Stellen, ihre Logarithmen auf 14, die reinen Logarithmen auf 19 bzw. 14 Stellen gegeben. Die Berechnung wurde glücklich zu Ende geführt, aber der Druck kam aus Geldmangel nicht über den Anfang hinaus.[1011]

Eine einfache Methode, trigonometrische Tafeln von Schülern im Unterricht selbst berechnen zu lassen, lehrt ISRAEL HOLZWART 1895.[1012]

Eine Zusammenstellung der durch Quadratwurzeln ausdrückbaren Sinuswerte $\sin 3^{0}$, $\sin 4\frac{1}{2}^{0}$, $\sin 6^{0}$, $\sin 7\frac{1}{2}^{0}$, $\sin 9^{0}$ usw. gibt 1685 WALLIS (1616—1703, Oxford);[1013] eine kleinere Anzahl derselben findet sich schon in dem *Canon triangulorum* VAN ROOMENS (1561—1615, Löwen).[1014] In modernen Bezeichnungen führt sie 1770 LAMBERT an.[1015]

Das erstmalige Auftreten der bekannten Gedächtnistabelle:

$$\begin{aligned} \sin 0^{0} &= \tfrac{1}{2}\sqrt{0}, \\ \sin 30^{0} &= \tfrac{1}{2}\sqrt{1}, \\ \sin 45^{0} &= \tfrac{1}{2}\sqrt{2}, \\ \sin 60^{0} &= \tfrac{1}{2}\sqrt{3}, \\ \sin 90^{0} &= \tfrac{1}{2}\sqrt{4} \end{aligned}$$

1008 Brief vom 24. Okt. 1676 an OLDENBURG, *Comm. epist.* ed. BIOT-LEFORT[II 128], 62, S. 139—140. — 1009 MASÈRES, *Scriptores logarithmici*[II 582], III, S. 129—138. — 1010 *Introductio*[I 167], § 136, 137. — 1011 Zur Literatur vgl. VON BRAUNMÜHL, *Gesch.* 2[II 990], S. 151, Anm. 1. — 1012 Progr. Nr. 394[II 1060], Frankfurt a. M. 1895, S. 12f. — 1013 *De sectionibus angularibus*[II 332], 1685; *Opera* II[1478], S. 586—589. — 1014 *Canon triangulorum*, 1609[167], Buch I. — 1015 *Beyträge* II[1547], Nr. 4, S. 133f.

ist nicht festzustellen. Sehr interessant ist eine neue genauere Tafel JAECKELS (1911),[1016] die ebenso leicht im Gedächtnis zu behalten ist:

$$\begin{aligned}
\sin 0^0 &= \tfrac{1}{2}\sqrt{2-\sqrt{4}},\\
\sin 15^0 &= \tfrac{1}{2}\sqrt{2-\sqrt{3}},\\
\sin 30^0 &= \tfrac{1}{2}\sqrt{2-\sqrt{1}},\\
\sin 45^0 &= \tfrac{1}{2}\sqrt{2-\sqrt{0}},\\
\sin 60^0 &= \tfrac{1}{2}\sqrt{2+\sqrt{1}},\\
\sin 75^0 &= \tfrac{1}{2}\sqrt{2+\sqrt{3}},\\
\sin 90^0 &= \tfrac{1}{2}\sqrt{2+\sqrt{4}}.
\end{aligned}$$

1016 Unterrichtsbl. Math. Nat. 17, 1911, S. 16.

FSC
www.fsc.org
MIX
Papier | Fördert
gute Waldnutzung
FSC® C083411

Zeitfracht Medien GmbH
Ferdinand-Jühlke-Straße 7
99095 Erfurt, Deutschland
produktsicherheit@kolibri360.de